高职高专“十三五”规划教材

PLC应用技术（FX3U系列）项目化教程

罗庚兴　主　编
田亚娟　易　铭　副主编

U0388072

化学工业出版社
·北京·

本书遵循“以职业为基础，以生产为标准，以能力为导向，以学生为中心”的职业教育理念，重构了PLC技术的知识点，实现了教学过程与生产过程的对接，设计了18个学习型工作任务。这些任务按难易程度和知识范畴归集为四个项目：项目1实现单电机系统的PLC控制，项目2实现多电机系统的PLC控制，项目3实现信号灯系统的PLC控制，项目4送料自动线的PLC控制。

本书以FX3U系列PLC为主体，介绍了PLC的工作原理、硬件结构、编程元件与指令系统，以及PLC与气动技术、PLC与变频器、PLC与步进驱动器、PLC与触摸屏的应用等，通过18个任务的一体化教学，训练学生对以PLC为核心的工控对象进行工艺分析、硬件设计、硬件安装、软件设计和运行调试。

本书突出了工程实用性，操作方法简明，内容翔实，图文并茂，可作为高职高专院校电气自动化、机电一体化、工业机器人等专业的教材。

图书在版编目（CIP）数据

PLC应用技术（FX3U系列）项目化教程/罗庚兴主编．北京：化学工业出版社，2016.12（2023.1重印）
高职高专“十三五”规划教材
ISBN 978-7-122-28456-3

Ⅰ.①P… Ⅱ.①罗… Ⅲ.①PLC技术-高等职业教育-教材 Ⅳ.①TM571.61

中国版本图书馆CIP数据核字（2016）第264729号

责任编辑：王听讲
责任校对：王素芹
装帧设计：韩　飞

出版发行：化学工业出版社（北京市东城区青年湖南街13号　邮政编码100011）
印　　装：北京印刷集团有限责任公司
787mm×1092mm　1/16　印张15　字数393千字　2023年1月北京第1版第3次印刷

购书咨询：010-64518888　　售后服务：010-64518899
网　　址：http://www.cip.com.cn
凡购买本书，如有缺损质量问题，本社销售中心负责调换。

定　　价：34.00元

版权所有　违者必究

前 言

三菱的FX系列PLC是国内应用面广、市场占有率很高的小型PLC之一，FX3U是三菱电机公司新近推出的新型第三代三菱PLC，其基本性能大幅提升，晶体管输出型的基本单元内置了3轴独立最高100kHz的定位功能，并且增加了新的定位指令，从而使得定位控制功能更加强大，使用更为方便。

三菱的FR-E700系列变频器是FR-E500系列变频器的升级产品，是一种小型、高性能通用变频器。其功率范围：0.4～7.5kW，先进磁通矢量控制，能实现1Hz运行150%转矩输出。

本书遵照高职人才的培养要求，遵循“以职业为基础，以生产为标准，以能力为导向，以学生为中心”的高职高专教育理念，从企业岗位职业能力中提炼出课程目标要求，以三菱FX3U系列PLC为主体，介绍了PLC的工作原理、硬件结构、编程元件与指令系统，以及PLC与气动技术、PLC与变频器、PLC与步进驱动器、PLC与触摸屏的应用。

本书设计了18个学习型工作任务，重构了PLC技术的知识点，实现了教学过程与生产过程的对接；每个任务都是一个完整的工作过程，这些任务按难易程度和知识范畴归集为四个项目，分别为：项目1实现单电机系统的PLC控制，项目2实现多电机系统的PLC控制，项目3实现信号灯系统的PLC控制，项目4送料自动线的PLC控制。前三个项目按难度和知识技能逐步递进，最后一个项目是前三个项目的综合应用。

本书通过工学结合、理实一体化的教学方式，训练学生对以PLC为核心的工控对象进行工艺分析、硬件设计、硬件安装、软件设计和运行调试，不仅向学生传授PLC专业知识，而且系统地培养学生工控技能和方法，养成学生的团队协作、信息收集、协同创新等良好习惯。

我们建议本课程采用一体化方式进行教学，总学时84学时。其中，项目1用24学时，项目2用20学时，项目3用12学时，项目4用24学时，考核4学时。考核采用形成性评价与综合性评价相结合的方式，工作过程考核占50%，理论考试占40%，素质考核占10%。

我们将为使用本书的教师免费提供电子教案等教学资源，需要者可以到化学工业出版社教学资源网站http：//www. cipedu. com. cn免费下载使用。

本书由佛山职业技术学院罗庚兴主编，田亚娟、易铭担任副主编，黄卫庭、杨大春、钟造胜、邓建胜、李秀忠、杨元凯、李本红、邱明海、彭一航参加了编写工作。

由于编者水平有限，书中不妥之处在所难免，敬请兄弟院校的师生给予批评指正。

罗庚兴

目 录

项目 1　实现单电机系统的 PLC 控制 …… **1**

任务 1.1　让 PLC 运动起来 …… 1
任务 1.2　传送带全压启停控制 …… 24
任务 1.3　传送带正反转控制 …… 35
任务 1.4　送料小车自动往返控制 …… 42
任务 1.5　电动机 Y-△启动控制 …… 51
任务 1.6　电动机能耗制动控制 …… 59
任务 1.7　电动机单按钮启停控制 …… 65
习题一 …… 70

项目 2　实现多电机系统的 PLC 控制 …… **71**

任务 2.1　传送带顺序启停控制 …… 71
任务 2.2　水泵系统 PLC 控制 …… 80
任务 2.3　料斗升降 PLC 控制 …… 89
任务 2.4　包装生产线自动装箱 PLC 控制 …… 98
习题二 …… 109

项目 3　实现信号灯系统的 PLC 控制 …… **111**

任务 3.1　循环彩灯 PLC 控制 …… 111
任务 3.2　数码管的控制 …… 119
任务 3.3　十字路口交通灯 PLC 控制 …… 127
习题三 …… 135

项目 4　送料自动线的 PLC 控制 …… **137**

任务 4.1　上料系统的 PLC 控制 …… 137
任务 4.2　变频电机驱动皮带运输系统的控制 …… 167
任务 4.3　步进电机驱动机械手运动控制 …… 185
任务 4.4　送料自动线的 PLC 控制 …… 209
习题四 …… 223

附录 …… **224**

附录 A　FX 系列应用指令简表 …… 224

附录 B　实训装置简介 …… 230

参考文献 …… **234**

项目1

实现单电机系统的PLC控制

任务1.1 让PLC运动起来

知识目标

① 了解PLC的基本概念、基本构成和发展应用情况；
② 掌握PLC的基本特点与分类；
③ 了解FX3U系列PLC的型号与端子功能；
④ 熟悉GX Developer V8.86编程软件的基本操作方法。

能力目标

① 能使用GX Developer V8.86编程软件创建PLC工程项目；
② 会进行PLC通信编程电缆的连接与通信测试；
③ 会进行PLC程序的编写、下载与运行监视。

1.1.1 知识准备

1.1.1.1 PLC的基础知识

1. PLC的产生与定义

1）PLC的产生

1968年，美国通用汽车公司（GM），为了满足生产出小批量、多品种、多规格、低成本和高质量产品的要求，适应汽车改型或改变工艺流程的生产要求，希望新的逻辑顺序控制装置具有以下功能特点：

（1）用计算机代替继电器控制盘；
（2）用程序代替硬件接线；
（3）输入/输出电平可与外部装置直接连接；
（4）结构易于扩展。

其具体思路如图1-1-1所示。

根据以上要求和设计思路，美国的数字设备公司（DEC）在1969年研制出了世界上第一台可编程序控制器，并在GM公司的汽车自动装配线上首次使用，获得成功。此后这项技术迅速发展，并推动世界各国对可编程序控制器的研制和应用。1971年日本从美国引进

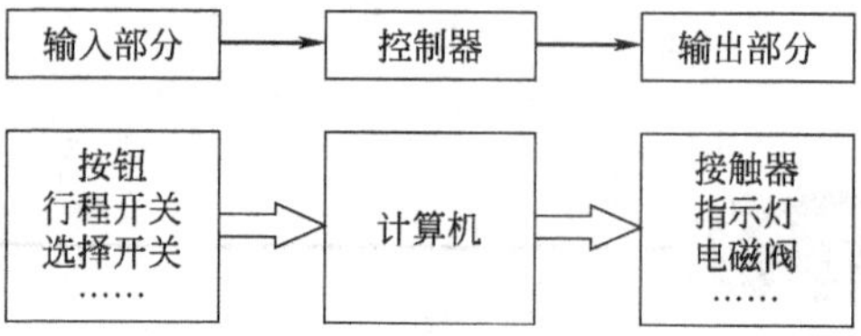

图 1-1-1　PLC 的设计构成

技术，很快就研制出了日本的第一台可编程序控制器；1973 年西欧各国的各种可编程序控制器也相继研制成功；我国于 1974 年开始研制，1977 年开始工业应用。

2）PLC 的定义

早期的可编程序控制器在功能上只能进行逻辑控制，因此被称为可编程序逻辑控制器（Programmable Logic Controller，PLC）。随着计算机技术的飞速发展，微处理器被迅速用作可编程序控制器的中央处理单元，使可编程序控制器不仅可以进行逻辑控制，也可以完成模拟量的控制，其功能和处理速度大大增强，而且具有通信功能和远程 I/O 能力。因此，在上世纪 80 年代到 90 年代，成功研制了可编程序控制器（Programmable Controller，PC）。为了与个人计算机（Personal Computer，PC）相区别，可编程序逻辑控制器仍然简称为 PLC。

国际电工委员会（IEC）在 1987 年对 PLC 的定义如下：可编程序控制器是一种数字逻辑运算操作的电子系统，专为工业环境下应用而设计。它采用可编程序的存储器，用来在其内部存储执行逻辑运算、顺序控制、定时、计数和算术运算等操作的指令，并通过数字式、模拟式的输入和输出，控制各种类型的机械或生产过程。可编程序控制器及其有关设备，都应按易于使工业控制系统形成一个整体，易于扩充其功能的原则设计。

随着计算机技术、网络技术、自动控制技术的飞速发展，PLC 的内涵变得更加丰富。

2. PLC 的发展

图 1-1-2 为国内外著名 PLC 生产厂家研制的各种 PLC。

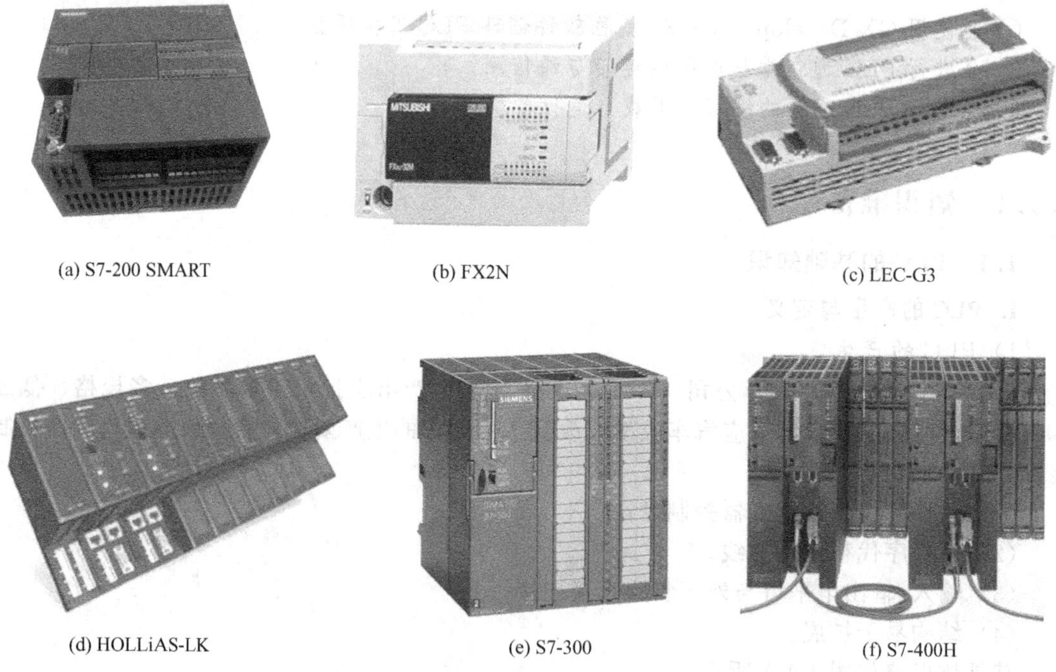

(a) S7-200 SMART　(b) FX2N　(c) LEC-G3

(d) HOLLiAS-LK　(e) S7-300　(f) S7-400H

图 1-1-2　常见 PLC 外观

1）国际著名 PLC 生产厂家

经过三十多年的发展，目前世界上著名的 PLC 厂家及其 PLC 产品主要有：

① 美国A-B公司（Allen-Bradley）的PLC系列，美国GE-Fanuc公司的GE系列；

② 德国西门子公司（SIEMENS）的LOGO、S7-200、S7-300/400系列；

③ 法国施耐德公司（Schneider）的Modicon TSX Micro型PLC；

④ 日本三菱公司（MITSUBISHI）的FX系列，欧姆龙公司（OMRON）的C系列和CQM1等，东芝公司（Toshiba）的EX20/40系列和V系列等。

1994年，美国Automation Research Co.（ARC）的商情调查表明，世界最大的5家PLC制造商依次是：德国西门子公司、美国A-B公司、法国施耐德公司、日本三菱电机和欧姆龙公司。

2）国产PLC厂商

① 北京和利时公司：LK大型PLC、LM系列小型PLC。

② 北京安控公司：PLCcore系列、DemoEC11系列。

③ 深圳德维森公司：ATCS PPC11、PPC22、PPC31系列。

④ 上海正航公司：A系列、M系列、R系列、U系列。

⑤ 台安（无锡）公司：TP03。

⑥ 北京凯迪恩公司：KDN-K3系列小型一体化PLC。

⑦ 南京冠德公司：JH200系列、CA2系列。

⑧ 无锡信捷公司：XC系列PLC、FC系列PLC。

3）中国PLC应用现状

（1）机械行业80%以上的设备仍采用传统的继电器和接触器进行控制。

（2）大中型企业普遍采用了先进的自动化系统对生产过程进行控制；中国制造2025规划出台后，越来越多的企业采用PLC、传感器去采集和控制生产过程，建立“工艺数据库”，以提高企业的经济效益和竞争实力。

（3）中国正在努力成为世界新的智能制造业基地，智能制造业主要以离散控制、数字控制为控制核心，PLC+Robot是该领域控制系统的首选。

（4）欧美公司在大中型PLC领域占有绝对优势，日本公司在小型PLC领域占据十分重要的位置，中国PLC市场95%以上被国外产品占领。

3. PLC的结构特点

1）PLC的基本结构

PLC主要由CPU模块、输入/输出模块、存储器和电源模块等五部分组成，其结构如图1-1-3所示。

2）各组成部分的作用

（1）CPU。CPU是PLC的核心，起神经中枢的作用，相当于人的大脑。它接收并存储用户程序和数据，不断地用扫描的方式采集输入信号，执行用户程序，刷新系统输出，以及诊断PLC内部电路的工作状态和编程过程中的语法错误。

（2）存储器。用于存放系统程序、用户程序和运行数据。它包括只读存储器（ROM）和随机存取存储器（RAM）。

只读存储器（ROM）用来存放监视程序、管理程序、命令解释程序、功能子程序、系统诊断程序等系统程序，不能被用户随意改变。系统程序也常用PROM或EPROM来存放。

随机存取存储器（RAM）用来存放用户编制的应用程序和各种系统参数（如I/O映像、定时、累加数据等）。

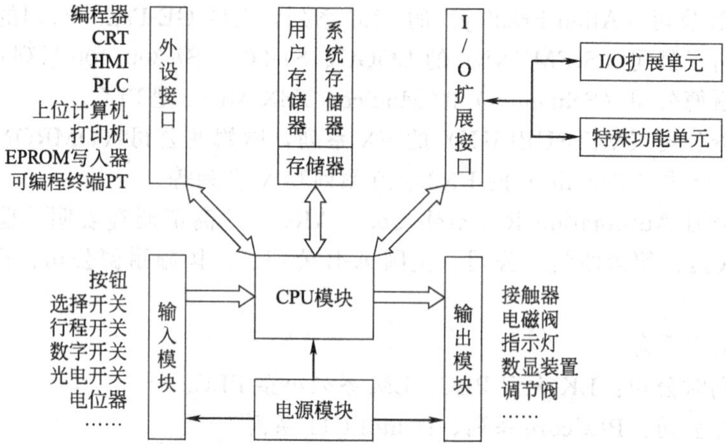

图 1-1-3　PLC 的基本结构图

（3）输入/输出模块。也称为 I/O 模块、I/O 接口，是 CPU 与现场 I/O 装置通信的桥梁。PLC 与电气回路的接口，是通过输入输出部分（I/O）完成的。I/O 分为开关量输入（DI）、开关量输出（DO）、模拟量输入（AI）和模拟量输出（AO）等模块。常用的 I/O 分类如下。

① 开关量模块。按电压水平分，有 AC220V、AC110V 和 DC24V；按隔离方式分，有继电器隔离和晶体管隔离。

② 模拟量模块。按信号类型分，有电流型（4～20mA，0～20mA）、电压型（0～10V，0～5V，－10～10V）等；按精度分，有 12bit、14bit、16bit 等。

③ 特殊 IO 模块。如热电阻、热电偶、脉冲等模块。

（4）电源模块。PLC 一般使用 AC220V 或 DC24V 电源。内部的开关型电源模块，将其转换成 DC5V、DC±12V、DC24V 的电压供 CPU、存储器和接口电路使用。开关型电源具有输入电压范围宽、体积小、重量轻、效率高、抗干扰性能好等优点。

（5）I/O 扩展接口。是 PLC 为了扩展输入/输出点数和类型的部件，有并行接口、串行接口等多种形式。

（6）外设接口。是 PLC 实现人机对话、机机对话的通道，一般采用 RS232C 或 RS422A 串行通信接口。PLC 通过它们可以和编程器、彩色图形显示器（CRT）、打印机、人机界面（如 OP3、OP27、TP27、TP37 等）、其他 PLC 或上位机 PC 连接。

（7）外围设备。PLC 的外围设备有编程器、彩色图形显示器（CRT）、人机界面、打印机、存储卡等。

编程器是 PLC 最重要的外围设备。利用编程器将用户程序写入 PLC 的存储器，还可以用编程器检查和修改程序、监视 PLC 的工作状态。编程器一般分为简易型和智能型两类。简易型只能联机编程，且往往需要将梯形图转化为助记符号（语句表）后才能送入。如 FX-30P，用于三菱 FX 全系列 PLC 编程；C200H-PR027，用于 OMRON 的 C200H/C200HS/CPM1/CQM1 系列 PLC 编程。智能型编程器（又称图形编程器）不但可以联机编程，而且还可以脱机编程，操作方便且功能强大。目前一般用计算机（运行编程软件）充当编程器。

最简单的人机界面是指示灯和按钮。目前液晶屏（或触摸屏）式的一体化操作终端应用越来越广泛，由计算机（运行组态软件）充当人机界面非常普及。

3）PLC 的特点

（1）硬件配套齐全，功能完善，适应性强。PLC 已经形成了大、中、小各种规模的系列化产品，用户不必自己再设计和制作硬件装置。用户在硬件方面的设计工作只是确定PLC的硬件配置和I/O的外部接线。控制对象的硬件配置确定后，可以通过修改用户程序，方便快速地适应工艺条件的变化。一台小型PLC内有成百上千个可供用户使用的编程元件，有很强的功能，可以用于各种规模的工业控制场合。PLC不仅可以实现逻辑运算、定时、计数、顺序控制，而且还可以对模拟量实现PID控制、数值运算和数据处理等功能。近年来PLC的功能单元大量涌现，使PLC渗透到了位置控制、温度控制、CNC等各种工业控制中。加上PLC通信能力的增强，以及人机界面技术的发展，使用PLC组成各种控制系统变得非常容易。

（2）可靠性高，抗干扰能力强。PLC采用一系列的硬件和软件抗干扰措施，具有很强的抗干扰能力，平均无故障时间达到数万小时以上，可直接用于有强烈干扰的工业生产现场。

① 工作原理方面。PLC采用循环扫描工作方式，集中采样和集中输出，避免了触点竞争；执行用户程序过程中与外界隔绝，大大减少了外界干扰。

② 硬件方面。PLC的I/O电路与CPU之间采用光电隔离措施，有效地抑制了外部干扰源对PLC的影响，同时可防止外部高电压窜入CPU模块；在PLC电源和I/O模块中，设置了多种滤波电路，有效地抑制了高频干扰信号；采用开关电源，具有自动调整与保护性能；CPU模块用良好的导电、导磁材料进行屏蔽，消除了空间电磁干扰的影响；此外，I/O电路还设置了输出联锁、故障诊断与显示电路。

③ 软件方面。设置了故障检测与诊断程序，信息保护与恢复程序等功能。PLC在扫描时，检测系统硬件是否正常，检测锂电池电压是否过低，外部环境是否正常（如交流电源是否掉电、输入电压是否超过允许值等）；此外，PLC还要检查用户程序的语法错误。发现问题后，立即自动做出相应的处理，如报警、保护数据、封锁输出等。

（3）编程方法简单易学。PLC作为通用工业控制计算机，是面向工矿企业的工控设备，编程语言易于为工程技术人员接受。梯形图语言是PLC使用最多的编程语言，其图形符号与表达方式和继电器电路图相当接近，只用PLC少量开关量逻辑控制指令，就可以方便地实现继电器电路的功能。为不熟悉电子电路、不懂计算机原理和汇编语言的人，使用PLC从事工业控制打开了方便之门。

（4）系统的设计、安装、调试和维修工作量少，维修方便。PLC用软件功能取代了继电器控制系统中大量的中间继电器、时间继电器、计数器等器件，使控制柜的设计、安装、接线工作量大大减少。

PLC的梯形图采用顺序控制设计法。这种编程方法很有规律，容易掌握。对于复杂的控制系统，梯形图的设计时间比继电器系统电路图的设计时间要少得多。

PLC的用户程序可以在实验室模拟调试，输入信号用小开关来模拟，通过PLC模块上的发光二极管可观察输出信号的状态。完成了系统的安装和接线后，在现场的统调过程中发现的问题，一般可以通过修改程序来解决，系统的调试时间比继电器系统要少得多。

PLC的故障率很低，且有完善的自诊断和显示功能。PLC或外部的输入装置或执行机构发生故障时，可以根据PLC上的发光二极管或编程器上提供的信息迅速地查明产生故障的原因，用更换模块的方法迅速地排除故障。

（5）体积小，能耗低。PLC是集成了微电子技术、计算机技术和自动控制技术等的新型工业控制装置，其结构紧凑、坚固，体积小，重量轻，工耗低。如FX3U-16M，外形尺寸（$L \times H \times W$）为130mm×86mm×90mm，重量600g，功耗30W；FX3U-48M，外形尺寸为182mm×86mm×90mm，重量850g，功耗40W；S7200 CPU224，外形尺寸为

120.5mm×80mm×62mm；S7300 CPU314/315，外形尺寸为 130mm×125mm×80mm，重量 530g，功耗仅为 8W；其扩展模块，如 SM321 外形尺寸为 117mm×125mm×40mm，重量 200g，功耗仅为 3.5W，SM322 的功耗为 5W。

此外，PLC 的配线比继电器控制系统的配线少得多，故可以省下大量的配线和附件，减少大量的安装接线工时，加上开关柜体积的缩小，可以节省大量的费用。

4. PLC 的分类

1）按结构形式分

（1）整体式 PLC。把 CPU、存储器、I/O 接口、电源等部件都装配在一起的整体装置。一个箱体就是一台完整的 PLC。早期产品和小型低档机多采用这种结构。其结构紧凑、体积小、成本低、安装方便。这类产品有 OMRON 公司的 CPM1A、CPM2A、CPM2C、CQM1 等，三菱公司的 FX2N、FX3S、FX3G、FX3U、FX3UC 系列等，SIEMENS 公司的 S7-200、S7-200 Smart、S7-1200 系列等，和利时自动化公司的 HOLLiAS-LEC G3 系列等。

（2）模块式 PLC。把 PLC 的每个工作单元都制成独立的模块，通过带有插槽的母板或机架，把这些模块按控制系统需要选取后，都插到母板或机架上，构成一台完整的 PLC。这种结构的 PLC 系统构成非常灵活，安装、扩展、维修很方便。常见的产品有 OMRON 公司的 C200H、CS1、C2000H 等，三菱公司的 A、Q、L 系列，SIEMENS 公司的 S7-300/400 系列，GE-Fanuc 公司的 GE 90-30 等。

2）按 I/O 点数及内存容量分

一般将一路信号叫做一个点，将输入点数和输出点数的总和称为机器的点。按照点数和存储容量来分，PLC 大致可分为大、中、小型三种。

（1）小型 PLC。I/O 点数小于 256 点，单 CPU，8 或 16 位处理器，用户存储器容量在 2K 字节以下，如：GE-I 型、FX3U/FX3G、CPM1A/CAM1、LOGO/S7-200、LEC-G3 等。小型 PLC 在结构上一般是整体式的，主要用于中等以下容量的开关量控制，具有逻辑运算、定时、计数、顺序控制、通信等功能。

（2）中型 PLC。I/O 点数在 256～1024 点之间，单（双）CPU，用户存储器容量在 2K～8K 字节。如：S7-300、GE-Ⅲ、C200H、基本型 QCPU、HOLLiAS-LK、台达 Ah500 等。中型 PLC 属于模块式结构，除具有小型 PLC 的功能外，还增加了数据处理能力，适用于小规模的综合控制系统。

（3）大型 PLC。I/O 点数在 1024 点以上，多 CPU，16 或 32 位处理器，用户存储器容量达 8K 字节以上。属于模块式结构，主要用于多级自动控制和大型分布式控制系统。如：S7-400、GE-Ⅳ、C-2000、高性能型 QCPU、施耐德 140ACI04000。

5. PLC 的应用领域

微电子技术的进展运用到 PLC 中，元器件的集成度越来越高，使得 PLC 的性能价格比不断提高，应用范围也不断扩大。PLC 在工业自动化中起着举足轻重的作用，在国内外已广泛应用于机械、冶金、石油、化工、轻工、纺织、电力、电子、食品、交通等行业。经验表明，80%以上的工业控制可以使用 PLC 来完成。在日本，凡 8 个以上中间继电器组成的控制系统都已采用 PLC 来取代。以微处理器为核心的 PLC，不仅适用于开关量、模拟量和数字量的控制，而且已进入过程控制和位置控制等领域，成为一种多功能、高可靠性、应用场合最多的工业控制微型计算机。

1）开关量逻辑和顺序控制

这是 PLC 最基本、最广泛的应用领域，它取代传统的继电器电路，实现逻辑控制、顺序控制，既可用于单台设备的控制，也可用于多机群控及自动化流水线。如注塑机、印刷机、订书机械、组合机床、磨床、包装生产线、电镀流水线等。

2）运动控制

PLC 使用专用的运动控制模块，对直线运动或圆周运动的位置、速度和加速度进行控制，可实现单轴、双轴、3 轴和多轴位置控制，使运动控制与顺序控制功能有机地结合在一起。PLC 的运动控制功能广泛地用于各种机械，如金属切削机床、装配机械、机器人、电梯等场合。

3）闭环过程控制

过程控制是指对温度、压力、流量等连续变化的模拟量的闭环控制。作为工业控制计算机，PLC 能编制各种各样的控制算法程序，完成闭环控制。PID 调节是一般闭环控制系统中用得较多的调节方法。大中型 PLC 都有 PID 模块，目前许多小型 PLC 也具有此功能模块。PID 处理一般是运行专用的 PID 子程序。过程控制在冶金、化工、热处理、锅炉控制等场合有非常广泛的应用。

4）数据处理

现代 PLC 具有数学运算（含矩阵运算、函数运算、逻辑运算）、数据传送、数据转换、排序、查表、位操作等功能，可以完成数据的采集、分析及处理。这些数据可以与存储在存储器中的参考值比较，完成一定的控制操作，也可以利用通信功能传送到别的智能装置，或将它们打印制表。数据处理一般用于大型控制系统，如无人控制的柔性制造系统；也可用于过程控制系统，如造纸、冶金、食品工业中的一些大型控制系统。

5）通信联网

PLC 的通信包括主机与远程 I/O 之间的通信、多台 PLC 之间的通信、PLC 和其他智能控制设备（如计算机、变频器、数控装置）之间的通信。PLC 与现场总线结合，可以组成一种开放的、具有互操作性的、彻底分散的分布式控制系统——现场总线控制系统（FCS）。

1.1.1.2　FX3U 系列 PLC 简介

FX3U 系列 PLC 是三菱公司生产的第三代微型可编程控制器。内置了 64K 大容量的 RAM 存储器。运算速度达 0.065μs/基本指令。有 16 点、32 点、48 点、80 点和 128 点基本单元，最多可以扩展到 384 个 I/O 点（包括 CC-Link 扩展的远程 I/O）。有继电器输出、晶体管输出（内置独立 3 轴 100kHz 定位功能，集电极开路输出：Y0、Y1、Y2），可以连接 FX2N 系列的输入输出扩展单元，FX0N/FX2N/FX3U 系列特殊模块最多可以连接 8 台。基本单元左侧可以连接功能强大的适配器，连接高速输入用、高速输出用的特殊适配器不需要功能扩展板；但是与通信及模拟量用的特殊适配器合用时，需要功能扩展板。除了浮点数、字符串处理指令外，还具备了定坐标指令等。可以通过内置开关进行 RUN/STOP 的操作。支持在 RUN 中写入。内置时钟功能，可以执行时间的控制。

1. FX3U 系列型号的含义

FX3U 系列 PLC 型号的含义如图 1-1-4 所示。

FX3U 系列 PLC 的电源规格有 AC100V-240V 50/60Hz 和 DC24V 两种。输入输出扩展单元是 FX2N 系列用的扩展设备，扩展单元有 4DI/4DO、8DI、16DI、8DO、16DO 几种规格。支持 RS-232C、RS-485、RS-422、N∶N 网络、并联连接和计算机连接等数据通信，支持 CC-Link 总线通信。

三菱 FX3U 系列 PLC 基本单元选型，见表 1-1-1。

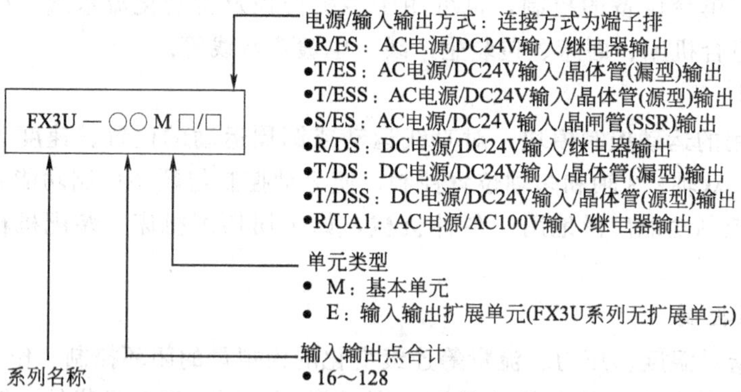

图 1-1-4　FX3U 系列 PLC 产品型号

表 1-1-1　FX3U 系列 PLC 基本单元选型表

型号	I/O 点数	输出方式	供电电压/V	耗电量/W	其他参数
FX3U-16MR/ES-A	8/8	继电器	AC 220	30	64K 步 RAM 基本指令 27 条 步进指令 2 条 应用指令 209 种 辅助继电器 7680 点 状态寄存器 4096 点 定时器 512 点 16 位增计数器 200 点 32 位计数器 35 点 高速计数器 100kHz/6 点 10kHz/2 点，50kHz/2 点 数据寄存器 8000 点
FX3U-32MR/ES-A	16/16	继电器	AC 220	35	
FX3U-48MR/ES-A	24/24	继电器	AC 220	40	
FX3U-64MR/ES-A	32/32	继电器	AC 220	45	
FX3U-80MR/ES-A	40/40	继电器	AC 220	50	
FX3U-128MR/ES-A	64/64	继电器	AC 220	65	
FX3U-16MT/ES-A	8/8	晶体管漏型	AC 220	30	
FX3U-32MT/ES-A	16/16	晶体管漏型	AC 220	35	
FX3U-48MT/ES-A	24/24	晶体管漏型	AC 220	40	
FX3U-64MT/ES-A	32/32	晶体管漏型	AC 220	45	
FX3U-80MT/ES-A	40/40	晶体管漏型	AC 220	50	
FX3U-128MT/ES-A	64/64	晶体管漏型	AC 220	65	
FX3U-16MR/DS	8/8	继电器	DC 24	25	
FX3U-32MR/DS	16/16	继电器	DC 24	30	
FX3U-48MR/DS	24/24	继电器	DC 24	35	
FX3U-64MR/DS	32/32	继电器	DC 24	40	
FX3U-80MR/DS	40/40	继电器	DC 24	45	
FX3U-16MT/DS	8/8	晶体管漏型	DC 24	25	
FX3U-32MT/DS	16/16	晶体管漏型	DC 24	30	
FX3U-48MT/DS	24/24	晶体管漏型	DC 24	35	
FX3U-64MT/DS	32/32	晶体管漏型	DC 24	40	
FX3U-80MT/DS	40/40	晶体管漏型	DC 24	45	
FX3U-16MT/DSS	8/8	晶体管源型	DC 24	25	
FX3U-32MT/DSS	16/16	晶体管源型	DC 24	30	
FX3U-48MT/DSS	24/24	晶体管源型	DC 24	35	
FX3U-64MT/DSS	32/32	晶体管源型	DC 24	40	

续表

型号	I/O 点数	输出方式	供电电压/V	耗电量/W	其他参数
FX3U-80MT/DSS	40/40	晶体管源型	DC 24	45	64K 步 RAM 基本指令 27 条 步进指令 2 条 应用指令 209 种 辅助继电器 7680 点 状态寄存器 4096 点 定时器 512 点 16 位增计数器 200 点 32 位计数器 35 点 高速计数器 100kHz/6 点 10kHz/2 点，50kHz/2 点 数据寄存器 8000 点
FX3U-16MT/ESS	8/8	晶体管源型	AC 220	30	
FX3U-32MT/ESS	16/16	晶体管源型	AC 220	35	
FX3U-48MT/ESS	24/24	晶体管源型	AC 220	40	
FX3U-64MT/ESS	32/32	晶体管源型	AC 220	45	
FX3U-80MT/ESS	40/40	晶体管源型	AC 220	50	
FX3U-128MT/ESS	64/64	晶体管源型	AC 220	65	

2. FX3U 系列 PLC 各部位名称及功能

FX3U 系列 PLC 的面板各部分名称与功能如图 1-1-5 所示。PLC 有 DIN 导轨安装卡扣，可以将基本单元安装在标准 DIN（宽度 35mm）导轨上。

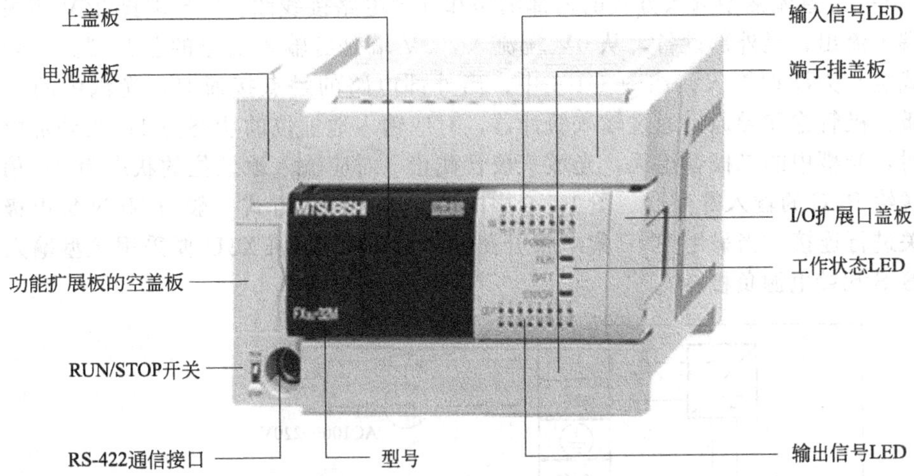

图 1-1-5　FX3U 系列 PLC 面板各部分名称与功能

1）通信接口

PLC 有三个通信接口。一个在功能扩展板空盖板下面，用于安装高速输入输出特殊适配器或功能扩展板；另一个在扩展口盖板下面，用于通过扩展电缆安装扩展单元以及特殊功能单元；还有一个是 RS-422 通信接口，通过不同的数据转换器可连接上位计算机、手持式编程器或触摸屏等外围设备。

2）工作方式开关

写入（成批）顺控程序以及停止运行时，工作方式开关置为 STOP（开关拨动到下方）；执行程序时，工作方式开关置为 RUN（开关拨动到上方）。

3）状态指示

输入信号 LED，外部电路使某输入点接通时，对应的 LED 指示灯亮（红色）。

输出信号 LED，程序使某输出点接通时，对应的 LED 指示灯亮（红色）。

工作状态 LED，通过 LED 的显示情况可确认 PLC 的运行状态，见表 1-1-2。

表 1-1-2 工作状态指示说明

LED 名称	显示颜色	说明
POWER	绿色	通电状态下灯亮，供电正常
	绿色	通电时闪烁，电压或电流不符合规定，接线不正确，PLC 内部异常
RUN	绿色	运行中灯亮
BATT	红色	电池电压降低时灯亮，需尽快更换电池
ERROR	红色	程序错误时闪烁，参数错误或者语法错误
	红色	CPU 故障时灯亮，定时器出错或者硬件损坏

3. 数字量输入模块

数字量输入模块用于连接按钮、开关和接近开关。基本单元输入点数有 8 点、16 点、24 点、32 点、40 点和 64 点六种。输入类型有直流输入方式和交流输入方式两种。输入电流一般为数毫安。根据输入电流的流向，可以将输入电路分为源输入电路、漏输入电路和混合型输入电路。FX3U 系列的输入模块全部为混合型输入形式，在大型项目中使用，要注意接线方式，否则容易造成电源的混乱。

图 1-1-6 是直流漏型输入方式的内部电路和外部电路接线图。S/S 端接 24V 正极，电流从输入端子流出，经外部设备，从 0V 端流入，0V 端是各输入信号的公共端。三菱公司把这种方式定义为漏型输入。在图 1-1-6 中，当外部电路的触点接通时，光耦中的二极管点亮，光敏三极管饱和导通，通过输入缓冲器，对应输入地址位的状态为 1；当外部电路的触点断开时，光耦中的二极管熄灭，光敏三极管截止，对应输入地址位的状态为 0；信号经内部总线送给 PLC 的输入寄存器。图 1-1-6 中的漏型输入接线方式一般与 NPN 集电极开路型接近开关进行连接。当采用 PNP 集电极开路型接近开关时，FX3U 要采用源型输入接线方式，即 S/S 端接电源负极 0V。

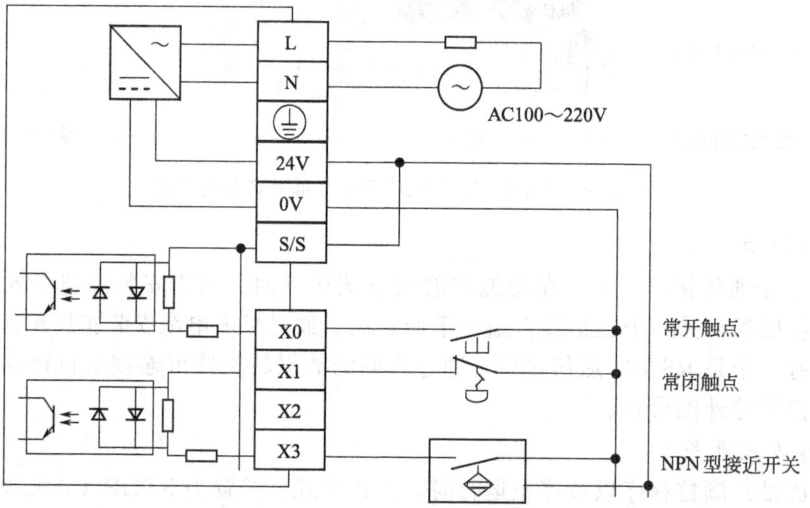

图 1-1-6 直流漏型输入电路

直流输入电路的额定电压为 DC24V，延迟时间较短，可以直接与接近开关、光电开关等电子输入装置连接。如果信号线不长，PLC 所处的物理环境较好，电磁干扰较轻，对响应性要求高的场合，应优先选用 DC24V 的输入模块。FX3U 系列 PLC 的输入技术指标见表 1-1-3。

表 1-1-3　FX3U 系列 PLC 的输入技术指标

技术指标		参数		
		FX3U-16M□/□S(S)	其余型号	FX3U-32MR/UA1 FX3U-64MR/UA1
输入连接方式		固定式端子排(M3 螺钉)	拆卸式端子排(M3 螺钉)	
输入电压		AC 电源型:DC24V±10% DC 电源型:DC16.8~28.8V		AC100~120V 50/60Hz
输入信号电流	X000~X005	6mA/DC24V		4.7mA/AC100V 50Hz 6.2mA/AC100V 60Hz
	X006、X007	7mA/DC24V		
	X010 以上	—	5mA/DC24V	
ON 输入感应电流	X000~X005	3.5mA 以上		3.8mA 以上
	X006、X007	4.5mA 以上		
	X010 以上	—	3.5mA 以上	
OFF 输入感应电流		1.5mA 以下		1.7mA 以下
输入响应时间		约 10ms		25~30ms
输入信号形式		无电压触点输入 漏型输入时:NPN 集电极开路晶体管, 源型输入时:PNP 集电极开路晶体管		触点输入
输入状态显示		输入 ON 时,面板上相应的 LED 灯亮		

4. 数字量输出模块

数字量输出模块用于连接电磁阀、中间继电器、接触器、小型电机、灯和电机启动器等，具有电平转换、隔离和功率放大的作用。按电源分，有直流输出电路和交流输出电路两种类型；按电路的内部结构分，有继电器输出方式、晶闸管输出方式和晶体管输出方式三种。输出电流的典型值为 0.5~2A，负载电源由外部现场提供。

图 1-1-7 是继电器输出电路。图中，当某一输出点为 1 状态时，梯形图中的线圈“通电”，通过输出锁存器，使输出模块中对应的微型硬件继电器线圈通电，其常开触点闭合，

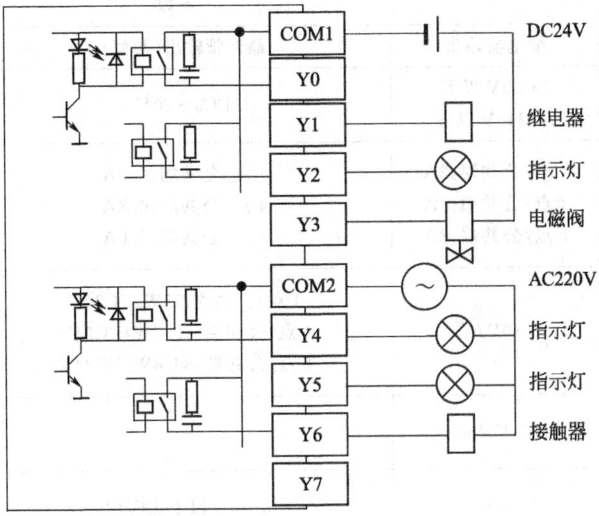

图 1-1-7　继电器输出电路

使外部的负载工作。当输出点为 0 状态，梯形图中的线圈“断电”，输出模块中的微型继电器的线圈也断电，其常开触点断开。这类模块交直流负载均可，负载电压范围宽，导通压降小，瞬间过载能力强；但是动作速度较慢，寿命有一定限制。接线时要注意，电源由负载决定，交直流负载不能混接，直流继电器、电磁阀等负载的极性不能接反了。

图 1-1-8 是晶体管漏型输出电路。输出信号经光耦送给输出元件 NPN 型三极管，三极管的饱和导通状态和截止状态相当于触点的接通和断开。这类模块只能用于直流负载，可靠性高，响应速度快，寿命长，但是过载能力稍差。接线时要注意，晶体管型输出回路不能接交流电，漏型输出的 COM 端必须接电源负极，直流继电器、电磁阀等负载的极性不能接反了。

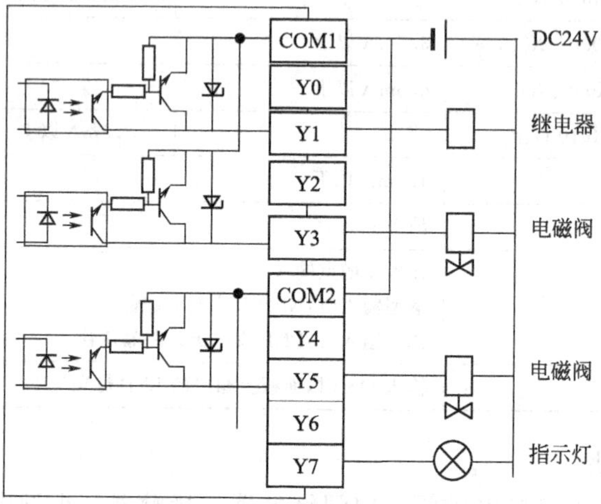

图 1-1-8　晶体管漏型输出电路

FX3U 还有双向晶闸管输出电路，它用光电晶闸管实现隔离，只能用于交流负载，可靠性高，反应速度快，寿命长，但是过载能力差。FX3U 系列 PLC 的输出技术指标见表 1-1-4。

表 1-1-4　FX3U 系列 PLC 输出技术指标

技术指标		参数		
		继电器输出	晶体管输出(漏型)	晶闸管输出(SSR)
外部电源		DC30V 以下 AC240V 以下	DC5～30V	AC85～242V
最大负载	电阻负载	1 点/公共端:2A 4 点/公共端:8A 8 点/公共端:8A	1 点/公共端:0.5A 4 点/公共端:0.8A 8 点/公共端:1.6A	1 点/公共端:0.3A 4 点/公共端:0.8A 8 点/公共端:0.8A
	感性负载	80VA	1 点/公共端:12W/DC24V 4 点/公共端:19.2W/DC24V 8 点/公共端:38.4W/DC24V	15VA/AC100V 30VA/AC200V
最小负载		DC5V 2mA	—	0.4VA/AC100V 1.6VA/AC200V
开路漏电流		—	0.1mA 以下 DC30V	1mA/AC100V 2mA/AC200V

续表

技术指标		参数		
		继电器输出	晶体管输出(漏型)	晶闸管输出(SSR)
响应时间	OFF→ON	约 10ms	Y0～Y2:5μs 以下/10mA 以上(DC5～24V) Y3 以后:0.2ms 以下/20mA 以上(DC24V)	1ms 以下
	ON→OFF	约 10ms	Y0～Y2:5μs 以下/10mA 以上(DC5～24V) Y3 以后:0.2ms 以下/20mA 以上(DC24V)	10ms 以下
电路隔离		继电器隔离	光耦隔离	光电晶闸管隔离
输出状态显示		内部继电器得电,面板上的 LED 灯亮	光耦驱动时,面板上的 LED 灯亮	光电晶闸管驱动时,面板上的 LED 灯亮

5. 端子排列

FX3U-48M□系列 PLC 的端子排列如图 1-1-9 所示。

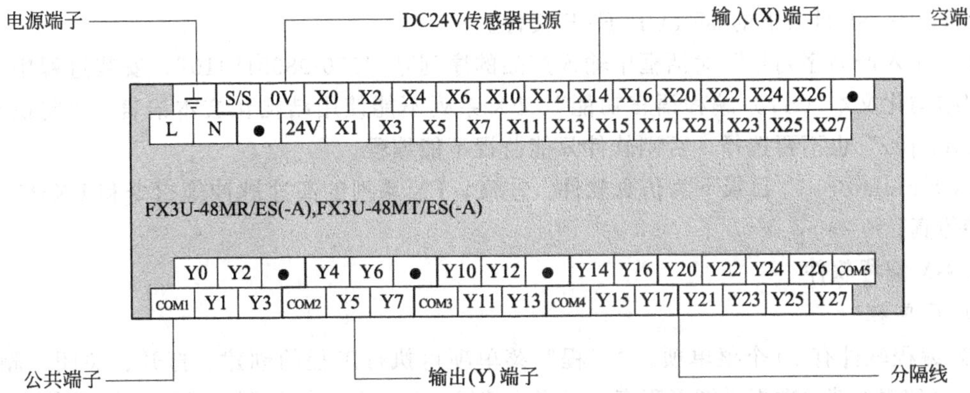

图 1-1-9　FX3U-48M□系列 PLC 端子排列

① 电源端子。AC 电源型为 L、N 端子；DC 电源型为⊕、⊖端子。

② DC24V 传感器电源。AC 电源型为 0V、24V 端子；DC 电源型中没有传感器电源，因此端子显示为（0V）、(24V)，请勿在（0V）、(24V）端子上接线。

③ 输入端子。AC 电源型、DC 电源型的输入端子显示相同，但输入的外部接线不同。

④ 公共端子 COM□。公共端子连接的输出编号 Y□就是“分隔线”框出的范围，可以是 1 点、4 点、8 点共用 1 个公共端。晶体管源型输出的公共端为＋V□端子。

1.1.1.3　编程软件和仿真软件简介

1. 概述

三菱 PLC 编程软件 GX Developer 主要是指能执行以下功能的软件包。

① 程序的创建。

② 对可编程控制器 CPU 进行写入、读出。

③ 监视（例如：软元件批量监视）。

④ 调试。将所创建的顺序控制程序写入可编程控制器 CPU 中，对顺序控制程序能否正常动作进行测试。此外，通过使用新开发的 GX Simulator，可以在单台个人计算机中进行调试。

⑤ PLC 诊断。由于显示了当前的出错状态以及故障记录等，因此可以在短时间内完成

除错。此外，通过系统监视［仅为 QCPU（Q 模式）］可以获取关于特殊功能的详细信息，因此在出错时可以在更短的时间内完成除错。

2. 系统环境

GX Developer Version V8. 86 软件是应用于三菱公司所有 FX 系列、Q 系列、QnA 系列和 A 系列 PLC 的编程软件，可以在 Windows98/ME/2000/XP Professional / XP Home Edition /2003 操作系统下进行梯形图的编辑和指令表程序的编辑。注意 GX Developer 软件不支持 Windows 95、Windows NT Workstation 4. 0。此外，GX 编程软件可直接设定 CC-Link 及其他三菱网络的参数，能方便地实现监控、故障诊断、程序的传送和打印等功能。

3. 安装

安装软件前建议暂时关闭 360 安全卫士、金山毒霸之类的杀毒软件。首先安装 MELSOFT 通用环境软件，打开文件夹 \ GX Developer V8. 86 \ EnvMEL 目录中的 SETUP. EXE 文件（若已安装可直接跳过此步），再安装 GX Developer 软件，双击 \ GX Developer V8. 86 目录下的 SETUP. EXE 文件。

在“输入产品序列号”对话框中输入产品的序列号“570-986818410”。安装过程中不用选择“结构化文本（ST）编程语言功能”，FX 系列不能使用结构化文本语言。“监视专用 GX Developer”也不要选择，否则软件只能监视不能编程。

GX Simulator6-C/目录下为仿真软件。注意，FX 系列的高速脉冲等指令和 FX3U 程序不支持仿真。

4. GX 编程软件

1）菜单栏

GX 编程软件有 10 个菜单项。“工程”菜单项可执行工程的创建、打开、关闭、删除、打印等。“编辑”菜单项提供图形程序（或指令编辑）的工具，如复制、粘贴、插入行（列）、删除行（列）、画连线、删除连线等。“查找/替换”主要用于查找/替换设备、指令等。“变换”只在梯形图编程方式可见，程序编好后，需要将图形程序转化为系统可以识别的指令，因此需要进行变换才可存盘、传送等。“显示”用于梯形图与指令之间的切换，注释、声明和注释的显示或关闭等。“在线”主要用于实现计算机与 PLC 之间的程序传送、监视、调试及检测等。“诊断”主要用于 PLC 诊断、网络诊断及 CC-Link 诊断。“工具”主要用于程序检查、参数检查、数据合并、清除注释或参数等。“帮助”主要用于查阅各种出错代码等功能。

2）工具栏

工具栏分为主工具栏、图形编辑工具、视图工具等，它们在工具栏的位置是可以拖动改变的。主工具栏提供文件新建、打开、保存、复制、粘贴等功能。图形工具栏只在图形编程时才可见，提供各类触点、线圈、连接线等图形。视图工具栏可实现屏幕显示切换，如可在主程序、注释、参数等内容之间实现切换，也可实现屏幕放大/缩小或打印预览等功能。此外工具栏还提供程序的读/写、监视、查找和程序检查等快捷执行按钮。

编程软件工具栏说明如图 1-1-10 所示。对于在 GX Developer 中不能操作的功能，将显示为淡字符（屏蔽）而无法选中。无法选中的原因如下所示：

① 在所使用的可编程控制器 CPU 中没有此功能；

② 由于在当前所操作的功能下无法使用而导致无法选中。

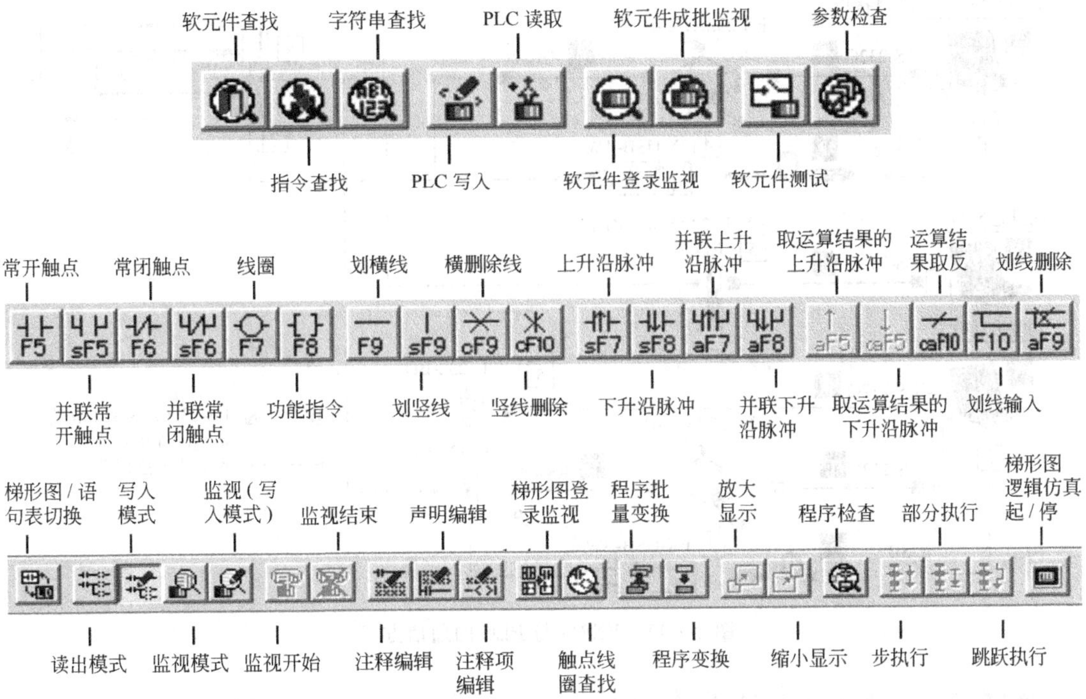

图 1-1-10　GX 工具栏说明

1.1.2　基本任务

1. 任务要求

(1) 创建一个名称为“＊＊ZZ♯□□-???”的 PLC 工程项目。＊＊表示年级，ZZ 表示专业，♯表示班级，□□表示组号，??? 表示任务编号。比如，14JD313-1T1 表示 14 机电 3 班 13 组的任务 1T1。

(2) 编写一个梯形图 (LAD) 程序。

(3) 下载程序到 PLC 中。

(4) 运行 PLC，观察实际运行效果。

(5) 监控程序，观察 PC 上的程序运行情况。

2. 任务实施

1) 准备工作

(1) 设备准备。具体参考附录 B。

(2) 将 PLC 与 PC 连接起来。PLC 与上位机 PC（即编程器）通信的端口有 2 个，一是 RS-422 通信口，二是功能扩展板（特殊适配器）通信口。FX3U 与 PLC 的通信方式如图 1-1-11所示。

采用 RS-422 通信口连接 PC 时，编程通信电缆可选用[RS-422]＋[FX232AAWC-H]＋[RS-232C]组合电缆，如图 1-1-12(a) 所示，RS-422 接 PLC，9 针 RS-232C 接 PC 机的 COM1 口；也可选用 USB 电缆（FX-USB-AW 或 FX3U-USB-BD)，如图 1-1-12(b) 所示。

上述两种编程通信电缆都用到了 MINI DIN 8 针公头，如图 1-1-13 所示。这种公头在插入 PLC 的 RS-422 通信口母头时，一定要注意针头必须对准针孔，切忌用力过猛，弄弯、弄折针。

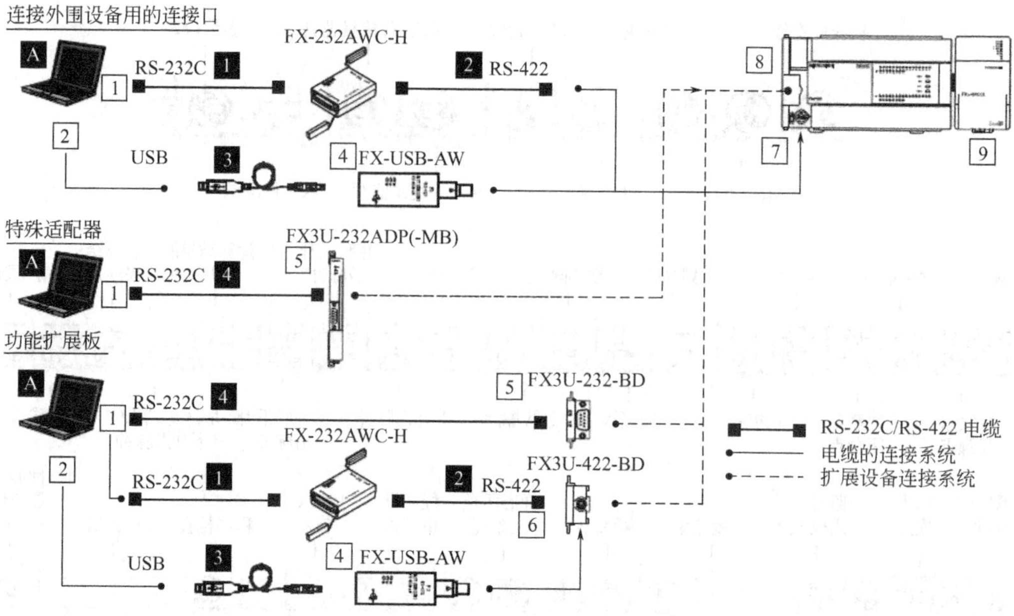

图 1-1-11　FX3U 与 PLC 的通信方式

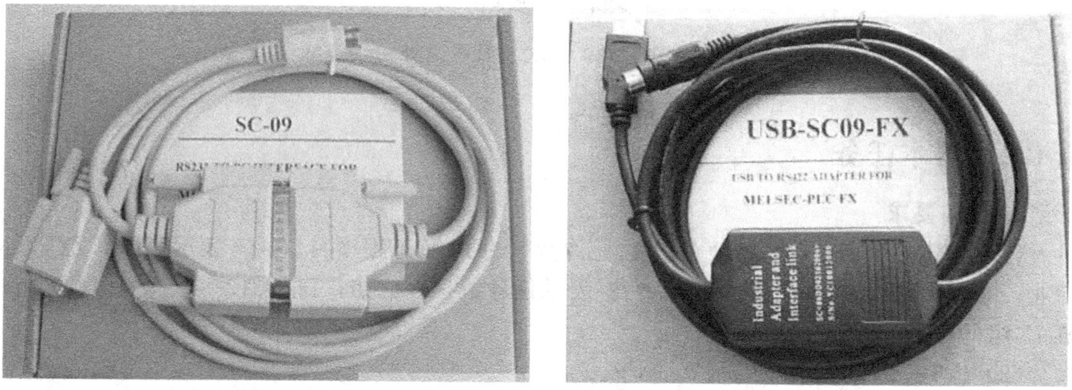

(a)　　(b)

图 1-1-12　编程通信电缆

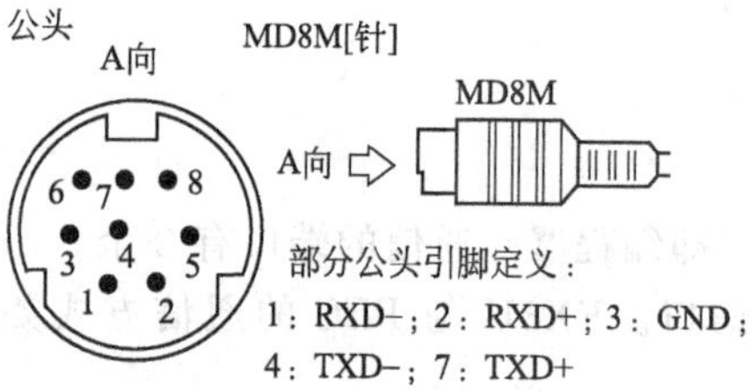

图 1-1-13　MD8M 针脚

2）创建新工程

（1）启动软件。双击桌面图标，或者从“开始”>>“程序”>>“MELSOFT 应用程序”>>“GX Developer”进入软件操作界面。

新进入界面的窗口编辑区域是不可用的，工具栏中除了新建、打开和上传等少数按钮可见以外，其余按钮均为灰色。如图 1-1-14 所示。

（2）创建一个新工程。单击图 1-1-14 中的快捷工具按钮，或执行菜单命令“工程”>>“创建新工程”，可以创建一个新工程，出现如图 1-1-15 所示画面。

在图 1-1-15 中，单击下拉式菜单，选择 PLC 系列为 FXCPU，类型为 FX3U（C）。注

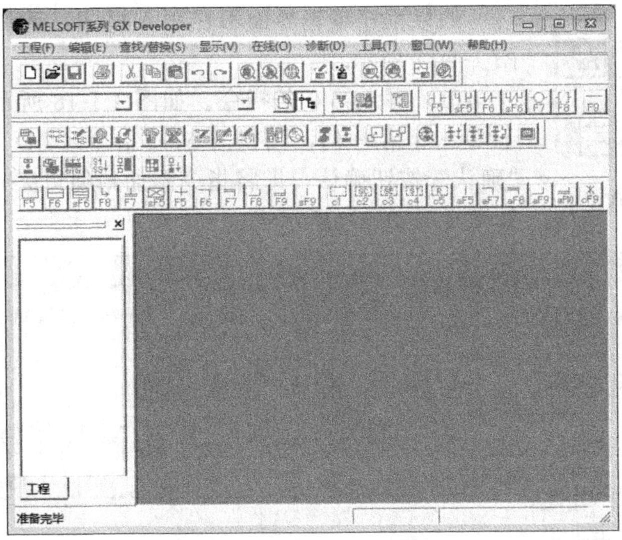

图 1-1-14　GX Developer 的界面

意 PLC 系列和型号两项是必须选择的，且必须与所连接的实际 PLC 一致，否则程序将无法写入到 PLC。

选择编程语言的类型为梯形图（另一选项 SFC 为顺序功能图编程方法）。

勾选“设置工程名”复选框，设置文件的保存路径（默认为 \ MELSEC)，输入工程名称，例如“14JD313-1T1”。

设置好后，单击“确定”按钮，即弹出图 1-1-15 中的小对话框，单击“是”按钮确认，生成一个新工程。新工程的主程序 MAIN 被自动打开，可进行程序的编写。

执行菜单命令“显示”>>“工程数据列表”，或者单击快捷工具，可以显示或关闭图 1-1-14 左边的工程窗口。

3）编辑程序

在工程“14JD313-1T1”中写入图 1-1-16 所示的 PLC 梯形图程序。

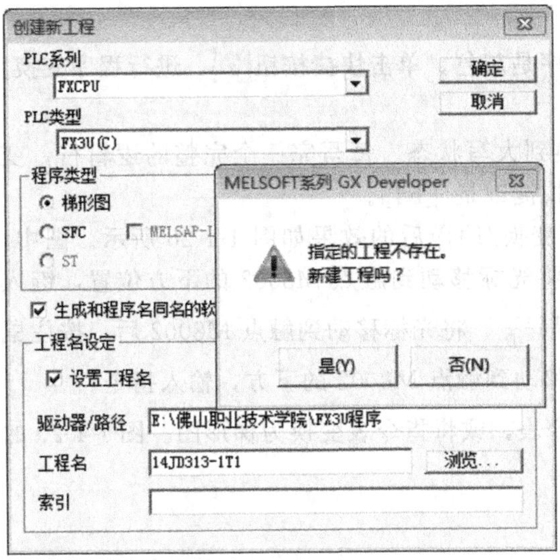

图 1-1-15　创建新工程

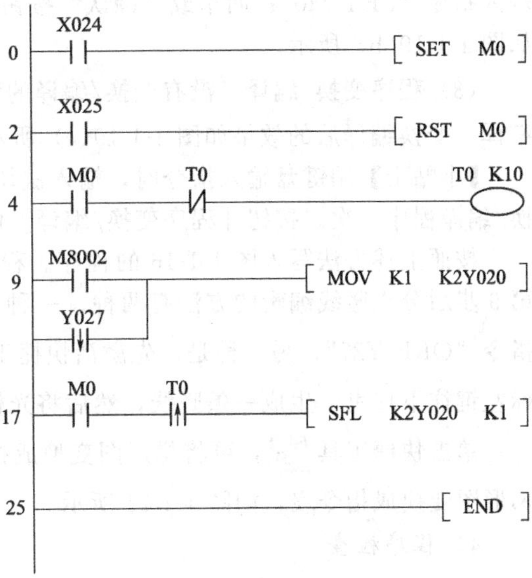

图 1-1-16　测试程序

图 1-1-17　写入模式

如果程序编辑界面不在写入模式，请切换到写入模式，如图 1-1-17 所示。

（1）写入第 0 条指令。如图 1-1-18 所示，蓝色方框光标位于第一行第一列，用键盘输入指令“LD X24”，回车或单击“确认”按钮确认，即将指令添加到编辑区光标选定位置，结果如图 1-1-19(a) 所示。

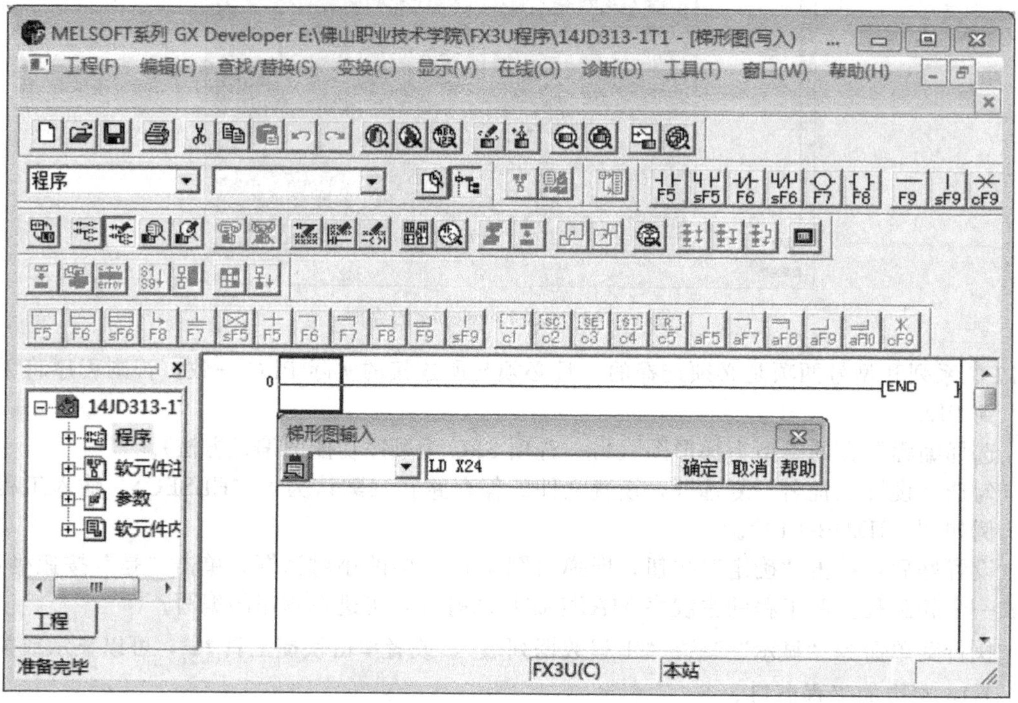

图 1-1-18　写入第 0 条指令

（2）写入第 1 条指令。如图 1-1-19(a) 所示，蓝色方框光标位于第一行第二列，用键盘输入指令“SET M0”；回车或“确认”按钮确认，即将指令添加到灰色逻辑行的最后位置，如图 1-1-19(b) 所示。

（3）程序变换/编译。没有变换/编译的程序是灰色。单击快捷按钮，进行程序变换/编译。变换编译后的效果如图 1-1-19(c) 所示。

【小贴士】用键盘输入指令时，输入法切换到大写状态。每写完一个完整的逻辑行，变换/编译程序一次。按钮［程序变换/编译］的快捷键是［F4］。

按照上述方法写入图 1-1-16 的程序。程序变换/编译后的效果如图 1-1-20 所示。图中，第 9 步后分支竖线编辑的方法有两种。一种是将光标移动到触点 M8002 的下方位置，键入指令“ORF Y27”；另一种是，先激活快捷工具，将光标移动到触点 M8002 后，按住鼠标左键往下拖曳，生成一条竖线，然后将光标移动到触点 M8002 的下方，输入指令。

单击快捷工具，可将梯形图变换成指令表，或将指令表变换为梯形图。图 1-1-20 的梯形图变换成指令表，如图 1-1-21 所示。

4）程序检查

单击“程序检查”快捷工具按钮，弹出如图 1-1-22 所示对话框，选择检查的内容。

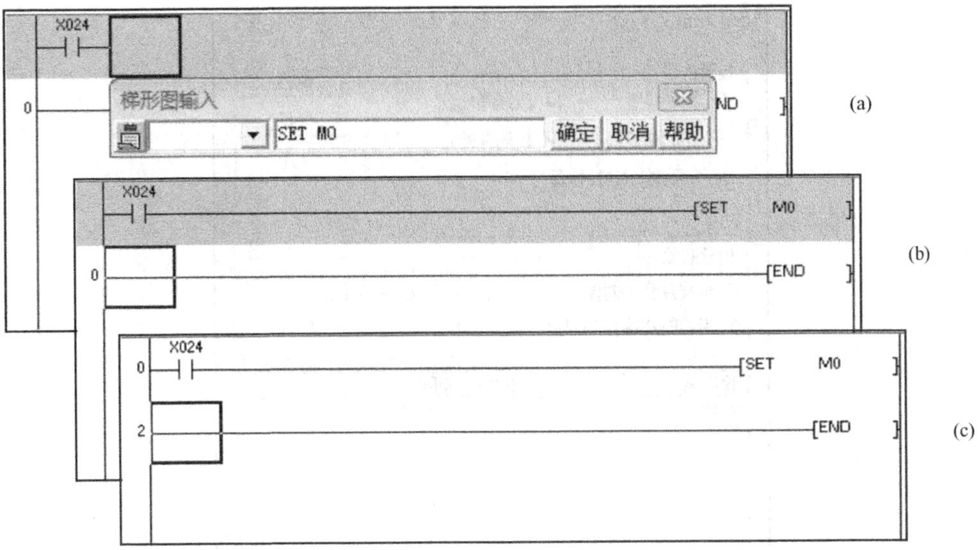

图 1-1-19　写入第 1 条指令及变换/编译

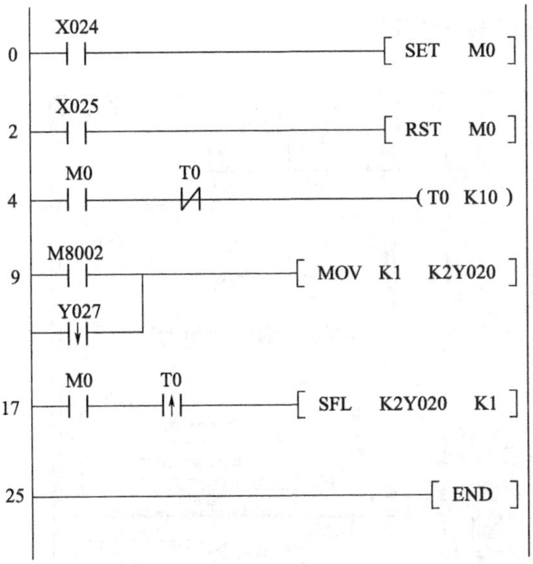

图 1-1-20　编译后的梯形图

0	LD	X024	
1	SET	M0	
2	LD	X025	
3	RST	M0	
4	LD	M0	
5	AND	T0	
6	OUT	T0	K10
9	LD	M8002	
10	ORF	Y027	
12	MOV	K1	K2Y020
17	LD	M0	
18	ANDP	T0	
20	SFL	K2Y020	K1
25	END		

图 1-1-21　变换后的指令表

按下“执行”按钮，在其下面的列表中出现检查的结果。在某些特定的条件下，允许出现双线圈输出。

5）通信设置及测试

连接计算机与 PLC，接通 PLC 电源，PLC 工作方式开关置于 STOP 状态。

单击“在线”>>“传输设置”菜单命令，弹出如图 1-1-23 所示的窗口。单击图标，设置 PC I/F 的参数。如图 1-1-24 所示，选择的通信电缆为 RS422/RS-232C，通信端口为 COM1，波特率为 115.2kbps。

在图 1-1-23 中，单击图标，选择 PLC 模块系列。如图 1-1-25 所示，选择 FXCPU 系列。

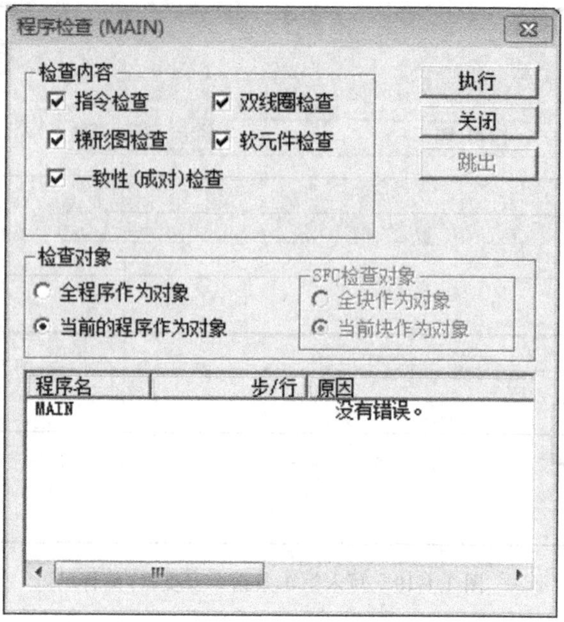

图 1-1-22　程序检查对话框

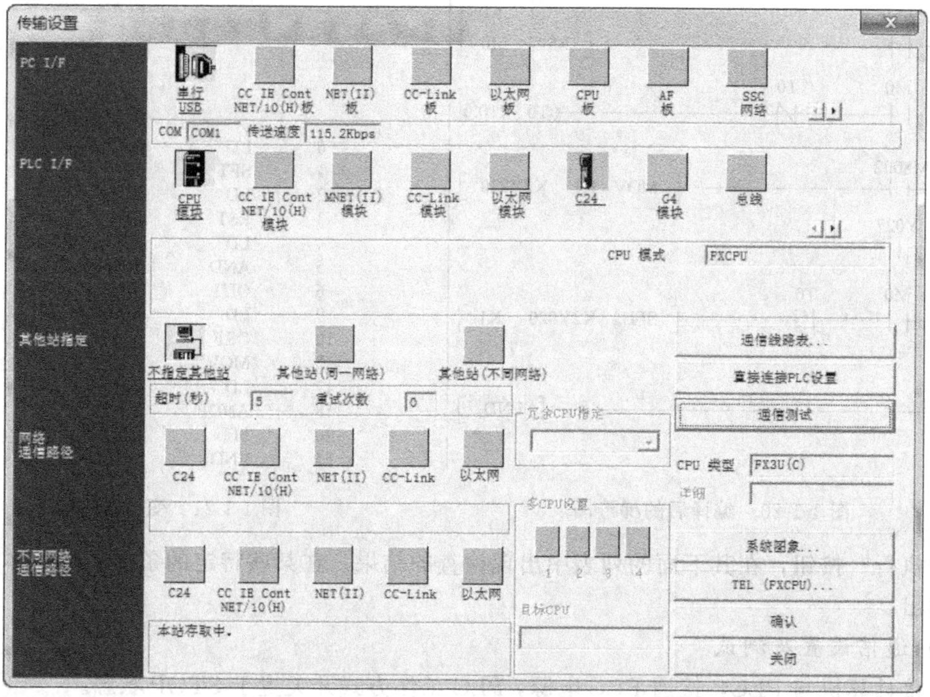

图 1-1-23　传输设置窗口

其他项保持默认，单击“确定”按钮。可以进行通信测试，以检查计算机与PLC是否连接成功。在图1-1-23中，单击“通信测试”按钮，如果弹出如图1-1-26(a)所示对话框，说明PC与FX3U连接成功了；若弹出1-1-26(b)所示对话框，说明连接失败。

连接失败的原因主要有：参数设置错误、PLC没通电、通信电缆没连接上、通信电缆

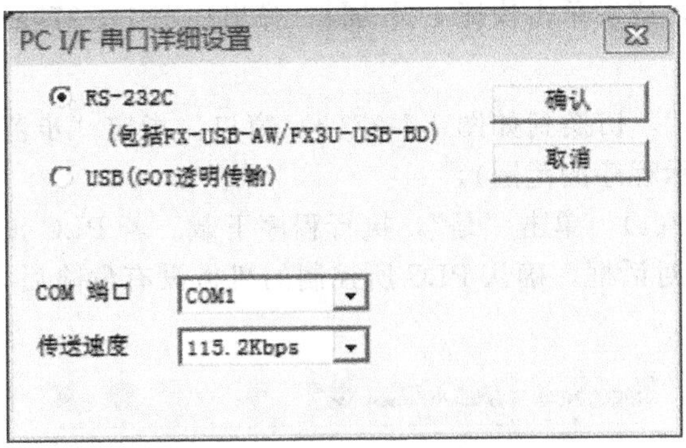

图 1-1-24　PC 串口参数设置

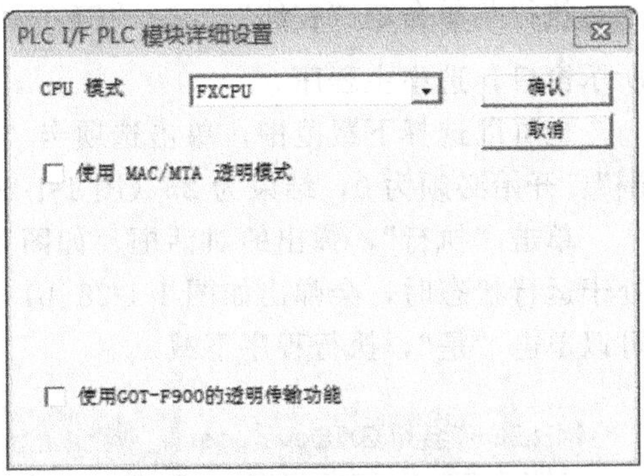

图 1-1-25　PLC 模块系列选择

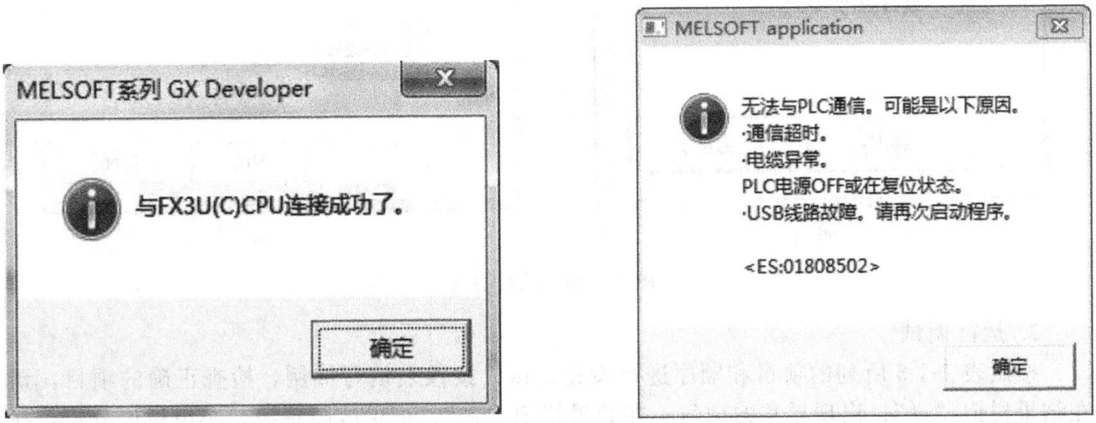

(a)　　　　　　(b)

图 1-1-26　通信测试结果

损坏等。

6）下载程序

下载程序如图 1-1-27 所示。

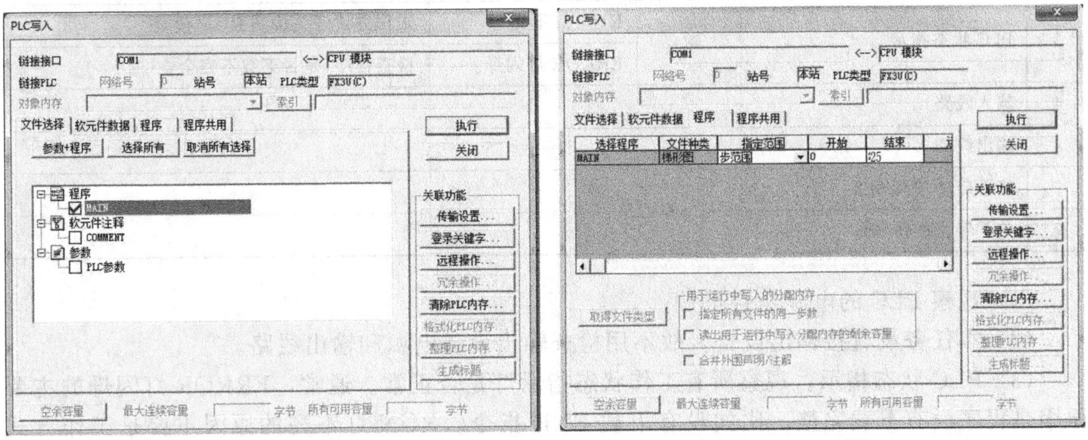

(a)　　　　　　(b)

图 1-1-27　下载程序

执行菜单命令“在线”>>“PLC 写入”，或者单击快捷工具 ，弹出如图 1-1-27(a) 所示窗口，选中主程序。

也可以选择下载范围，单击选项卡“程序”，切换到如图 1-1-27(b) 窗口，指定“步范围”：开始必须为 0，结束为 25（图 1-1-20 所示程序的范围）。

单击“执行”，弹出的对话框，如图 1-1-28(a)，单击“是”，执行程序下载。若 PLC 正处于运行状态时，会弹出如图 1-1-28(b) 所示对话框，确认 PLC 所控制的机械没有危险后，可以单击“是”，执行程序下载。

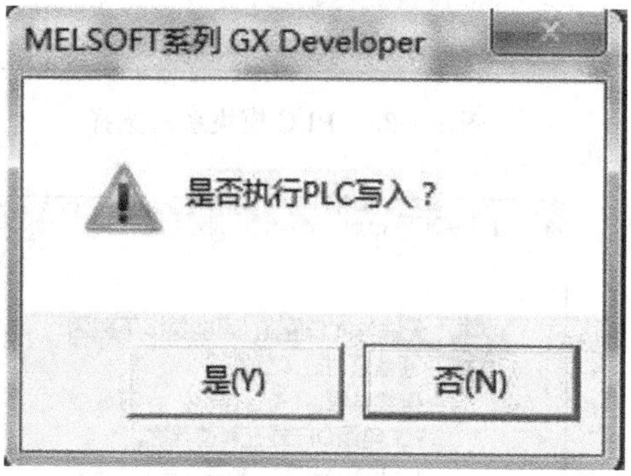

(a)

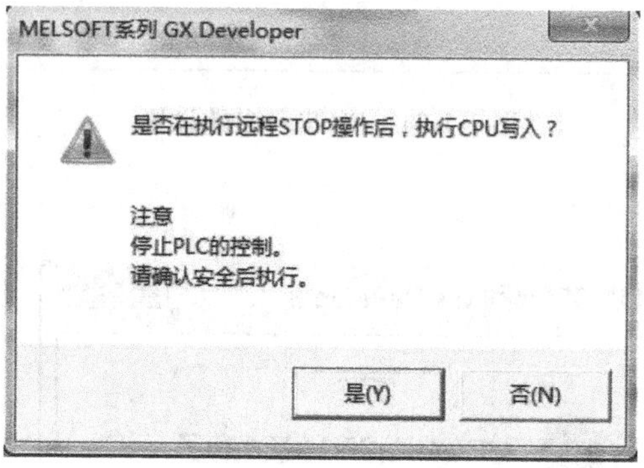

(b)

图 1-1-28　执行写入

3. 运行调试

按照表 1-1-5 所列的项目和顺序进行检查调试。按该表填写样例，检查正确的项目，请在结果栏记“√”；出现异常的项目，在结果栏记“×”，记录故障现象，小组讨论分析，找到解决办法，并排除故障。

表 1-1-5　任务 1.1 运行调试小卡片

序号	检查调试项目	结果	故障现象	解决措施
1	PLC 电源	√		
2	输出设备电源	——	——	——
3	PLC 状态指示	×	RUN 灯不亮	工作方式开关拨到 RUN 位置
			ERROR 灯闪烁	检查程序，是否下载不完全
4	输入线路	√		
5	输出线路	——	——	——
6	按下启动按钮 SB2			
7	按下停止按钮 SB3			

（1）观察 PLC 的电源是否正常。

（2）本任务没有接输出设备，故不用检查输出设备电源和输出线路。

（3）PLC 状态指示。观察所有工作状态指示灯是否正常。通常，ERROR 灯闪烁的主要原因是程序没有下载完整，比如没有下载 END 指令。RUN 灯不亮的原因主要是工作方式开关没有拨到 RUN 位置。

（4）输入打点。即检查输入信号的动作与对应的输入信号 LED 显示是否一致。为了安全可见，打点前，必须将 PLC 工作方式开关拨到 STOP 位置。

按下按钮 SB2，观察 X24 的 LED 灯是否点亮；按下按钮 SB3，观察 X25 的 LED 灯是否点亮。松开按钮，对应的 LED 是否熄灭。

如果输入打点有问题，请报告指导老师。

(5) 运行调试。上述基本项目检查完后，可进行运行调试。

PLC 通电时，即 PLC 工作方式开关拨到 RUN 位置，PLC 的输出如图 1-1-29(a) 所示，仅 Y20 亮。

按下启动按钮 SB2，每隔 1s，亮灯从 Y20 向 Y27 方向移动一位。1s 后，仅点亮 Y21，如图 1-1-29(b)；2s 后，仅点亮 Y22，如图 1-1-29(c)；7s 后，仅点亮 Y27，如图 1-1-29(d)。8s 后，又点亮 Y20，如此循环。

任何时候，按下停止按钮 SB3，亮灯停止移动。再次按下 SB2 后，亮灯从当前位置开始循环。

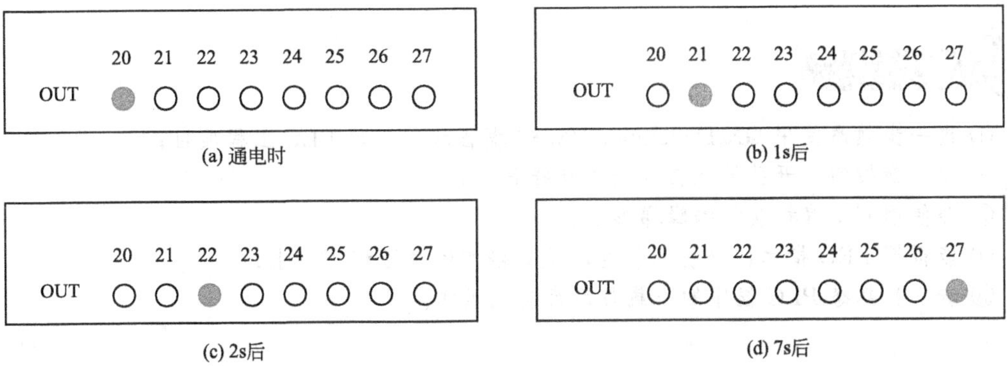

图 1-1-29　运行效果

如果运行结果不按上述过程执行，请检查程序是否正确。小组讨论分析，找到解决办法，并排除故障。

1.1.3　拓展任务

1. 清除 PLC 程序

执行菜单命令“在线”>>“清除 PLC 内存”，然后再执行运行调试，观察能否得到图 1-1-29 的运行效果。

2. 语句表编程练习

(1) 创建一个新工程“编程练习 1”。

(2) 执行菜单命令“显示”>>“列表显示”，设置编辑区为语句表编程方式。单击快捷工具按钮或按［F2］键，使其为写模式。

(3) 用键盘输入图 1-1-30 所示的语句表程序。

(4) 下载程序后，将 PLC 置为“RUN”状态，观察 PLC 输出 Y7 的运行效果。

(5) 执行菜单命令“在线”>>“监视”>>“监视模式”，可监控 T0 及 Y7 元件。

0	LDI	T0	
1	OUT	T0	K10
4	LD	T0	
5	ANI	Y7	
6	LDI	T0	
7	AND	Y7	
8	ORB		
9	OUT	Y7	

图 1-1-30　语句表编程练习

任务 1.2 传送带全压启停控制

知识目标

① 了解 FX-3U 的基本位软元件 X、Y、M；
② 掌握 LD、LDI、AND、ANI、OR、ORI、OUT 等基本指令；
③ 掌握 SET、RST 等基本指令；
④ 熟悉梯形图和指令语句表等编程语言；
⑤ 掌握 GX Developer V8.86 编程软件的基本操作方法。

能力目标

① 进一步熟悉使用 GX Developer V8.86 编程软件创建 PLC 工程项目；
② 能判断按钮、开关输入接线是否连接正确；
③ 会使用 GX 编程软件编辑梯形图；
④ 能根据 LED 指示，分析判断电动机启停控制是否满足要求；
⑤ 进一步熟悉 PLC 程序的下载与运行监视操作。

1.2.1 知识准备

1. FX3U 的基本位软元件

FX 系列的位软元件，有输入继电器 X、输出继电器 Y、辅助继电器 M、特殊辅助继电器和状态寄存器 S 等。本任务先介绍前几种。

1）输入继电器 X

输入继电器与 PLC 的输入端子相连，是 PLC 接收外部开关信号的窗口。PLC 通过输入端子，将外部信号的状态读入并存储在输入映像寄存器中。输入端可以外接一个常开触点或常闭触点，也可以接多个触点组成的电路。在梯形图中，可以多次使用输入继电器 X 点的常开触点和常闭触点。

图 1-2-1 是一个 PLC 控制系统的示意图，X24 端子外接的输入电路接通时，它对应的输入映像寄存器为 ON，断开时为 OFF。输入继电器的状态只取决于外部输入信号的状态，不受用户程序的控制。

FX 系列 PLC 的输入继电器和输出继电器采用八进制地址编号，如 X000～X007、X010～X017 等，不使用 8 和 9 这两个数字符号。而其他软件编号采用十进制。

基本单元的输入继电器和输出继电器的软元件号从 0 开始，扩展单元和扩展模块接着它左边的模块编号自动分配，但首地址的个位数必须是 0。图 1-2-2 所示是一个输入输出地址分配的例子。

2）输出继电器 Y

输出继电器与 PLC 的输出端子相连，是 PLC 向外部负载发送信号的窗口。输出继电器 Y 用来将 PLC 的输出信号传送给输出单元，再由后者驱动外部负载。在图 1-2-1 中，梯形图

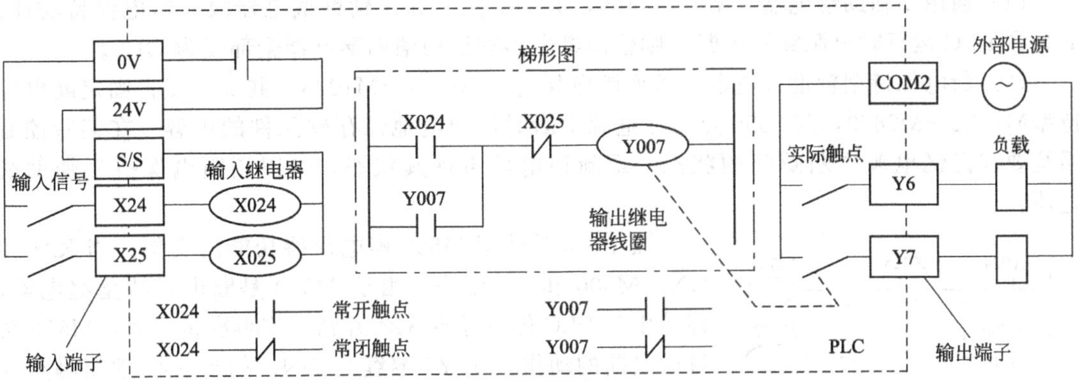

图 1-2-1　PLC 控制系统示意图

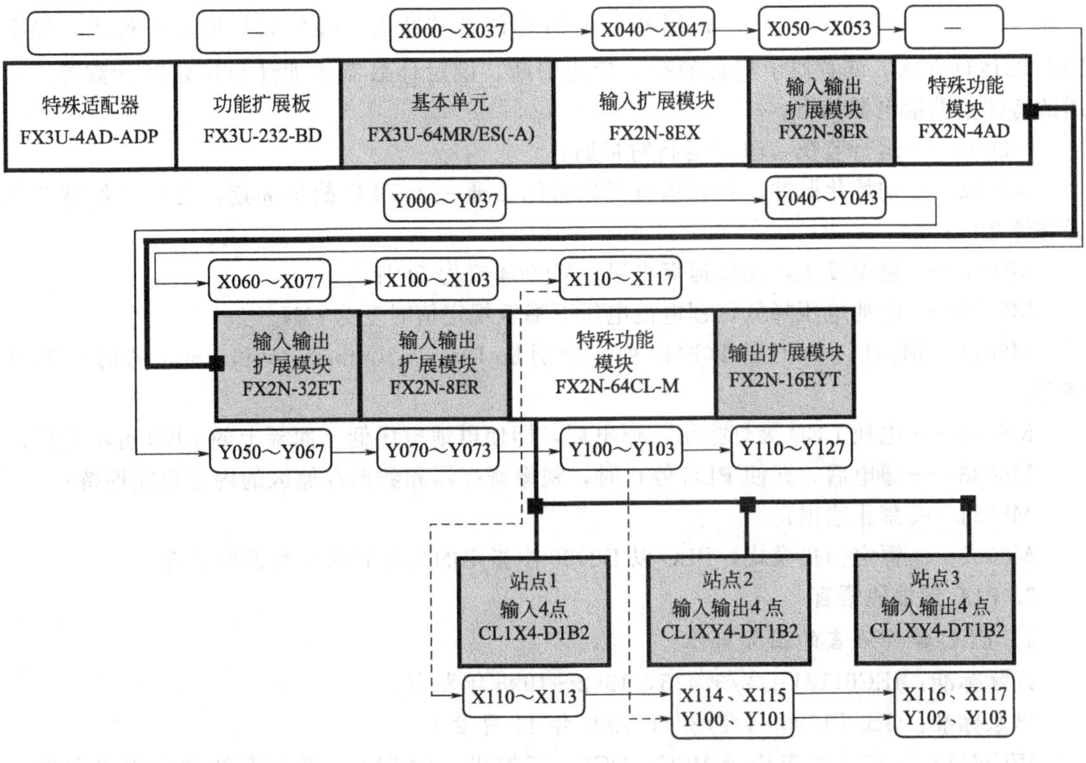

图 1-2-2　输入输出地址编号的分配

Y7 的线圈“得电”，继电器型输出单元中对应的硬件继电器的常开触点闭合，使外部负载工作。输出单元中的每一个硬件继电器仅有一对常开触点，但在梯形图中，每一个输出继电器 Y 的常开触点和常闭触点都可以多次使用。输出继电器的状态只能由程序驱动，不受外部输出电路的控制。FX 系列 PLC 的输出继电器采用八进制地址编号，如 Y0～Y7、Y10～Y17 等。输入输出合计最多 256 点。

3）辅助继电器 M

PLC 内部有很多辅助继电器，它是一种内部的状态标志，相当于继电器控制系统中的中间继电器。它的常开常闭触点在 PLC 的梯形图内可以无限制地自由使用，但是这些触点不能直接驱动外部负载，也不能直接接收外部输入信号。FX 的辅助继电器有三种。

（1）通用型辅助继电器。M0～M499，共500点。通用辅助继电器没有断电保持功能。如果在PLC运行时电源突然中断，则输出继电器和通用辅助继电器全部变为OFF。

（2）断电保持型辅助继电器。可变断电保持型M500～M1023，共524点；固定断电保持型M1024～M7679，共6656点。在电源中断时用锂电池保存软元件的内容。在某些控制系统要求记忆电源中断瞬间的状态，重新通电后再现其状态，可以用断电保持型辅助继电器。

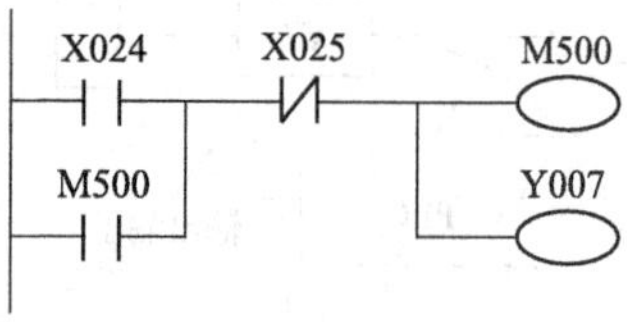

图1-2-3　停电保持功能

图1-2-3是使用M500停电保持功能的实例。当X24为ON，M500和Y7动作。由于M500是断电保持型继电器，即使由于PLC停电导致X24开路，当再次运行时，M500会继续之前的动作，使Y7继续为ON。如果X25常闭触点开路，则M500和Y7为OFF。

（3）特殊辅助继电器。M8000～M8511，共512点，它们用来表示PLC的某些状态，提供时钟脉冲和标志，设定PLC的运行方式，或者用于步进顺控、禁止中断、设定计数器是加计数还是减计数等。常用的特殊辅助继电器如下。

M8000——运行监视，PLC运行时接通；

M8002——初始化脉冲，仅在运行开始瞬间接通一个PLC扫描周期，常用于给某些软元件置初值；

M8004——错误发生，如果运算出错，M8004变为ON；

M8005——电池电压降低，锂电池电压下降至规定值时变为ON；

M8011～M8014——时钟脉冲序列，分别是10ms、100ms、1s和1min的时钟脉冲序列；

M8030——电池LED灭灯指示，通电后，即使电池电压低，面板上的LED也不亮灯；

M8033——通电后，即使PLC停止时，映像寄存器和数据存储区的内容也能保持；

M8034——禁止输出；

M8039——恒定扫描模式，PLC以D8039中指定的扫描时间执行循环运算。

2. PLC的编程语言

1）PLC编程语言的国际标准

国际标准：IEC61131-1/2/3/4/5，1992～1995年发布。

国家标准：GB/T15969-1/2/3/4，1995年11月发布。

IEC 61131-3广泛地应用于PLC、DCS、工控机、软PLC、数控系统和远程终端单元（RTU）等产品。

IEC 61131-3标准中定义了5种编程语言。

① 指令表IL（Instruction list）；

② 结构文本ST（Structured text）；

③ 梯形图LD（Ladder diagram）；

④ 功能块图FBD（Function block diagram）；

⑤ 顺序功能图SFC（Sequential function chart）。

2）GX Developer中的编程语言

GXDeveloper是三菱公司全系列PLC的编程软件，它支持指令表、梯形图和顺序功能图三种基本编程语言，这三种编程方式可以相互转换。GX Works2不支持指令表编程，但支持另外两种编程方式。

(1) 指令表。通过指令语言输入顺控指令的方式，是基本的输入方式，其功能比梯形图和顺序功能图强。指令表由步序号、指令和软元件编号构成，如图 1-2-4(a) 所示。编程软件会自动管理程序步序号。

(2) 梯形图。使用符号和软元件编号画数控梯形图的方式，程序更加容易理解，是使用最多的 PLC 编程语言。梯形图由左右母线、梯级、触点、线圈等构成，如图 1-2-4(b) 所示。右母线一般省略不画。图 1-2-4(a) 和图 1-2-4(b) 是相互转换的关系。

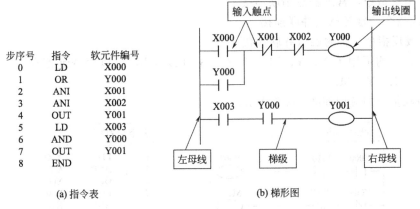

步序号	指令	软元件编号
0	LD	X000
1	OR	Y000
2	ANI	X001
3	ANI	X002
4	OUT	Y001
5	LD	X003
6	AND	Y000
7	OUT	Y001
8	END	

(a) 指令表

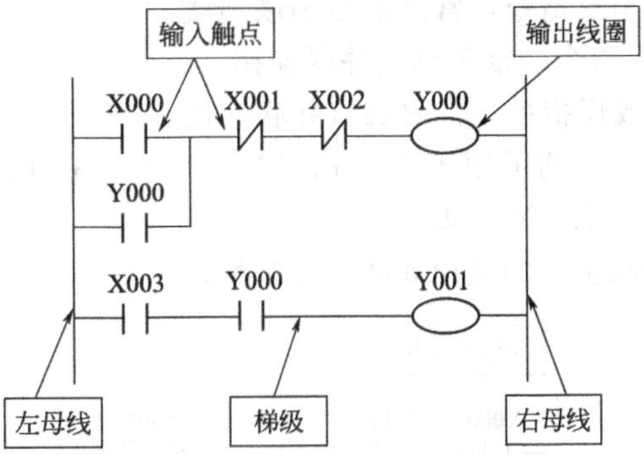

(b) 梯形图

图 1-2-4　指令表与梯形图

(3) 顺序功能图 (SFC)。根据机械的动作流程设计顺控的方式，是一种位于其他编程语言之上的图形语言，用来编制顺序控制程序。

3. FX 系列的基本逻辑指令 (一)

1) 逻辑取及线圈驱动指令：LD、LDI、OUT

LD：取指令，常开触点逻辑运算起始。

LDI：取反指令，常闭触点逻辑运算起始。

LD 和 LDI 指令可用于 X、Y、M、T、C、S 和 D□. b，可以用变址寄存器 (V、Z) 进行修饰软元件 X、Y、M。

OUT：输出指令，线圈驱动。可用于 Y、M、T、C 和 S，可以用变址寄存器 (V、Z) 进行修饰软元件 X、Y、M。

逻辑取及线圈驱动指令的应用如图 1-2-5 所示。

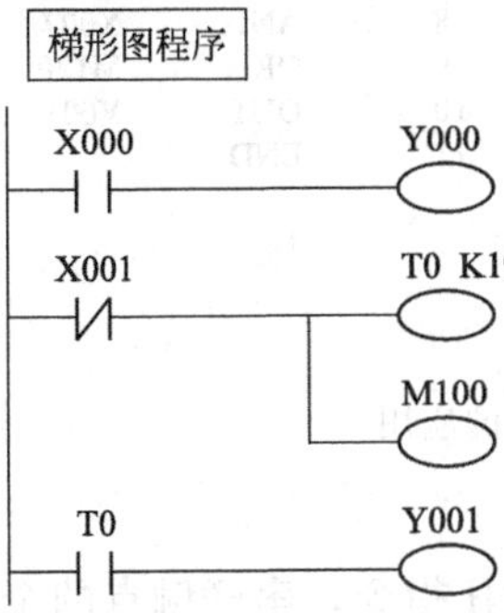

指令表程序

0	LD	X000	
1	OUT	Y000	
2	LDI	X001	
3	OUT	T0	K19
6	OUT	M100	
7	LD	T0	
8	OUT	Y0	
9	END		

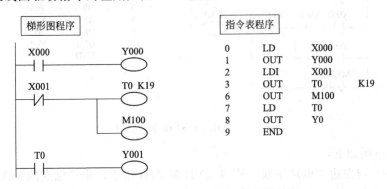

图 1-2-5　LD、LDI 和 OUT 指令的应用

使用注意事项如下：

① LD 与 LDI 指令一般用于与左母线相连的触点，也可用于电路块的起始触点；

② OUT 指令可以多次连续输出，如“OUT T0 K19”和“OUT M100”；

③ 定时器或计数器的线圈，必须在 OUT 指令后设定常数；

④ 对同一软元件，使用多个 OUT 指令时，称之为“双线圈输出”，双线圈输出容易引起逻辑错误，要避免。

2）触点串、并联指令：AND、ANI、OR、ORI

AND：与指令，常开触点串联连接。

ANI：与反指令，常闭触点串联连接。

OR：或指令，常开触点并联连接。

ORI：或反指令，常闭触点并联连接。

这四条指令均可用于 X、Y、M、T、C、S 和 D□. b，可以用变址寄存器（V、Z）进行修饰软元件 X、Y、M。

触点串联指令的应用如图 1-2-6 所示。

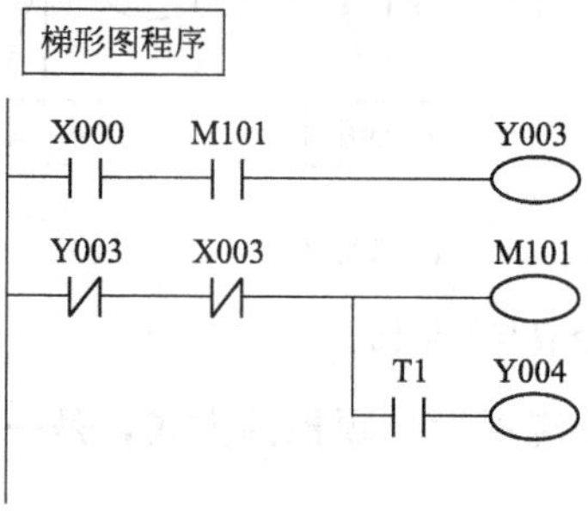

指令表程序

0	LD	X000
1	AND	M101
2	OUT	Y003
3	LD	Y003
4	ANI	X003
5	OUT	M101
6	AND	T1
7	OUT	Y004
8	END	

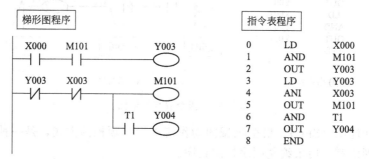

图 1-2-6　AND、ANI 指令的应用

触点并联指令的应用如图 1-2-7 所示。

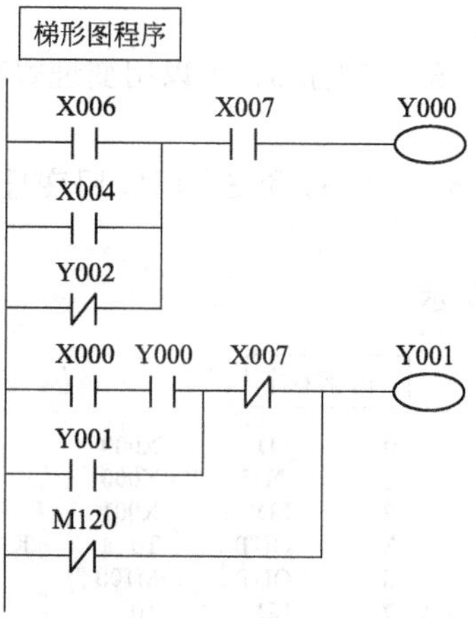

指令表程序

0	LD	X006
1	OR	X004
2	ORI	Y002
3	AND	X007
4	OUT	Y000
5	LD	X000
6	AND	Y000
7	OR	Y001
8	ANI	X007
9	ORI	M120
10	OUT	Y001
11	END	

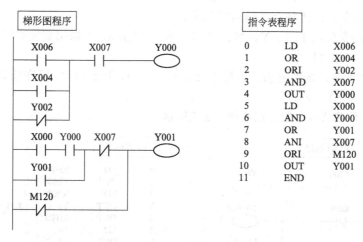

图 1-2-7　OR、ORI 指令的应用

使用注意事项如下：

① 单个触点与左边的电路串联，使用 AND 和 ANI 指令，串联触点的个数没有限制；

② 单个触点与前面的电路并联，使用 OR 和 ORI 指令，并联触点的左端接到前面电路块的起始点（LD/LDI 点）上，右端与前一条指令对应的触点右端相连；

③ OUT 指令后通过触点去驱动另一线圈的情况，称为连续输出。

3）电路块连接指令：ORB、ANB

ORB：块或指令，串联电路块的并联连接。无操作元件。

ANB：块与指令，并联电路块的串联连接。无操作元件。

电路块连接指令的应用如图 1-2-8 和图 1-2-9 所示。

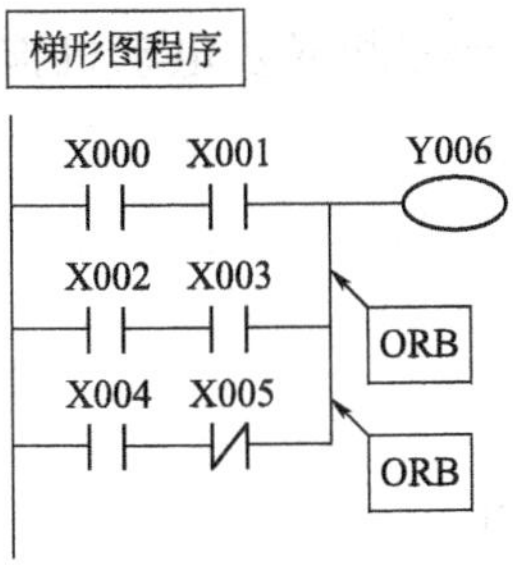

指令表程序

0	LD	X000
1	AND	X001
2	LD	X002
3	AND	X003
4	ORB	
5	LD	X004
6	ANI	X005
7	ORB	
8	OUT	X006
9	END	

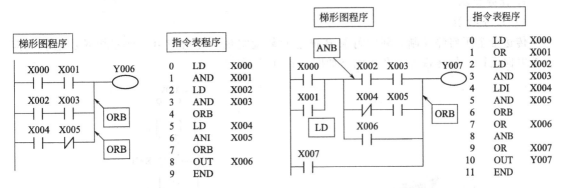

图 1-2-8　ORB 指令的应用

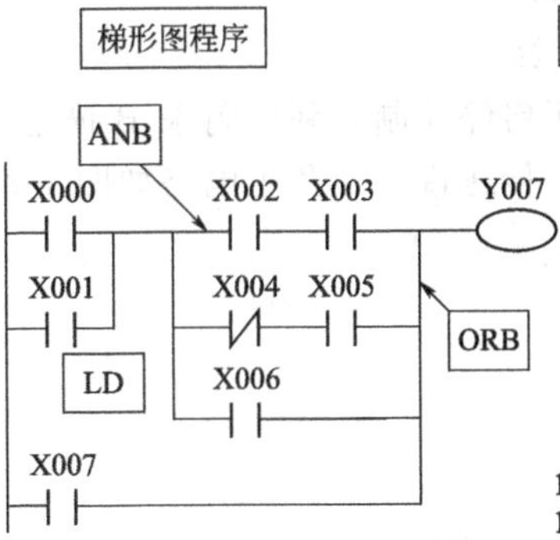

指令表程序

0	LD	X000
1	OR	X001
2	LD	X002
3	AND	X003
4	LDI	X004
5	AND	X005
6	ORB	
7	OR	X006
8	ANB	
9	OR	X007
10	OUT	Y007
11	END	

图 1-2-9　ANB 指令的应用

使用注意事项如下：

① 串联和并联电路块的起始触点要使用 LD/LDI 指令；

② ORB、ANB 指令可以多次重复使用，但是，连续使用时，应限制在 8 次以下。

4）置位与复位指令：SET、RST

SET：置位指令，令元件自保持 ON，可用于 Y、M、S 和 D□. b，可以用变址寄存器（V、Z）进行修饰软元件。

RST：复位指令，令元件自保持 OFF 或清除数据寄存器的内容，可用于位软元件 Y、M、S、T、C 和 D□. b，以及字软元件 T、C、D、R 和 V、Z，但不能对特殊辅助继电器 M 和 32 位计数器 C 进行变址修饰。

置位与复位指令的应用如图 1-2-10 所示。

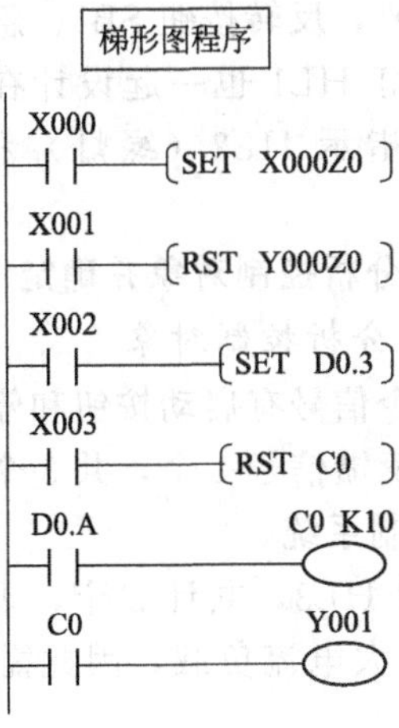

指令表程序

0	LD	X000	
1	SET	X000Z0	
4	LD	X001	
5	RST	Y00Z0	
8	LD	X002	
9	SET	D0.3	
12	LD	X003	
13	RST	C0	
15	LD	D0.A	
18	OUT	C0	K10
21	LD	C0	
22	OUT	Y001	
23	END		

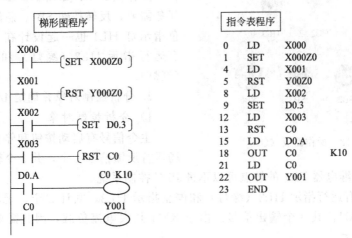

图 1-2-10　SET/RST 指令的应用

使用注意事项如下：

① 对同一元件可以多次使用 SET、RST 指令；

② 要使定时器 T、计数器 C、数据寄存器 D、扩展寄存器 R、变址寄存器 V 和 Z 的内容清零，也可用 RST 指令。

1.2.2 基本任务

1. 任务要求

1）任务功能

传送带全压启停控制，利用附录 B 描述的装置实现。传送带由一台三相异步电动机拖动单方向运行，传送带外观及主电路如图 1-2-11 所示。

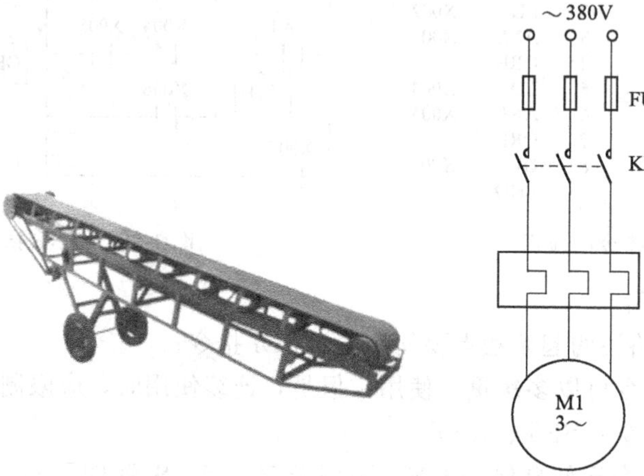

图 1-2-11　传送带外观及全压启停控制主电路

2）操作要求

按下启动按钮 SB2，接触器 KM1 得电，三相异步电动机启动运行；按下停止按钮 SB3，接触器 KM1 断电，三相异步电动机停止运行。操作面板 OP 如图 1-2-12 所示。考虑其他任务需要，反转按钮 SB1、急停按钮 SB6 和黄色指示灯 HL1 也一起设计在 OP 上。另外还有运行指示 HL2（绿灯）和停止指示 HL3（红灯）。

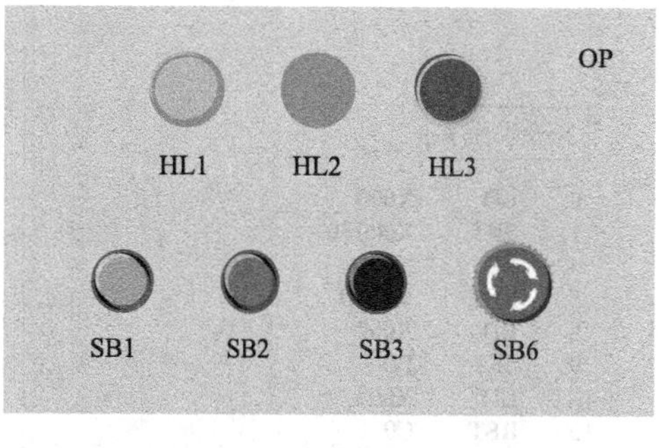

图 1-2-12　操作面板（OP）

2. 分析控制对象并确定 I/O 地址分配表

1）分析控制对象

主令信号有启动按钮和停止按钮 2 个，现场运行反馈信号 1 个，共 3 个输入信号，均由 DC24V 驱动。热继电器 FR1 的触点可以不进 PLC 控制系统。

指示类信号有运行指示 HL2（绿灯）和停止指示 HL3，共计 2 个，现场执行机构有 1 个交流接触器 KM1，共 3 个输出信号。由于 KM1 是大电流负载，因此需要用中间继电器 KA1 进行隔离放大。

2）选择 PLC 型号

控制对象共 6 个输入输出点，均为开关量信号。因此，选用任何一款 FX 系列的 PLC 均可满足控制要求。考虑今后机械手定位控制的需要，我们统一选择 FX3U-48MT/ES-A 型

PLC。它采用 AC220V 电源供电，可以提供 24 点直流输入、24 点晶体管输出，内置独立 3 轴 100kHz 定位功能。KA1 需要选择直流 DC24 继电器。在以后的任务里，不再对 PLC 的选型进行详细说明。

3）I/O 地址分配

任务 1.2 的 I/O 地址分配见表 1-2-1。

表 1-2-1　任务 1.2 的 I/O 地址分配表

输入地址	输入信号	功能说明	输出地址	输出信号	功能说明
X24	SB2	启动按钮	Y7	HL2	运行指示灯（绿色）
X25	SB3	停止按钮（常开）	Y10	HL3	停止指示灯（红色）
X20	KM1	运行反馈	Y24	KA1	运行继电器

3. 硬件设计

1）I/O 接线原理图

I/O 接线原理图如图 1-2-13 所示。

在附录 B 中设计的装置中，预先接好了启动按钮 SB2、停止按钮 SB3、输入 DC24V 电源等输入线路，也接好了输出指示灯 HL2、HL3 和输出 DC24V 电源等输出线路。因此，本任务只需要接 KM1 反馈、KA1 输出和 KA1 与 KM1 的隔离放大电路。

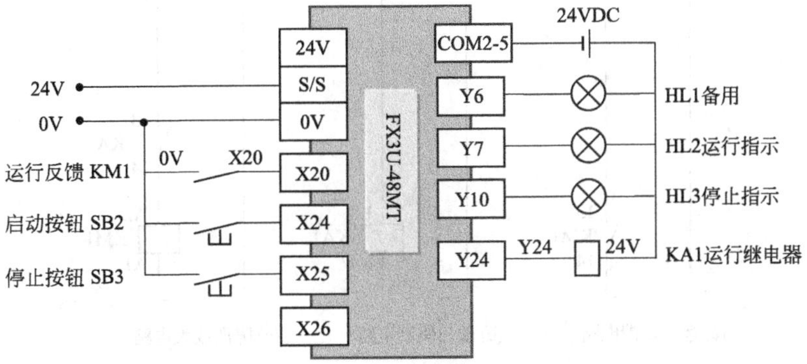

图 1-2-13　I/O 接线原理图

2）交流接触器和直流继电器

本任务选用的 AC220V 交流接触器外观与接线端子布局如图 1-2-14（a）所示；选用的

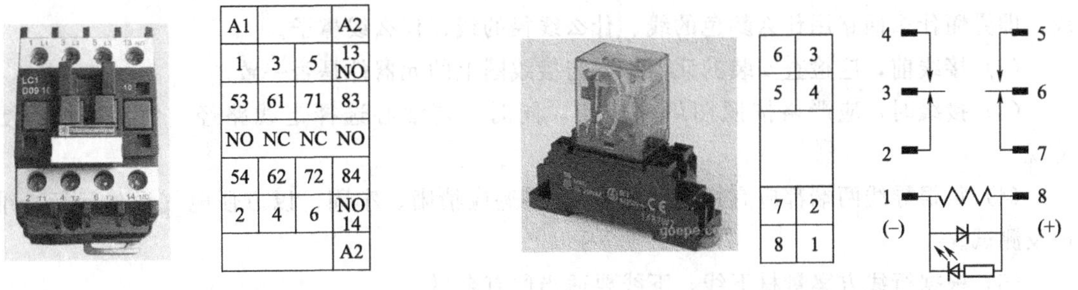

(a) 交流接触器　　(b) 直流继电器

图 1-2-14　接触器和继电器的接线端子布局

DC24V直流继电器外观和接线端子布局如图1-2-14(b)所示。图1-2-14(a)中，A1和A2是交流线圈端子，1-2、3-4、5-6是主触点，其余如13-14、53-54等是辅助触点，NO表示常开触点，NC表示常闭触点。图1-2-14(b)中，8-1是直流线圈端子，其中8接（+），1接（−）；2-3-4是一组触点，2-3常闭，3-4常开；5-6-7是另一组触点，6-7常闭，5-6常开。

3）I/O接线图

如图1-2-15是本次任务的I/O接线图（部分）。按钮和指示灯线路在附录B所示设备中已经预先完成。

图1-2-15(a)是运行反馈电路，用于检测传送带电机是否运行。信号连接导线选用灰色或白色。

图1-2-15(b)是输出驱动电路，用于控制中间继电器得电。接24V端选用棕色导线，信号线选用灰色或白色。

图1-2-15(c)是隔离放大电路，用KA1的小电流信号控制KM1的大电流信号。KM1线圈接电源N端的线选用浅蓝色，线圈接KA1触点和电源L端的线选用黄色。

图1-2-15中元器件两端的数字是端子编号，请严格按照图1-2-14所示端子布局说明进行接线。所有电源线和控制线建议选用1.5多股铜导线。

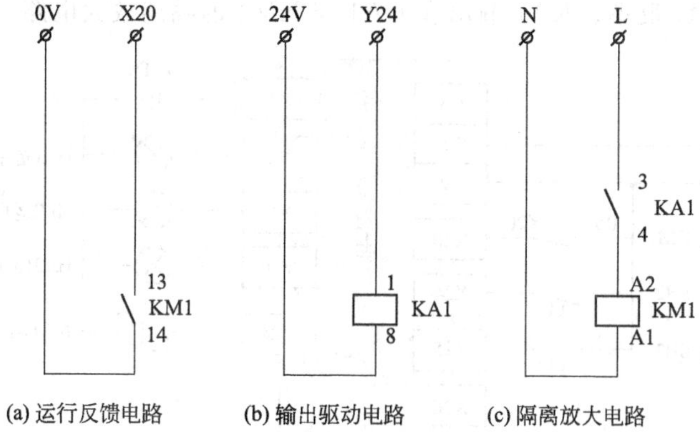

图1-2-15 I/O接线图（部分）

考虑安全问题，本任务不接主电路，也可不标记线号、不压接线鼻子。

4）接线注意事项及安全要求

（1）接线前，应首先阅读该控制柜的接线工艺说明书，严格按照说明书上的要求来接线，即弄懂什么回路用什么颜色的线、什么线径的线、什么线鼻子。

（2）接线前，应检查安装的元器件，与接线图上的元器件是否一致。

（3）接线时，应严格按照图纸来施工，同时，要细心选择走线路经，使接好的线更美观。

（4）每根导线两端都应有标记（线号），字迹应清晰、牢固，以方便电气设备运行、维护及测试。

（5）根据行线方案量材下线，下线要适当留有余量。

（6）规范压线：压线一定要压紧，要不然会出现电火花。

（7）规范剥线：按照规定的规范做线，使露出来的铜线要超过线鼻子1～2mm。

(8) 每个元件的接点最多允许接 2 根线。

(9) 先接控制电路，后接主电路；先接弱电电路，后接强电电路。

(10) 按照标号从小到大接线，同一标号的导线接完后，才能接下一标号的导线。

(11) 横平竖直，避免交叉。

(12) 不压绝缘、不漏铜、不反圈。

(13) 多根导线配置时应捆扎成线束，用尼龙拉扣或螺旋管捆扎成圆形。横向每隔 300mm 装一个线束固定点，竖向每隔 400mm 装一个线束固定点。

(14) 当一、二次线装配完毕后，应进行自检。认真对照原理图和接线图，按照上述要求对设备进行自检，若有不符之处，进行纠正，并清洁打扫控制柜。

5) **警告**

(1) 严禁带电接线。

(2) 试电过程中出现焦煳味、冒烟等现象时，应立即关断电源，及时报告现场工程师或监理。

(3) 带电测量要注意安全，只能一人操作，另一人记录；严禁多人围观。

(4) 测量电压时，要注意仪表挡位及量程的选择正确。

(5) 测量时必须一手持万用表，另一手握表笔。

(6) 实训场地严禁嬉戏打闹。

4. 软件设计

也叫程序设计。双击桌面图标 进入软件操作界面。执行菜单命令“工程”>>“创建新工程”，创建一个新工程。选择 PLC 所属系列为 FXCPU，型号为 FX3U (C)。选择编程语言的类型为梯形图。勾选“设置工程名”复选框，设置文件的保存路径（默认为\MELSEC)，输入工程名称，例如“14JD313-1T2”。

(1) 方法一：采用启保停电路设计，控制程序如图 1-2-16 所示。

(2) 方法二：采用置位与复位电路设计，控制程序如图 1-2-17 所示。

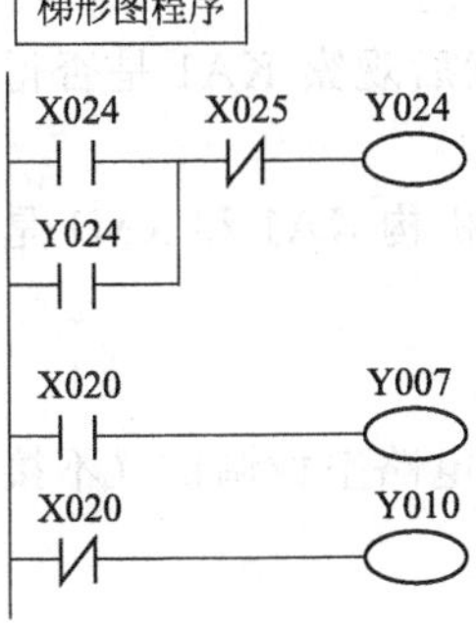

指令表程序

0	LD	X024
1	OR	Y024
2	ANI	X025
3	OUT	Y024
4	LD	X020
5	OUT	Y007
6	LDI	X020
7	OUT	Y010
8	END	

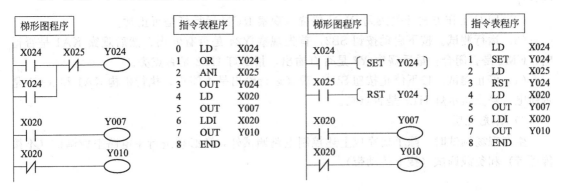

图 1-2-16 启保停控制程序

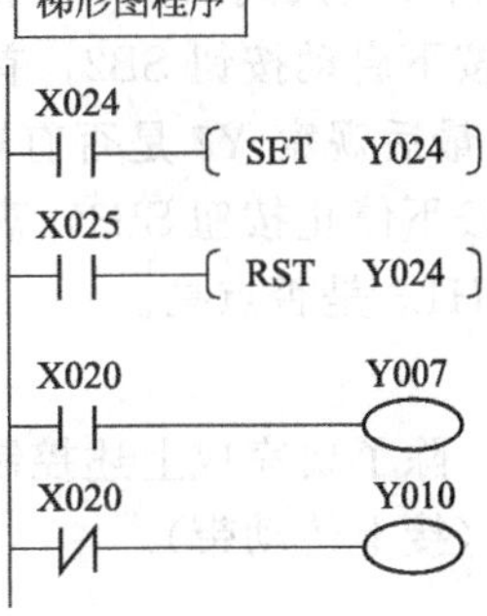

指令表程序

0	LD	X024
1	SET	Y024
2	LD	X025
3	RST	Y024
4	LD	X020
5	OUT	Y007
6	LDI	X020
7	OUT	Y010
8	END	

图 1-2-17 置位与复位控制程序

5. 运行调试

按照表 1-2-2 所列的项目和顺序进行检查调试。检查正确的项目，请在结果栏记“√”；出现异常的项目，在结果栏记“×”，记录故障现象，小组讨论分析，找到解决办法，并排除故障。

表 1-2-2　任务 1.2 运行调试小卡片

序号	检查调试项目	结果	故障现象	解决措施
1	PLC 电源			
2	输出设备电源			
3	PLC 状态指示			
4	输入线路			
5	输出线路			
6	按下启动按钮 SB2			
7	按下停止按钮 SB3			

1）调试准备工作

（1）观察 PLC 的电源是否正常。

（2）检查输出设备电源是否正常。

（3）观察 PLC 工作状态指示灯是否正常。

（4）输入打点。即检查输入信号的动作与对应的输入信号 LED 显示是否一致。为了安全可见，打点前，必须将 PLC 工作方式开关拨到 STOP 位置。

按下按钮 SB2，观察 X24 的 LED 灯是否点亮；按下按钮 SB3，观察 X25 的 LED 灯是否点亮。松开按钮，对应的 LED 是否熄灭；用螺钉旋具按下接触器 KM1 的动触点，观察 X20 的 LED 灯是否点亮。

如果输入打点有问题，请报告指导老师。

（5）检查输出接线，导线颜色、线头压接、走线布局、端子位置等是否符合规范，接线是否正确。建议小组互相检查。

2）运行调试

上述基本项目检查完后，可进行运行调试。

（1）PLC 通电，PLC 工作方式开关拨到 STOP 位置，下载工程名称为“14JD313-1T2”的程序。

（2）PLC 工作方式开关拨到 RUN 位置，观察 RUN 运行灯是否正常。

（3）运行测试。按下启动按钮 SB2，首先观察 Y24 是否有输出；然后观察 KA1 是否得电，KM1 是否闭合；最后观察 Y7 是否有输出，指示灯 HL2 是否点亮。

（4）停止测试。按下停止按钮 SB3，观察运行输出是否停止，执行机构 KA1 和 KM1 是否断电，停止指示灯 HL3 是否点亮。

3）补充说明

生产现场调试时，除了要完成上述控制电路调试外，还必须进行主电路空载调试（不接传送带）和负载调试（接上传动带）。

1.2.3　拓展任务

（1）在线监控 PLC 程序运行情况。

（2）实现某传送带两地启停控制，试画出 I/O 接线原理图并完成控制程序。

（3）当 S1 动作且 S2 不动作时，图 1-2-18 所示的灯 HL 应该点亮，试分别完成图 1-2-18(a)～(c)所对应的控制程序。

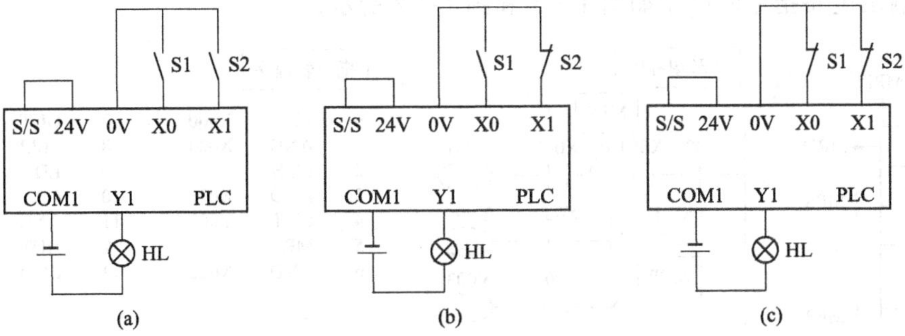

图 1-2-18 某传送带两地启停控制图

任务 1.3 传送带正反转控制

知识目标

① 了解 MPS、MRD、MPP 等基本指令；
② 熟悉 INV、END、NOP 等基本指令；
③ 熟悉简单 PLC 控制系统的基本设计方法；
④ 掌握联锁保护电路的处理；
⑤ 熟悉 PLC 程序的运行监视方法。

能力目标

① 能熟练使用 GX Developer V8.86 编程软件创建 PLC 工程项目；
② 会统计控制对象的 I/O 信号并分配 PLC 地址；
③ 能绘制正反转控制电路的 I/O 接线图并完成接线；
④ 学会正反转控制电路的编程与接线；
⑤ 学会互锁电路和急停电路的编程与接线；
⑥ 能根据现场动作，分析判断正反转控制是否满足要求。

1.3.1 知识准备

1. FX 系列的基本逻辑指令（二）

1）多重输出电路指令：MPS、MRD、MPP

MPS：进栈指令。无操作元件，使用一次 MPS，当前的逻辑运算结果压入栈顶，堆栈中原来的数据依次向下推移一层。

MRD：读栈指令。无操作元件，读取栈顶的结果，堆栈中原来的数据不变。

MPP：出栈指令。无操作元件，弹出栈顶的运算结果，堆栈中原来的数据依次向上推移一层。

多重输出电路指令的应用如图 1-3-1 和图 1-3-2 所示。

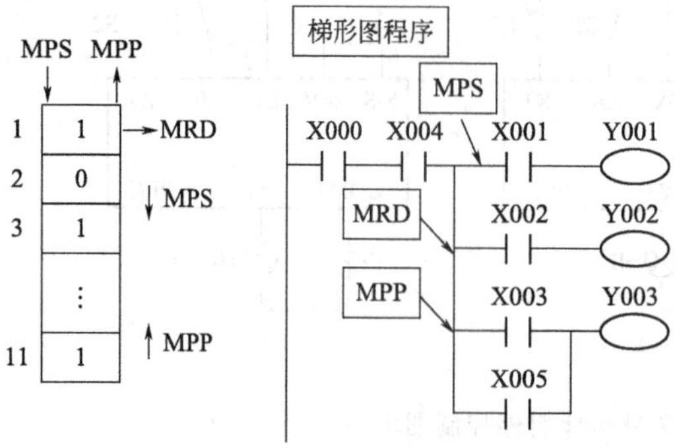

指令表程序

0	LD	X000	7	OUT	Y002
1	AND	X004	8	MPP	
2	MPS		9	LD	X003
3	AND	X001	10	OR	X005
4	OUT	Y001	11	ANB	
5	MRD		12	OUT	Y003
6	AND	X002	13	END	

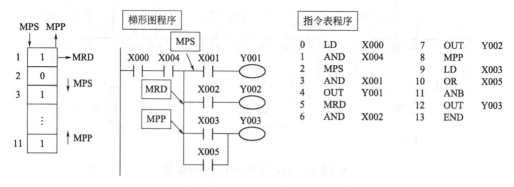

图 1-3-1　堆栈存储器与多分支输出电路

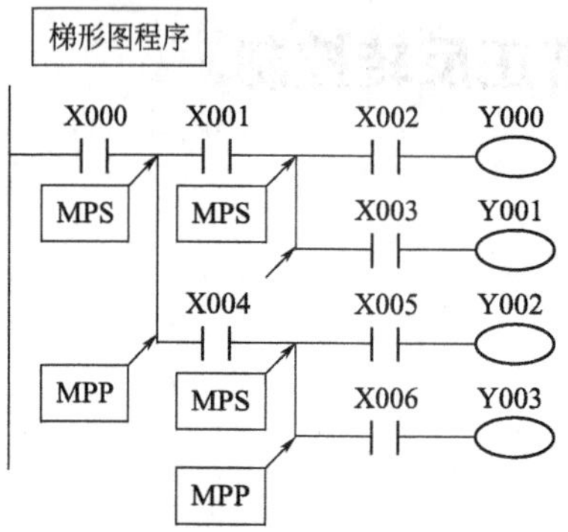

指令表程序

0	LD	X000	9	MPP	
1	MPS		10	AND	X004
2	AND	X001	11	MPS	
3	MPS		12	AND	X005
4	AND	X002	13	OUT	Y002
5	OUT	Y000	14	MPP	
6	MPP		15	AND	X006
7	AND	X003	16	OUT	Y003
8	OUT	Y001	17	END	

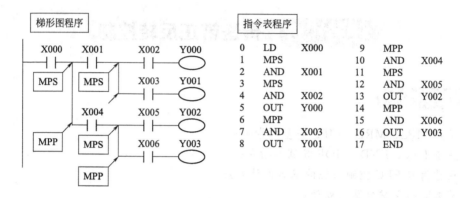

图 1-3-2　二重嵌套多分支输出电路

使用注意事项如下：

① 多分支电路的第一个支路前使用 MPS 进栈指令，中间支路前使用 MRD 指令，多分支电路的最后一个支路前使用 MPP 指令；

② MPS 和 MPP 指令要成对出现，且使用不多于 11 次。

2）取反、空操作和结束指令

INV：取反指令。取反指令的应用如图 1-3-3 所示，如果 X024 和 X025 取值相异时，输出 Y007 为 OFF；相同时，输出 Y007 为 ON。

NOP：空操作指令。清除 PLC 内存后，在线程序显示为 NOP。

END：程序结束指令。使用 END 指令可以缩短扫描周期。

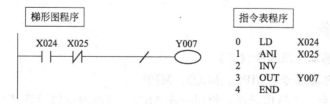

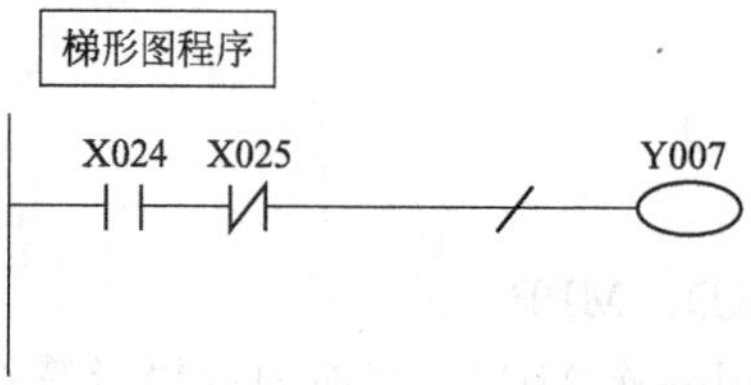

指令表程序

0	LD	X024
1	ANI	X025
2	INV	
3	OUT	Y007
4	END	

图 1-3-3　取反指令的应用

2. PLC 程序运行监视

打开要监视的 PLC 程序，按下运行监视快捷工具 ，或者执行菜单命令“在线”

>> “监视” >> “监视模式”，进入监视模式。图 1-3-3 所示程序的运行监视状态如图 1-3-4所示，蓝色表示触点接通或线圈得电。图 1-3-4(a) 为 X024＝X025＝OFF 的监视结果，X024 的常开触点断开，X025 的常闭触点接通，取反运算后，线圈 Y007＝ON。图 1-3-4(b) 为 X024＝ON、X025＝OFF 的监视结果，X024 的常开触点接通，X025 的常闭触点接通，取反运算后，线圈 Y007＝OFF。

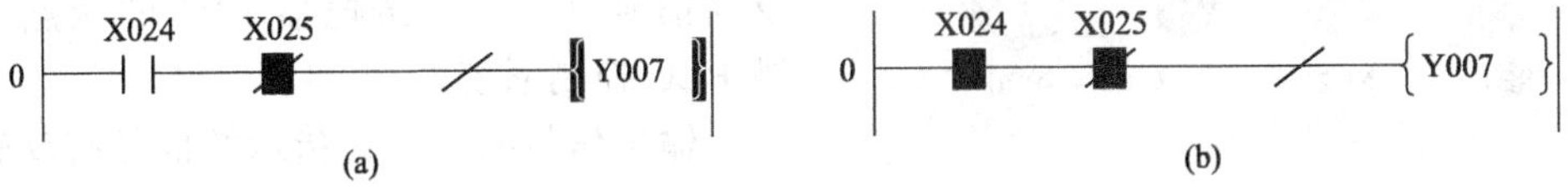

图 1-3-4 运行监视状态

使用注意事项如下：

① 只能监视 PLC 中的运行程序，所以，PC 上打开的程序必须与 PLC 中的程序一致；

② 若修改了要监视的程序，必须重新下载到 PLC 中，才能正确监视。

1.3.2 基本任务

1. 任务要求

1）任务功能

传送带正反转控制，利用附录 B 描述的装置实现。传送带由一台三相异步电动机 M1 拖动，传送带外观及正反转的主电路如图 1-3-5 所示。

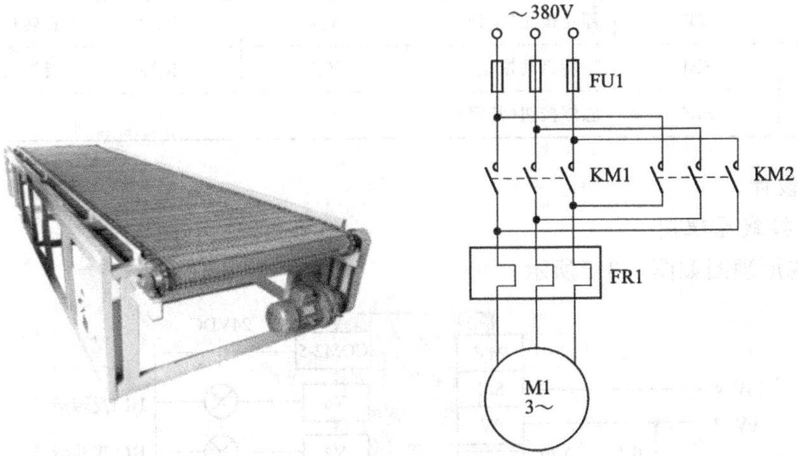

图 1-3-5 传送带外观及正反转控制主电路

2）操作要求

操作面板（OP）如图 1-3-6 所示。

(1) 按下正转启动按钮 SB2，接触器 KM1 得电，三相异步电动机正转运行，指示灯 HL2 亮（绿灯）；按下反转启动按钮 SB1，接触器 KM2 得电，三相异步电动机反转运行，指示灯 HL1 亮（黄灯）。

(2) 按下停止按钮 SB3，接触器 KM1 和 KM2 均断电，三相异步电动机停止运行，指示灯 HL3 亮（红灯）。

(3) 为了安全，需要急停控制，并保留必要的联锁控制。急停时，急停指示灯 HL3

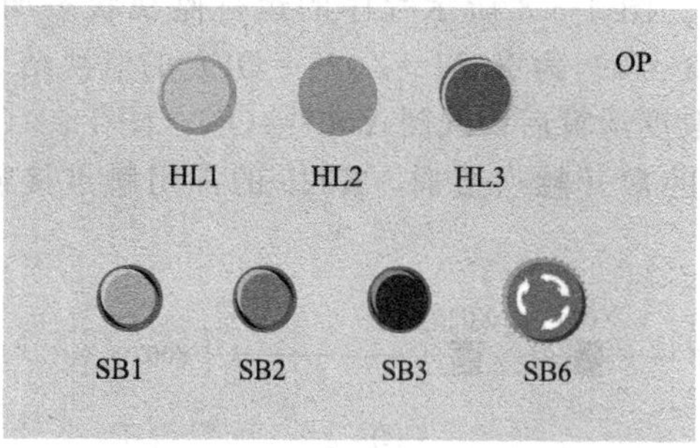

图 1-3-6　操作面板（OP）

闪烁。

2. 分析控制对象并确定I/O地址分配表

1）分析控制对象

输入信号共6个。主令信号有正转启动、反转启动、停止和急停按钮共4个；现场运行反馈信号2个。热继电器FR1的触点可以不进PLC控制系统。

输出信号共5个。指示类信号有反转指示HL1、正转指示HL2和停止指示HL3共3个；现场执行机构有交流接触器KM1和KM2共2个，分别用直流中间继电器KA1和KA2进行隔离驱动。

选择FX3U-48MT/ES-A型PLC。

2）I/O地址分配

任务1.3的I/O地址分配见表1-3-1。

表1-3-1　任务1.3的I/O地址分配表

输入地址	输入信号	功能说明	输出地址	输出信号	功能说明
X20	KM1	正转运行反馈	Y6	HL1	反转指示灯(黄色)
X21	KM2	反转运行反馈	Y7	HL2	正转指示灯(绿色)
X24	SB2	正转启动按钮	Y10	HL3	停止指示灯(红色)
X25	SB3	停止按钮(常开)	Y24	KA1	正转运行继电器
X26	SB1	反转启动按钮	Y25	KA2	反转运行继电器
X27	SB6	急停按钮(常闭)			

3. 硬件设计

1）I/O接线原理图

I/O接线原理图如图1-3-7所示。

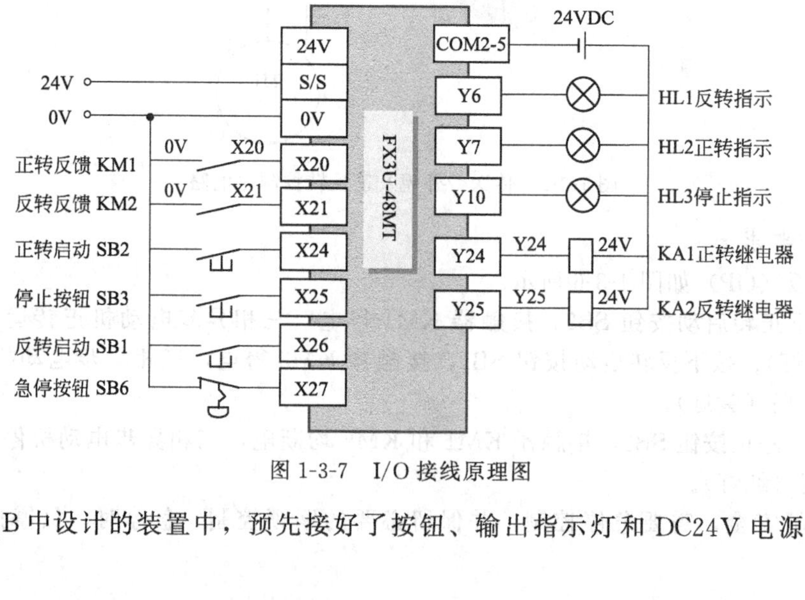

图 1-3-7　I/O接线原理图

在附录B中设计的装置中，预先接好了按钮、输出指示灯和DC24V电源等线路。因此，本任务只需要设计和接线 KM1 和 KM2 的反馈、KA1 和 KA2 输出，以及 KM1 和 KM2 隔离放大电路。

2）I/O 接线图

图 1-3-8 是本次任务的 I/O 接线图（部分）。按钮和指示灯线路在附录 B 所示设备中已经预先完成。

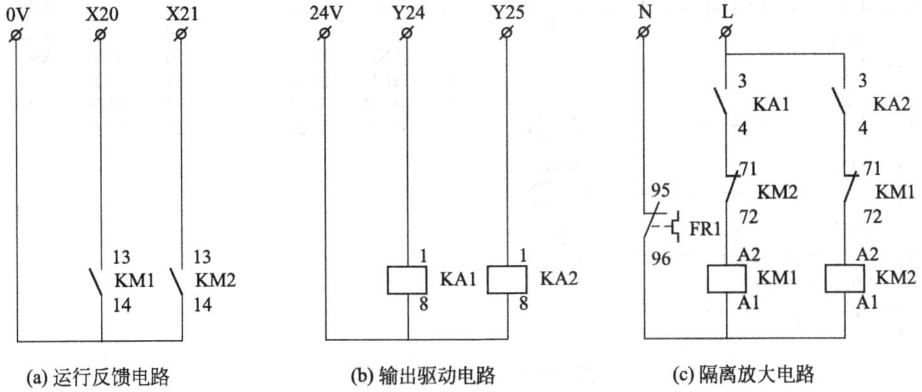

图 1-3-8 I/O 接线图（部分）

图 1-3-8(a) 是运行反馈电路，用于检测传送带电机是正转运行还是反转运行。信号连接导线选用灰色或白色。

图 1-3-8(b) 是输出驱动电路，用于控制直流中间继电器 KA1 和 KA2 得电。接 24V 端选用棕色导线，信号线选用灰色或白色。

图 1-3-8(c) 是隔离放大电路，用 KA1（或 KA2）的小电流信号控制 KM1（或 KM2）的大电流信号。KM1 和 KM2 的线圈通过热继电器常闭触点接电源 N 端，导线选用浅蓝色；接触器线圈另一侧通过互锁触点、KA 控制触点接电源 L 端，导线选用黄色。为了避免接触器触点故障造成的相线短路事故，或正反转频繁切换造成的电弧短路事故，图 1-3-8(c) 中必须保留接触器的触点互锁。

图 1-3-8 中元器件两端的数字是端子编号，请严格按照图 1-2-14 所示端子布局说明进行接线。所有电源线和控制线建议选用 1.5 多股铜导线。

考虑安全问题，本任务不接主电路。

3）警告

（1）严禁带电接线。

（2）试电过程中出现焦烟味、冒烟等现象时，应立即关断电源，及时报告现场工程师或监理。

（3）带电测量要注意安全，只能一人操作，另一人记录；严禁多人围观。

（4）测量电压时，要注意仪表挡位及量程的选择正确。

（5）测量时必须一手持万用表，另一手握表笔。

（6）实训场地严禁嬉戏打闹。

4. 软件设计

创建一个新工程，选择 PLC 所属系列为 FXCPU，型号为 FX3U（C）。选择编程语言的类型为梯形图，按要求设置工程名称，例如“14JD313-1T3”。

采用启保停电路设计，控制程序如图 1-3-9 所示。

在图 1-3-9 中，第 0 步逻辑行是正转的启保停控制，第 6 步逻辑行是反转的启保停控制，

梯形图程序

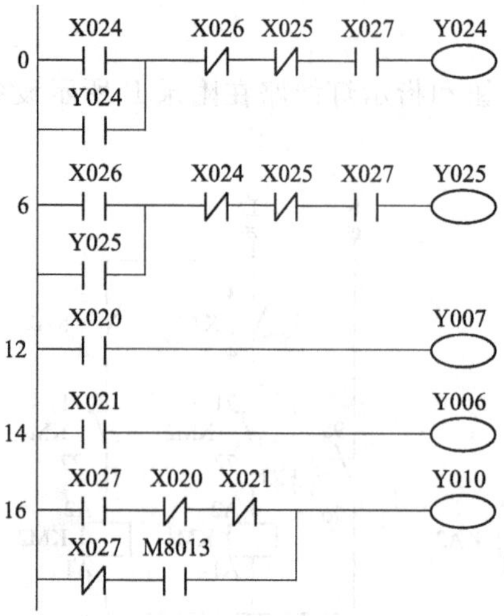

指令表程序

0	LD	X024	12	LD	X020
1	OR	Y024	13	OUT	Y007
2	ANI	X026	14	LD	X021
3	ANI	X025	15	OUT	Y006
4	AND	X027	16	LD	X027
5	OUT	Y024	17	ANI	X020
6	LD	X026	18	ANI	X021
7	OR	Y025	19	LDI	X027
8	ANI	X024	20	AND	M8013
9	ANI	X025	21	ORB	
10	AND	X027	22	OUT	Y010
11	OUT	Y025	23	END	

图 1-3-9　正反转控制程序

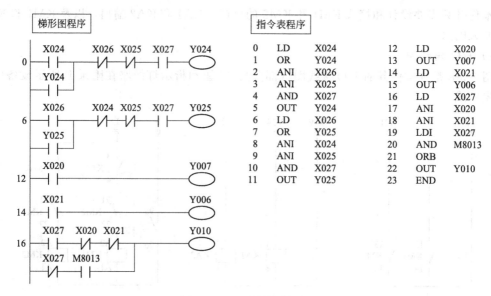

第 12 步逻辑行是正转显示点动电路，第 14 步逻辑行是反转显示点动电路，第 16 步逻辑行是停止显示和急停闪烁电路，M8013 输出秒脉冲序列。注意急停信号 X027，正常时接通，急停时才断开，所以正常控制时要用常开触点。

5. 运行调试

按照表 1-3-2 所列的项目和顺序进行检查调试。检查正确的项目，请在结果栏记“√”；出现异常的项目，在结果栏记“×”，记录故障现象，小组讨论分析，找到解决办法，并排除故障。

表 1-3-2　任务 1.3 运行调试小卡片

序号	检查调试项目	结果	故障现象	解决措施
1	PLC 电源			
2	输出设备电源			
3	PLC 状态指示			
4	输入线路			
5	输出线路			
6	正转启动→停止			
7	反转启动→停止			
8	正转→反转			
9	反转→正转			
10	急停			

1）调试前准备

（1）观察 PLC 的电源是否正常。

（2）检查输出设备电源是否正常。

（3）观察 PLC 工作状态指示灯是否正常。

(4) 输入打点。即检查输入信号的动作与对应的输入信号 LED 显示是否一致。为了安全可见，打点前，必须将 PLC 工作方式开关拨到 STOP 位置。

按下按钮 SB1，观察 X26 的 LED 灯是否点亮；按下按钮 SB2，观察 X24 的 LED 灯是否点亮；按下按钮 SB3，观察 X25 的 LED 灯是否点亮；拍下急停 SB6，观察 X27 的 LED 灯是否熄灭，旋转松开急停 SB6，观察 X27 的 LED 灯是否点亮。

用螺钉旋具按下接触器 KM1 的动触点，观察 X20 的 LED 灯是否点亮；按下接触器 KM2 的动触点，观察 X21 的 LED 灯是否点亮。

如果输入打点有问题，请报告指导老师。

(5) 检查输出接线，导线颜色、线头压接、走线布局、端子位置等是否符合规范，接线是否正确。建议小组互相检查。

2) 运行调试

上述基本项目检查完后，可进行运行调试。

(1) PLC 通电，PLC 工作方式开关拨到 STOP 位置，下载工程名称为“14JD313-1T3”的程序。

(2) PLC 工作方式开关拨到 RUN 位置，观察 RUN 运行灯是否正常。

(3) 运行测试。按下正转启动按钮 SB2，首先观察 Y24 是否有输出；然后观察 KA1 是否得电，KM1 是否闭合；最后观察 Y7 是否有输出，指示灯 HL2 是否点亮。按下停止按钮 SB3，观察正转输出是否停止，执行机构 KA1 和 KM1 是否断电，停止指示灯 HL3 是否点亮。

按下反转启动按钮 SB1，首先观察 Y25 是否有输出；然后观察 KA2 是否得电，KM2 是否闭合；最后观察 Y6 是否有输出，指示灯 HL1 是否点亮。按下停止按钮 SB3，观察反转输出是否停止，执行机构 KA2 和 KM2 是否断电，停止指示灯 HL3 是否点亮。

启动正转后，不停，直接按下反转启动按钮 SB1，观察正转的输出指示和执行机构是否停止，反转的输出指示和执行结构是否动作。

启动反转后，不停，直接按下正转启动按钮 SB2，观察反转的输出指示和执行机构是否停止，正转的输出指示和执行结构是否动作。

(4) 急停测试。按下急停按钮 SB6，观察所有输出是否停止，执行机构 KA2（或 KA1）和 KM2（或 KM1）是否断电，停止指示灯 HL3 是否闪烁。

3) 运行监视

打开正反转控制程序，按下运行监视快捷工具 ，进入监视模式。按照上述第 (3) 步的过程进行操作，观察程序中相应的软元件状态，其逻辑动作是否符合控制要求。

4) 补充说明

生产现场调试时，除了要完成上述控制电路调试外，还必须进行主电路空载调试（不接传送带）和负载调试（接上传动带）。

1.3.3 拓展任务

(1) 如果将正反转控制主电路的热继电器保护信号（FR1 常开触点）引入到 PLC 中，一旦发生过载时，其他所有输出停止，同时停止指示灯 HL3 闪烁，控制电路和程序应如何修改？试画出正确的控制电路并写出正确的控制程序（可用右限位行程开关 X010 代替热继电器保护触点）。

（2）如果传送带是用直流电机拖动的，则正反转控制的主电路、控制电路和 PLC 程序应该如何修改？

任务 1.4 送料小车自动往返控制

知识目标

① 了解主控触点指令 MC、MCR 等基本指令；
② 熟悉脉冲式触点指令 LDP、LDF、ANDP、ANDF、ORP、ORF 等基本指令；
③ 掌握计数器 C 的编程及使用方法；
④ 熟悉接近开关的工作原理。

能力目标

① 能判断接近开关的接线是否正确；
② 会统计控制对象的 I/O 信号并分配 PLC 地址；
③ 能绘制自动往返控制电路的 I/O 接线图并完成接线；
④ 学会自动往返控制电路的编程与接线；
⑤ 能根据现场动作分析判断自动往返控制是否满足要求。

1.4.1 知识准备

1. FX 系列的基本逻辑指令（三）

1）主控指令：MC、MCR

MC：主控指令，主控电路块起点。

MCR：主控复位指令，主控电路块终点。

主控触点指令的应用如图 1-4-1 所示。主控指令一般用得不多。

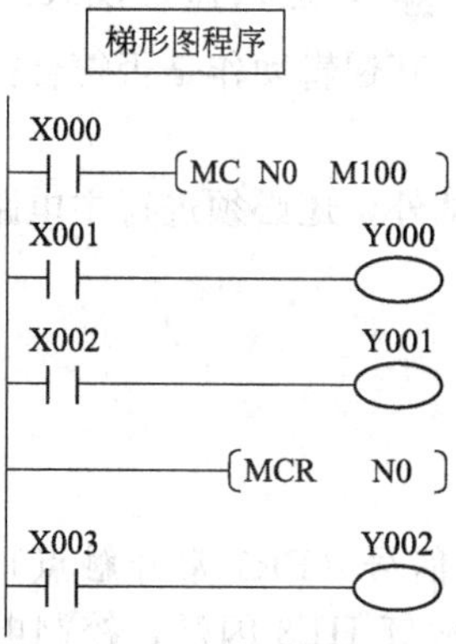

指令表程序

0	LD	X000	
1	MC	N0	M100
4	LD	X001	
5	OUT	Y000	
6	LD	X002	
7	OUT	Y001	
8	MCR	N0	
10	LD	X003	
11	OUT	Y002	
12	END		

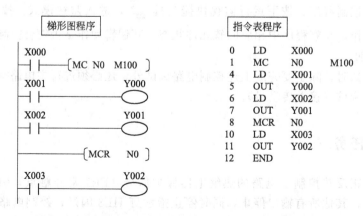

图 1-4-1 MC、MCR 指令的应用

使用注意事项如下：

① MC 是主控起点，操作数 N（0～7 层）为嵌套层数，操作元件为 M、Y；

② MC 与 MCR 必须成对使用；

③ 执行 MC 指令后，母线移动到 MC 触点之后，开始必须用 LD 或 LDI 指令；

④ 可以多次使用 MC 指令，但软元件 M、Y 的编号不能相同；

⑤ 主控无效（X0 断开）时，其中的积算定时器、计数器和用 SET/RST 指令驱动的软元件保持当时的状态，其余的软元件被复位。

2）脉冲式触点指令：LDP、LDF、ANDP、ANDF、ORP、ORF

LDP：取上升沿脉冲。

LDF：取下降沿脉冲。

ANDP：与上升沿脉冲。

ANDF：与下降沿脉冲。

ORP：或上升沿脉冲。

ORF：或下降沿脉冲。

这六条指令均可用于 X、Y、M、T、C、S 和 D□.b，在指定位软元件的上升沿（OFF→ON）或者下降沿（ON→OFF）时，接通一个 PLC 运算周期。脉冲式触点指令的应用如图 1-4-2 所示，图中只绘制了第 1 梯级的时序图（设 M0＝OFF）。

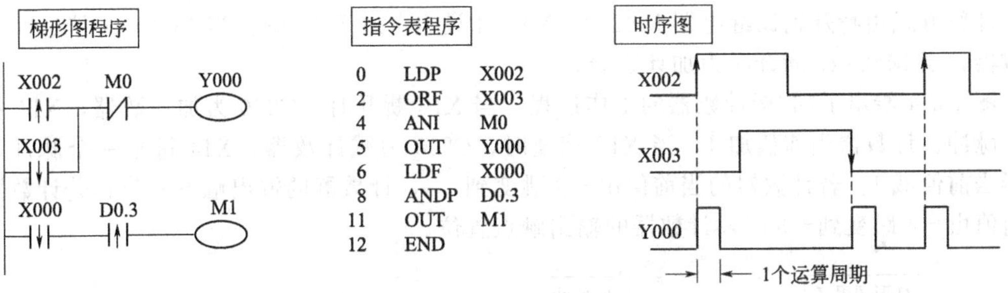

图 1-4-2　脉冲式触点指令的应用

2. 计数器 C

内部计数器 C 用来对 PLC 的软元件（X、Y、M 和 S）提供的信号计数，计数信号持续时间应大于 PLC 的扫描时间。计数器的类型与地址见表 1-4-1。

表 1-4-1　计数器的类型与地址

类型	地址	计数范围
16 位通用型	100(C0～C99)	1～32 767
16 位掉电保持型	100(C100～C199)	
32 位通用双向型	20(C200～C219)	−2 147 483 648～+2 147 483 647
32 位掉电保持双向型	15(C220～C234)	
高速计数器	21(C235～C255)	

1）16 位加计数器

图 1-4-3 给出了加计数器的工作过程，图中 X10 接通后，C0 被复位，它对应的位存储单元被清 0，其常开触点断开、常闭触点接通，同时计数当前值被清为 0。X11 用来提供计数脉冲，当复位输入信号断开，计数输入电路每接通一次，计数器的当前值加 1，在 5 个计

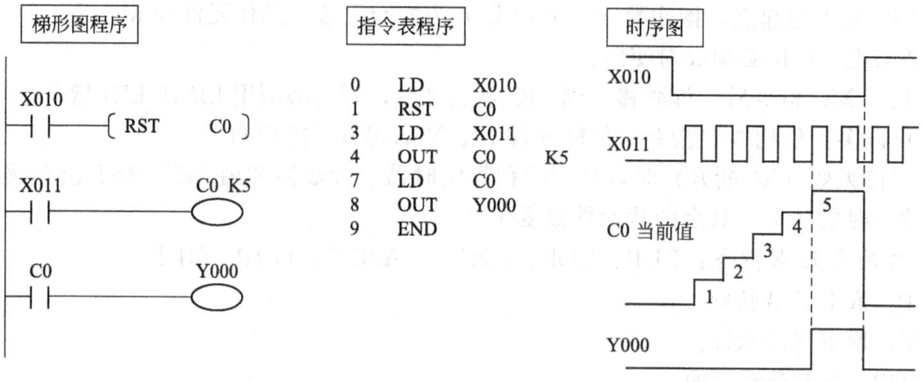

图 1-4-3　16 位加计数器的工作过程

数脉冲之后，C0 的当前值等于设定值 5，它对应的位存储单元被置 1，其常开触点接通，再计数脉冲，当前值不变。

具有断电保持功能的计数器，在电源断电时可保持其状态信息，重新送电后能立即按断电时的状态恢复工作。

2）32 位加/减计数器

计数方式由特殊辅助继电器 M8200～M8234 设定。对于 Cxxx，当 M82xxx 接通时为减计数器，当 M82xxx 断开时为加计数器。

图 1-4-4 给出了加/减计数器的工作过程，当 X12 断开时，C200 为加计数器，X14 每来一个脉冲，计数器当前值加 1。当 X12 接通时，C200 为减计数器，X14 每来一个脉冲，计数器当前值减 1。若计数器的当前值由－3 跳变到－4，计数器的输出触点复位；若计数器的当前值由－4 跳变到－3 时，计数器的输出触点置位。

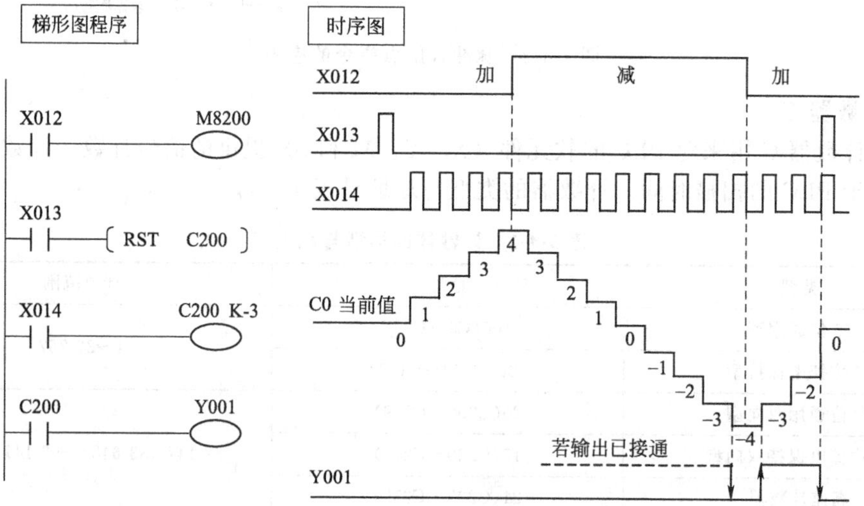

图 1-4-4　32 位加/减计数器的工作过程

3）高速计数器

高速计数器（HSC）为 32 位加/减计数器，共用 PLC 的高速计数器输入端只有 X0～X7（X0～X5 为 5μs，X6～X7 为 50μs）。高速输入端不能冲突，故最多只能有 8 个高速计数器同时工作。高速计数器的运行建立在中断的基础上，事件的触发与扫描时间无关。

高速计数器有四种类型：单相无启动/复位端子高速计数器C235～C240；单相带启动/复位端子高速计数器C241～C245；单相双输入（双向）高速计数器C246～C250；双相输入（A-B相型）高速计数器C251～C255。

3. 接近开关

接近开关又称无触点行程开关。它能在一定的距离（几毫米至几十毫米）内检测有无物体靠近。接近开关的核心部分是“感辨头”，它对正在接近的物体有很高的感辨能力。

接近开关与被测物不接触，不会产生机械磨损和疲劳损伤，工作寿命长、响应快、无触点、无火花、无噪声、防潮、防尘、防爆性能较好、输出信号负载能力强、体积小、安装、调整方便。缺点是：触点容量较小、输出短路时易烧毁。

常用的接近开关有电感接近开关（电涡流式）、电容式、磁性干簧开关、霍尔式、光电式、微波式、超声波式等。

1）电感式接近开关

电感式接近开关属于一种有开关量输出的位置传感器，它所能检测的物体必须是金属物体，检测距离1～50mm。常见电感式接近开关实物外观如图1-4-5(a)所示，图形符号如图1-4-5(b)所示。

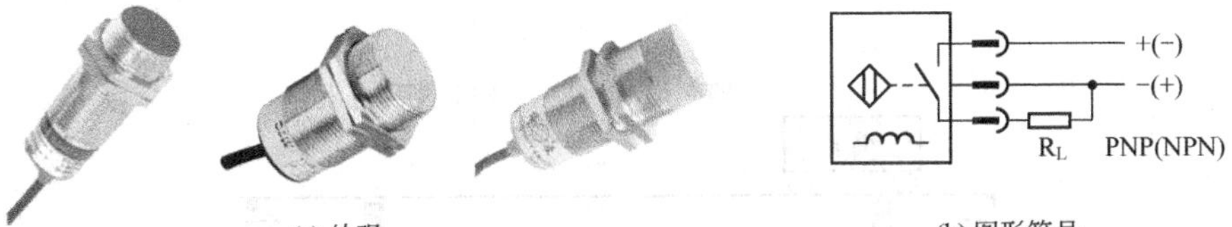

(a) 外观　　(b) 图形符号

图1-4-5　电感式接近开关

2）电容式接近开关

电容式接近开关亦属于一种具有开关量输出的位置传感器，它所能检测的物体并不限于金属导体，也可以是绝缘的液体或粉状物体，检测距离2～20mm，超长可达35mm。在检测较低介电常数ε的物体时，可以顺时针调节多圈电位器（位于开关后部）来增加感应灵敏度。常见电容式接近开关实物外观如图1-4-6(a)所示，图形符号如图1-4-6(b)所示。

(a) 外观　　(b) 图形符号

图1-4-6　电容式接近开关

电感式和电容式接近开关输出电路有PNP和NPN两种，对于PNP型输出来说，负载R_L应接在输出端（黑）和电源负端（蓝）之间；对于NPN型输出来说，负载R_L应接在输出端（黑）和电源正端（棕）之间。NPN型输出接近开关接线原理如图1-4-7所示。接近开关的电源正（棕色线）接到PLC的24V的端子上，电源负（蓝色线）接到PLC的0V端子上，信号线（黑色）接到PLC输入端子上（比如X0）。

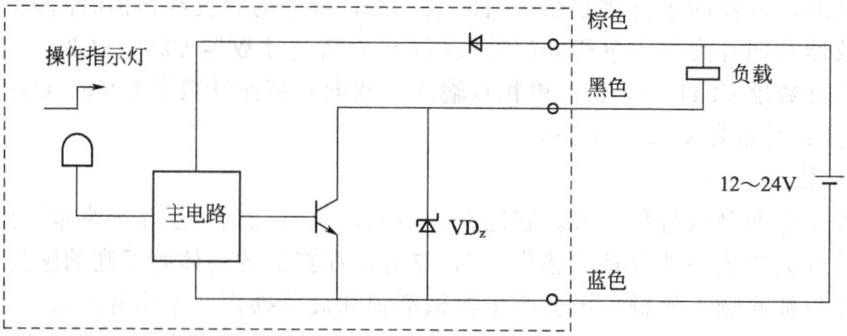

图 1-4-7　NPN 型接近开关的接线图

1.4.2　基本任务

1. 任务要求

1）系统功能

送料小车自动往返控制，利用附录 B 描述的装置实现。送料小车由一台三相异步电动机 M1 拖动，主电路与任务 1.3 的相同（图 1-3-5）。小车自动往返控制运动示意如图 1-4-8 所示。

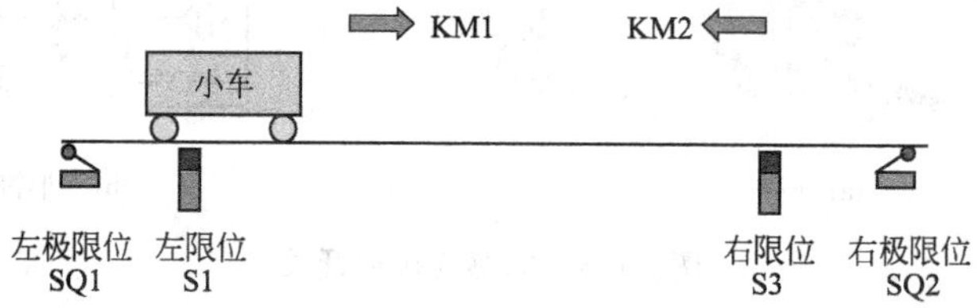

图 1-4-8　送料小车自动往返控制运动示意图

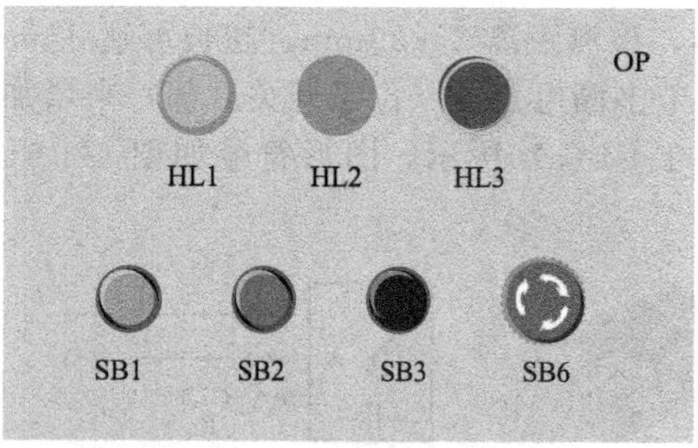

图 1-4-9　操作面板（OP）

2）操作要求

操作面板（OP）如图 1-4-9 所示。

（1）按下右行启动按钮 SB2，接触器 KM1 得电，小车右行；运行到右限位接近开关 S3 处，接触器 KM1 失电，KM2 得电，小车自动左行；运行到左限位接近开关 S1 处，接触器 KM2 失电，KM1 得电，小车又自动左行；如此循环 2 次后自动停止。

（2）为了调试方面，保留了左行启动功能，启动按钮 SB1。

（3）按下停止按钮 SB3，接触器 KM1 和 KM2 均断电，小车停止运行。

（4）应有必要的运行、停止和急停指示。为了安全，需要急停、极限位保护等措施。

2. 分析控制对象并确定 I/O 地址分配表

1）分析控制对象

输入信号共 10 个。主令信号有右行启动、左行启动、停止和急停按钮 4 个，现场检测信号 4 个，运行反馈信号 2 个。

输出信号共 5 个。指示类信号有反转指示 HL1、正转指示 HL2 和停止指示 HL3，共 3

个；现场执行机构有交流接触器 KM1 和 KM2，共 2 个，分别用直流中间继电器 KA1 和 KA2 进行隔离驱动。

选择 FX3U-48MT/ES-A 型 PLC。

2）I/O 地址分配

任务 1.4 的 I/O 地址分配见表 1-4-2。

表 1-4-2　任务 1.4 的 I/O 地址分配表

输入地址	输入信号	功能说明	输出地址	输出信号	功能说明
X1	S1	左限位	Y6	HL1	左行指示灯(黄色)
X3	S3	右限位	Y7	HL2	右行指示灯(绿色)
X7	SQ1	左极限位	Y10	HL3	停止指示灯(红色)
X10	SQ2	右极限位	Y24	KA1	右行继电器
X20	KM1	右行反馈	Y25	KA2	左行继电器
X21	KM2	左行反馈	—	—	—
X24	SB2	启动按钮	—	—	—
X25	SB3	停止按钮(常开)	—	—	—
X26	SB1	左行启动按钮	—	—	—
X27	SB6	急停按钮(常闭)	—	—	—

3. 硬件设计

1）I/O 接线原理图

I/O 接线原理图如图 1-4-10 所示。

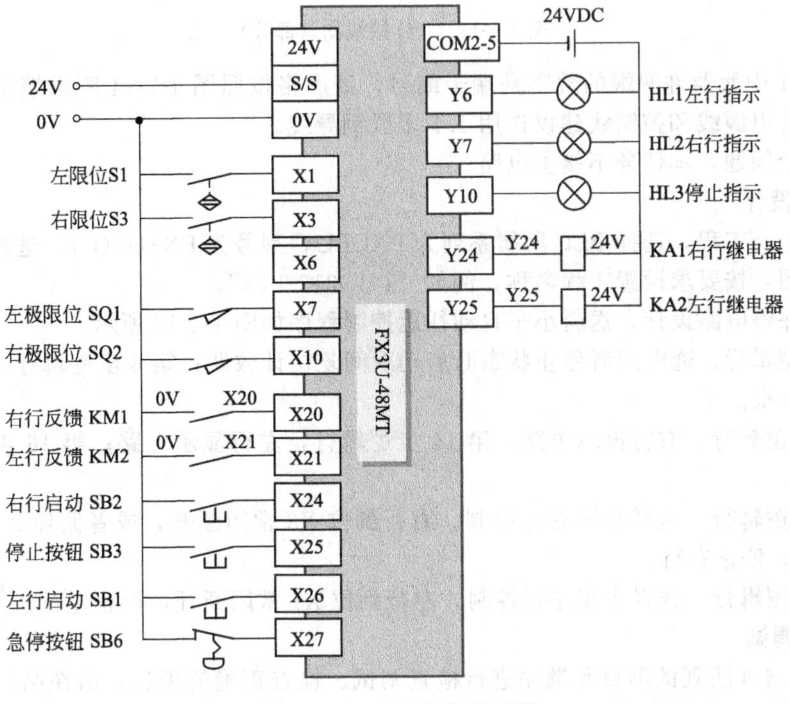

图 1-4-10　I/O 接线原理图

在附录B中设计的装置中，预先接好了按钮、限位开关、输出指示灯和DC24V电源等线路。因此，本任务只需要设计和接线KM1和KM2的反馈、KA1和KA2输出，以及KM1和KM2隔离放大电路。

2）I/O接线图

图1-4-11是本次任务的I/O接线图（部分）。按钮和指示灯线路在附录B所示设备中已经预先完成。

图1-4-11(a)是运行反馈电路，用于检测小车电机的运行状态。信号连接导线选用灰色或白色。

图1-4-11(b)是输出驱动电路。接24V端选用棕色导线，信号线选用灰色或白色。

图1-4-11(c)是隔离放大电路。接触器线圈接电源N端的导线选用浅蓝色；接触器线圈接电源L端的导线选用黄色。为了避免相线短路事故或电弧短路事故，必须保留接触器的触点互锁。

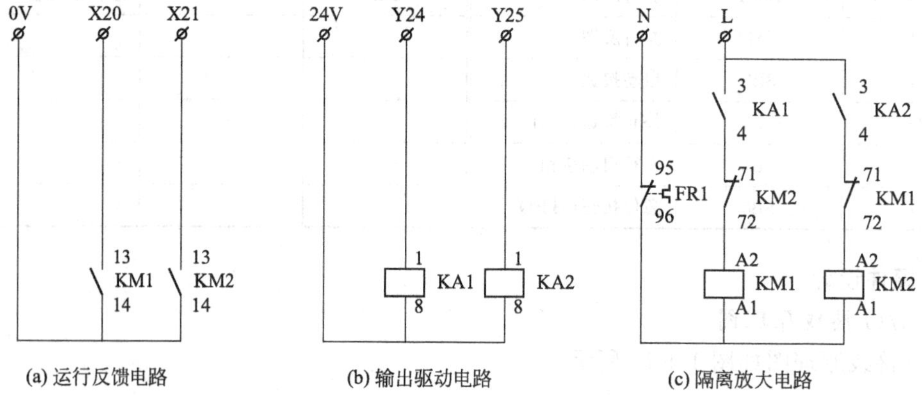

图1-4-11　I/O接线图（部分）

图1-4-11中元器件两端的数字是端子编号，请严格按照图1-2-14所示端子布局说明进行接线。所有电源线和控制线建议选用1.5多股铜导线。

考虑安全问题，本任务不接主电路。

4. 软件设计

创建一个新工程，选择PLC所属系列为FXCPU，型号为FX3U（C）。选择编程语言的类型为梯形图，按要求设置工程名称，例如“14JD313-1T4”。

采用启保停电路设计，送料小车自动往返控制程序如图1-4-12所示。

第0步逻辑行，通电或者停止状态时启动瞬间复位计数器；第6步逻辑行，左行返回到位瞬间计数一次。

第12步逻辑行，右行显示电路；第14步逻辑行，左行显示电路；第16步逻辑行，急停控制电路。

第23步逻辑行，送料小车右行控制。右行到位X3常闭断开，或者循环2次计数结束，C0常闭断开，停止右行。

第33步逻辑行，送料小车左行控制。左行到位X1常闭断开，停止左行。

5. 运行调试

按照表1-4-3所列的项目和顺序进行检查调试。检查正确的项目，请在结果栏记“√”；出现异常的项目，在结果栏记“×”，记录故障现象，小组讨论分析，找到解决办法，并排除故障。

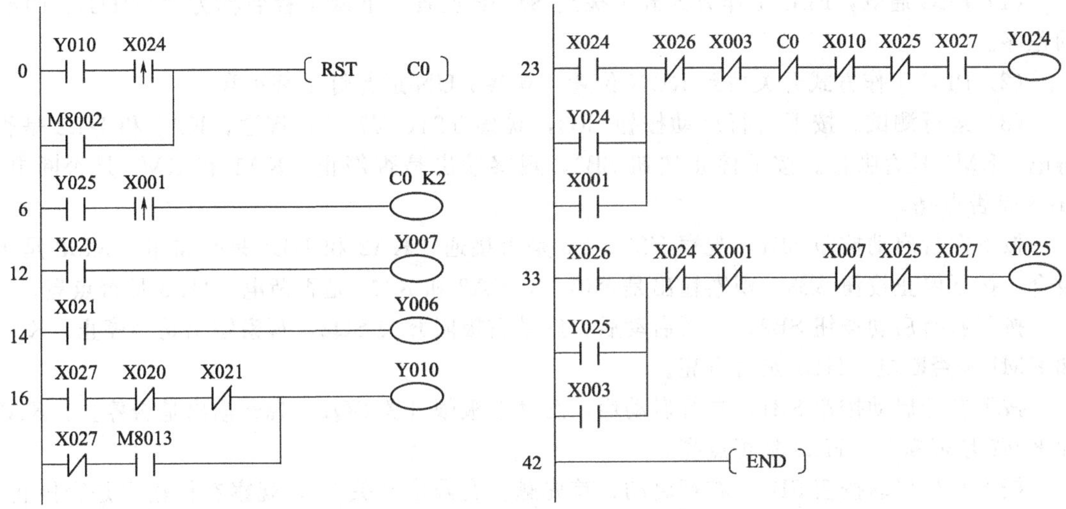

图 1-4-12 送料小车自动往返控制程序

表 1-4-3 任务 1.4 运行调试小卡片

序号	检查调试项目	结果	故障现象	解决措施
1	调试准备工作			
2	右行启动→停止			
3	左行启动→停止			
4	右行启动→右极限位			
5	左行启动→左极限位			
6	第 1 次自动运行			
7	再次自动运行			
8	急停			

1）**调试准备工作**

(1) 观察 PLC 的电源、输出设备电源（即稳压开关）是否正常。观察 PLC 工作状态指示灯是否正常。

(2) 输入打点。安全起见，打点前，必须将 PLC 工作方式开关拨到 STOP 位置。

按照表 1-4-2 所示，先后对左行启动按钮 SB1、右行启动按钮 SB2、停止按钮 SB3、急停按钮 SB6、KM1 反馈信号、KM2 反馈信号进行打点检测。

对照附录 B 布局图，找到左右极限位开关 SQ1 和 SQ2，触动极限位开关，进行打点检测。

对照附录 B 布局图，找到左右限位开关 S1 和 S3，用金属接近限位开关，进行打点检测。

如果输入打点有问题，请报告指导老师。

(3) 检查输出接线，导线颜色、线头压接、走线布局、端子位置等是否符合规范，接线是否正确。建议小组互相检查。

2）**运行调试**

上述基本项目检查完后，可进行运行调试。

（1）PLC 通电，PLC 工作方式开关拨到 STOP 位置，下载工程名称为“14JD313-1T4”的程序。

（2）PLC 工作方式开关拨到 RUN 位置，观察 RUN 运行灯是否正常。

（3）运行测试。按下右行启动按钮 SB2，观察 Y24、Y7 是否接通，KA1 和 HL2 是否得电，KM1 是否吸合。按下停止按钮 SB3，观察输出是否停止，KA1 和 KM1 是否断电，HL3 是否点亮。

按下左行启动按钮 SB1，观察 Y25、Y6 是否接通，KA2 和 HL1 是否得电，KM2 是否吸合。按下停止按钮 SB3，观察输出是否停止，KA2 和 KM2 是否断电，HL3 是否点亮。

按下右行启动按钮 SB2，右行启动后，触动右极限开关 SQ2，观察输出是否停止，KA1 和 KM1 是否断电，HL3 是否点亮。

按下左行启动按钮 SB1，左行启动后，触动左极限开关 SQ1，观察输出是否停止，KA2 和 KM2 是否断电，HL3 是否点亮。

按下右行启动按钮 SB2，右行启动；首先触发右限位开关 S3，观察右行输出是否停止，HL2、KA1 和 KM1 是否断电，左行输出是否自行接通，HL1、KA2 和 KM2 是否自动接通。第二步，触发左限位开关 S1，完成第 1 次往返，观察左行输出是否停止，HL1、KA2 和 KM2 是否断电，右行输出是否自行接通，HL2、KA1 和 KM1 是否自动接通。第三步，再次触发右限位开关 S3，观察右行输出是否停止，左行输出是否自动接通。第四步，再次触发左限位开关 S1，完成第 2 次往返，观察小车运行是自动继续，还是自动停止。

再次按下右行启动按钮 SB2，观察能否右行启动。

3）急停测试

按下急停按钮 SB6，观察所有输出是否停止，所有执行机构是否断电，停止指示灯 HL3 是否闪烁。

4）运行监视

打开“14JD313-1T4”控制程序，按下运行监视快捷工具，进入监视模式。按照运行调试（3）的过程进行操作，监视计数器 C0 当前值的变化情况。

5）补充说明

生产现场调试时，除了要完成上述控制电路调试外，还必须进行主电路空载调试（不带送料小车）和负载调试（带上送料小车）。

1.4.3 拓展任务

（1）送料小车自动往返 2 次控制程序中，第 6 步的逻辑行移动到第 42 步的逻辑行前，程序能否正确计数？试分析原因。

（2）某送料小车控制要求如下。

① 按下启动按钮 SB2，小车右行，右行指示灯 HL2 亮；到右限位 S3 时，小车自动停（装料）；在 S3 处，按下左行启动 SB3，小车左行，左行指示灯 HL1 亮；到左限位 S1 时，小车自动停（卸料）；在 S1 处，按下右行启动 SB1，小车又右行，依次循环。

② 按下停止按钮 SB3，小车停止运行，停止指示 HL3 亮。

③ 应有必要的运行、停止和急停指示，还需要急停、极限位等保护措施。

④ 按照表 1-4-2 所分配的地址，试用置位复位指令设计 PLC 控制程序。

任务 1.5 电动机 Y-Δ启动控制

知识目标

① 掌握定时器 T 的编程及使用方法；
② 了解断电延时电路的工作原理；
③ 掌握辅助继电器 M 的使用技巧；
④ 了解梯形图能流的概念及梯形图绘制规则。

能力目标

① 会分析 Y-△降压启动电路的 I/O 信号并分配 PLC 地址；
② 能绘制 Y-△降压启动电路的 I/O 接线图并完成接线；
③ 会用定时器编写延时电路的程序；
④ 能根据现场动作，分析判断 Y-△降压启动控制电路是否满足要求。

1.5.1 知识准备

1. 定时器 T

PLC 的内部定时器 T 相当于继电器控制系统中的时间继电器。PLC 内部的定时器有 1ms、10ms 和 100ms 三种时基，可以用常数 K 作为设定值，也可以用数据寄存器 D 的内容作为设定值。达到设定值时，定时器的输出触点动作。定时器的类型与软元件编号见表1-5-1。

表 1-5-1 定时器的类型与软元件编号

类型	时基/ms	地址	定时范围/s
通用型	100	200(T0～T199)	0.1～3276.7
	10	46(T200～T245)	0.01～327.67
	1	256(T256～T511)	0.001～32.767
积算型	1	4(T246～T249)	0.001～32.767
	100	6(T250～T255)	0.1～3276.7

1）通用型定时器

图 1-5-1 是通用型定时器的工作原理图，当驱动输入 X0 接通时，定时器 T200 的当前值计数器对 10ms 时钟脉冲进行计数，当前值与设定值 K123 相等时，定时器的常开触点接通，而常闭触点断开。驱动输入 X0 断开或 PLC 发生断电时，当前计数器就复位，定时器的触点也复位。要领：得电开始定时，延时闭合，断电自动复位。

2）积算型定时器

图 1-5-2 是积算型定时器的工作原理图，当定时器线圈 T250 的驱动输入 X1 接通时，T250 当前值计数器开始累积 100ms 的时钟脉冲的个数，当前值与设定值 K345 相等时，定时器的常开触点接通，而常闭触点断开。在定时过程中，驱动输入 X1 断开或停电时，当前

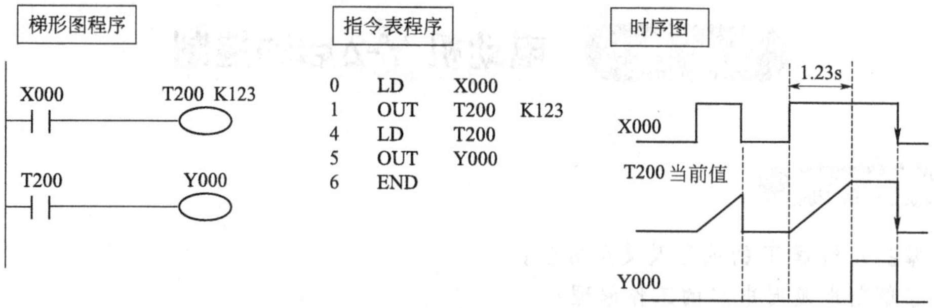

图 1-5-1　通用型定时器的工作原理

值可保持，输入 X1 再接通或复电时，定时继续进行。当复位输入 X2 接通时，当前计数器复位，定时器的触点也复位。要领：得电开始定时，延时闭合，断电保持，高电平复位。

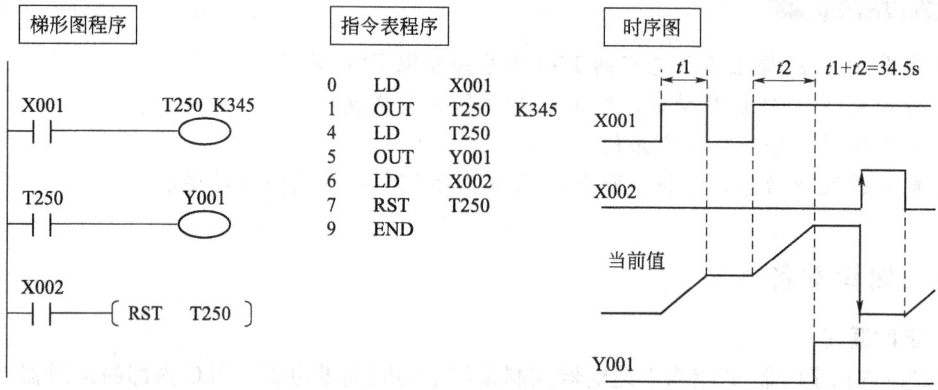

图 1-5-2　积算型定时器的工作原理

2. 定时器的应用

1）断电延时电路

FX 系列 PLC 没有专门的断电延时型定时器，可以用图 1-5-3 的电路来实现断电延时功能。当输入 X24 接通时，输出 Y7 得电自锁；当输入 X24 断开时，由于 Y7 自保，定时器 T0 开始定时；经过 3s 后，定时器的常闭触点断开，输出 Y7 断电，解除自保；同时，定时器断电，定时器的触点复位。

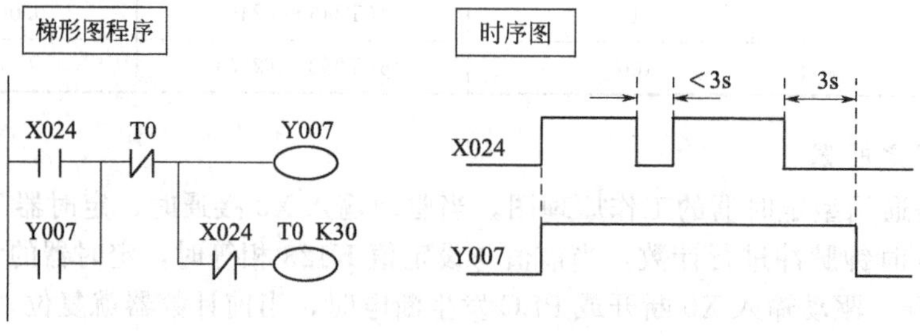

图 1-5-3　断电延时电路

2）闪烁电路

图 1-5-4 是脉宽可调型闪烁电路。控制开关 X24 接通后，T1 常开触点延时 2s 闭合，使 Y7 得电，同时 T2 开始定时。T2 延时 3s 时间到，T2 常闭断开，定时器 T1 复位；T1 常开

触点断开，Y7 断电；同时定时器 T2 复位；T2 常闭触点接通，定时器 T1 重新定时。如此循环，在 Y7 上得到一个脉冲宽度可调的时钟序列，直到开关 X24 断开。显然，T1+T2 用于设定脉冲周期，T2 用于设定脉冲宽度。

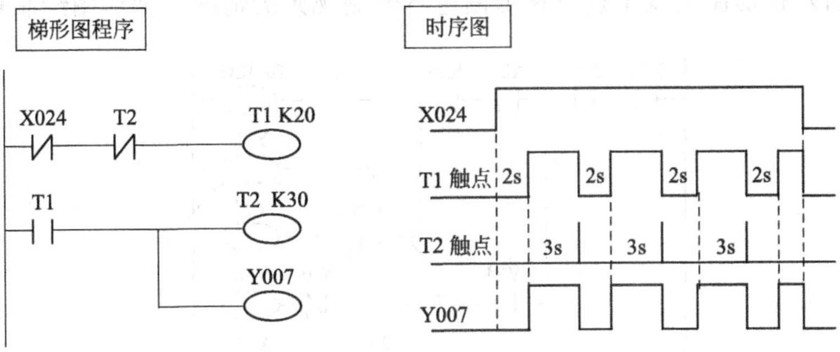

图 1-5-4　脉宽可调型闪烁电路

图 1-5-5 是脉宽固定型闪烁电路。PLC 通电后，定时器 T1 产生一个 2s 的脉冲序列，即每隔 2s，T1 的触点接通一个扫描周期。第 1 个脉冲时，T1 常开接通，Y7 常闭接通，使 Y7 线圈得电；脉冲消失后，通过 T1 常闭触点和 Y7 常开触点，使 Y7 线圈保持得电。第 2 个脉冲时，T1 常闭断开，Y7 常闭也断开，使 Y7 线圈失电；脉冲消失后，T1 常开断开，Y7 常开断开，使 Y7 线圈保持失电。如此循环，在 Y7 上输出一个占比为 50%的脉冲序列。

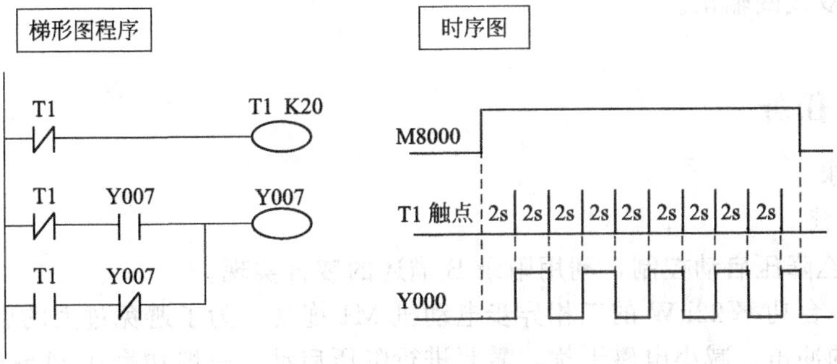

图 1-5-5　脉宽固定型闪烁电路

3. 能流

假想的能量流动，从左母线流向右母线，能流不能逆向。在图 1-5-6(a) 所示的桥式电路中，软元件 X5 存在两个方向的能流，既有从上到下方向的，也有从下到上方向的，出现

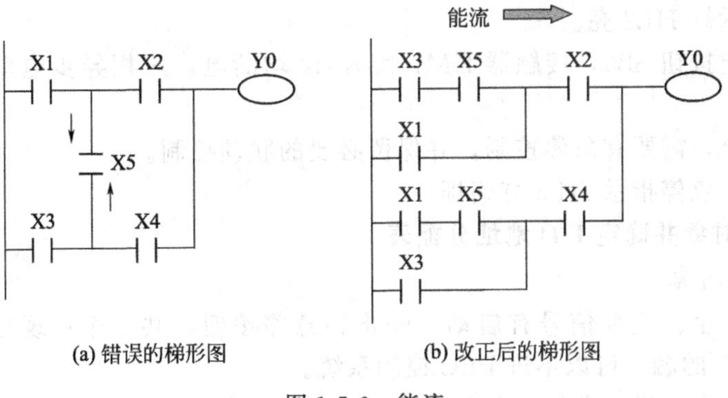

图 1-5-6　能流

了能流逆向的情况，因此是错误的梯形图。利用软元件的触点可以多次使用的规则，图1-5-6(a)的桥式电路可以改为图 1-5-6(b) 的形式。

4. 梯形图绘制规则

图 1-5-7 所示梯形图出现了违反梯形图基本绘制规则的情况。梯形图绘制规则如下：

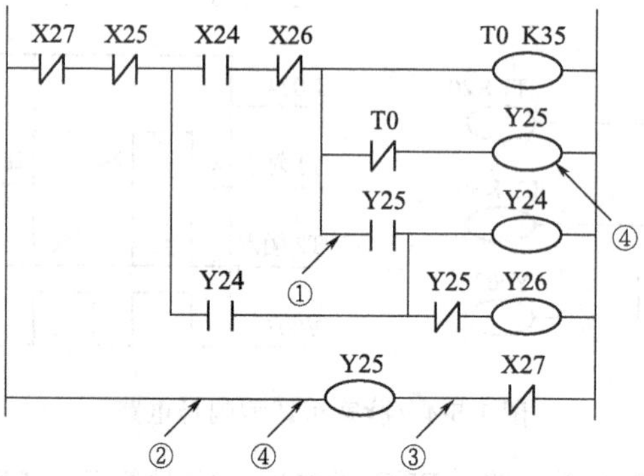

图 1-5-7　梯形图绘制规则

① 能流不可逆；

② 线圈前面必须有触点；

③ 线圈必须放在梯形图的最后；

④ 不允许双线圈输出。

1.5.2　基本任务

1. 任务要求

1）系统功能

电动机 Y-△降压启动控制，利用附录 B 描述的装置实现。

某水泵由一台功率 22kW 的三相异步电动机 M1 拖动，为了避免过大的启动电流对电网电压形成不良的冲击、减小电磁干扰，需要进行降压启动。一般功率在 11～30kW 之间的△接法运行笼型电机，选用 Y-△降压启动控制，其主电路和继电器控制电路如图 1-5-8 所示。

2）操作要求

操作面板（OP）如图 1-5-9 所示。

(1) 按下启动按钮 SB2，接触器 KM2 得电，电动机接成 Y 型，然后接触器 KM1 得电自保，启动指示灯 HL1 亮。延时 3.5s 时间到，KM2 先断开，KM3 后接通，电动机接成△型运行，运行指示灯 HL2 亮。

(2) 按下停止按钮 SB3，接触器 KM1 和 KM2 均断电，三相异步电动机停止运行，指示灯 HL3 亮。

(3) 为了安全，需要有急停控制，并保留必要的联锁控制。

(4) 急停时，急停指示 HL3 灯闪烁。

2. 分析控制对象并确定 I/O 地址分配表

1）分析控制对象

输入信号共 6 个。主令信号有启动、停止和急停按钮，共 3 个；现场运行反馈信号 3 个。热继电器 FR1 的触点可以不进 PLC 控制系统。

输出信号共 6 个。指示类信号有启动指示 HL1、运行指示 HL2 和停止指示 HL3，共 3

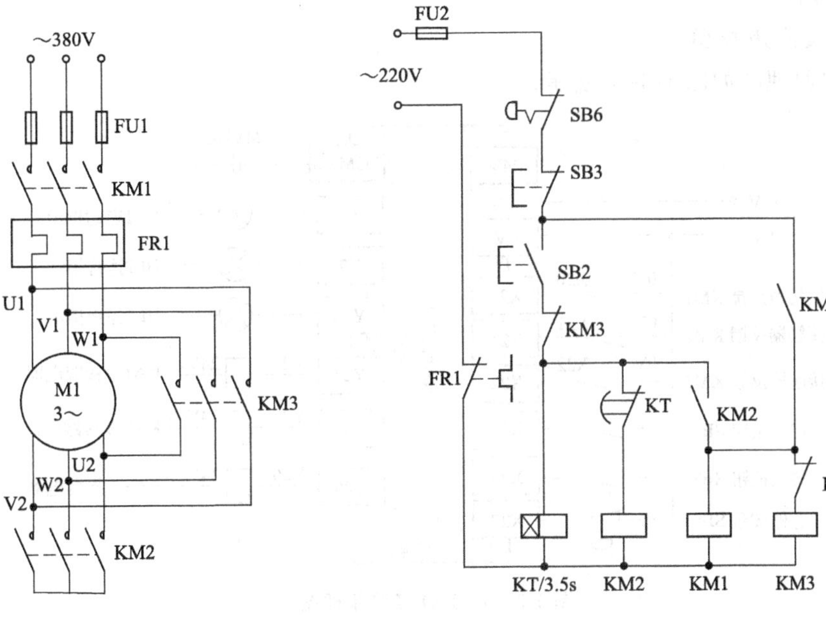

(a) 主电路　　(b) 控制电路

图 1-5-8　水泵电机 Y-△降压启动控制

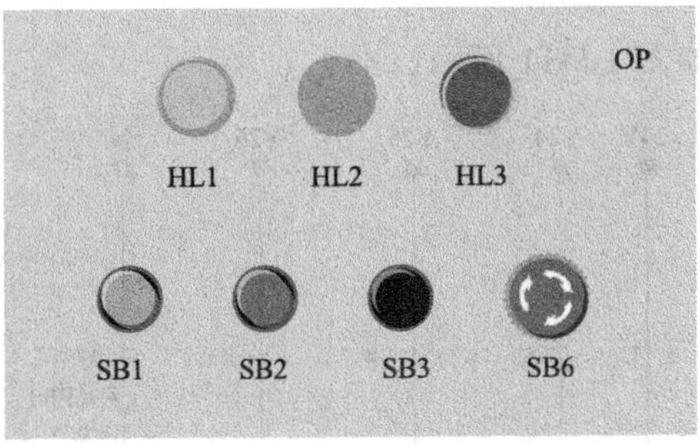

图 1-5-9　操作面板（OP）

个；现场执行机构有交流接触器 KM1、KM2 和 KM3，共 3 个，分别用直流中间继电器 KA1、KA2 和 KA3 进行隔离驱动。

选择 FX3U-48MT/ES-A 型 PLC。

2）I/O 地址分配

任务 1.5 的 I/O 地址分配见表 1-5-2。

表 1-5-2　任务 1.5 的 I/O 地址分配表

输入地址	输入信号	功能说明	输出地址	输出信号	功能说明
X20	KM1	主接触器反馈	Y6	HL1	启动指示灯(黄色)
X21	KM2	Y 接触器反馈	Y7	HL2	运行指示灯(绿色)
X22	KM3	△接触器反馈	Y10	HL3	停止指示灯(红色)
X24	SB2	启动按钮	Y24	KA1	主接继电器
X25	SB3	停止按钮(常开)	Y25	KA2	Y 接继电器
X27	SB6	急停按钮(常闭)	Y26	KA3	△接继电器

3. 硬件设计

1）I/O 接线原理图

I/O 接线原理图如图 1-5-10 所示。

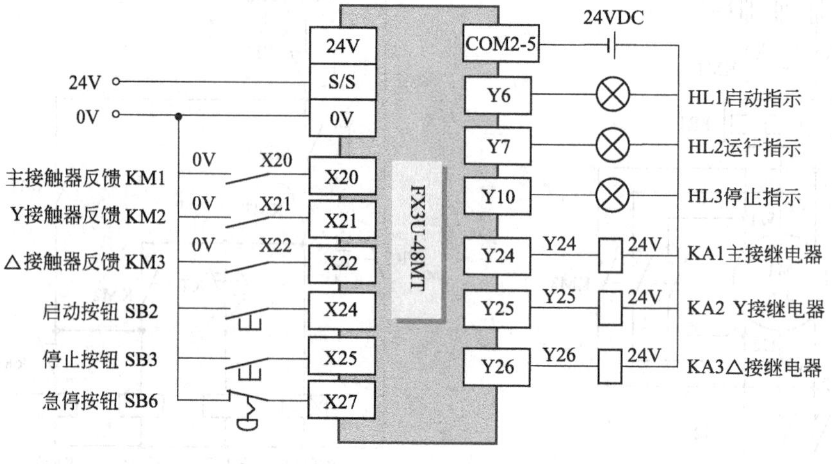

图 1-5-10　I/O 接线原理图

本任务只需要设计和完成 KA1、KA2、KA3 和 KM1、KM2、KM3 的 PLC 接线，以及完成驱动隔离放大电路的设计和接线。其余接线见附录 B。

2）I/O 接线图

I/O 接线图（部分）如图 1-5-11 所示。

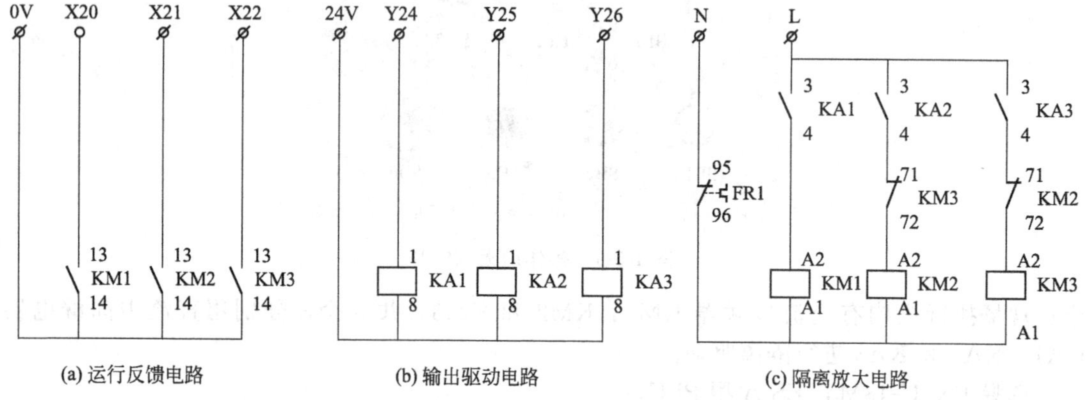

图 1-5-11　I/O 接线图（部分）

图 1-5-11(a) 是运行反馈电路。信号连接导线选用灰色或白色。

图 1-5-11(b) 是输出驱动电路。接 24V 端选用棕色导线，信号线选用灰色或白色。

图 1-5-11(c) 是隔离放大电路。接触器线圈接电源 N 端的导线选用浅蓝色；接触器线圈接电源 L 端的导线选用黄色。为了避免相线短路事故或电弧短路事故，必须保留接触器的触点互锁。

其余输入和指示灯的接线见附录 B。所有电源线和控制线建议选用 1.5 多股铜导线。考虑安全问题，本任务不接主电路。

4. 软件设计

创建一个新工程，选择 PLC 所属系列为 FXCPU，型号为 FX3U（C）。选择编程语言的类型为梯形图，按要求设置工程名称，例如“14JD313-1T5”。

采用启保停电路设计，其控制程序如图 1-5-12 所示。

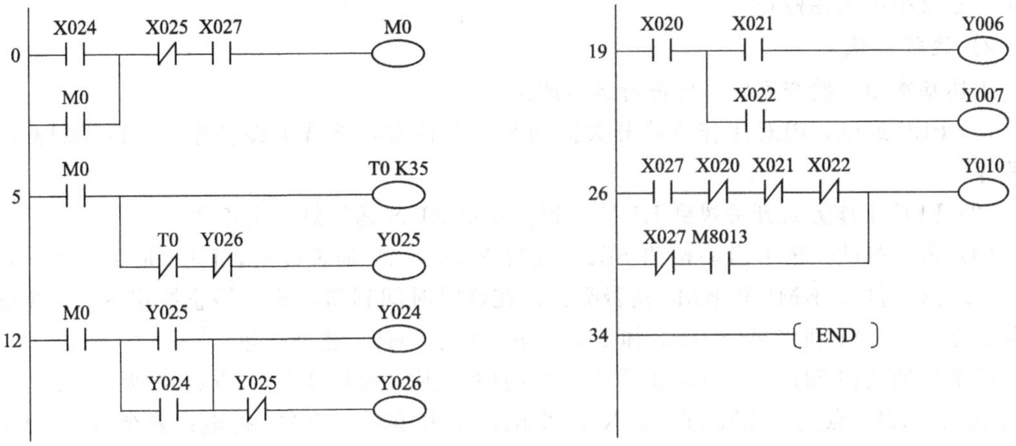

图 1-5-12　电动机 Y-△降压启动控制程序

第 0 步逻辑行，借助辅助继电器 M0，设计了一个启保停电路。用 M0 总控后面的驱动输出电路。

第 5 步逻辑行，启动开始，控制 Y 接法驱动输出电路。

第 12 步逻辑行，控制主接驱动输出电路，当 Y 接法断开后驱动△接法输出。

第 19 步逻辑行，启动指示和运行指示。

第 26 步逻辑行，急停控制电路。

5. 运行调试

按照表 1-5-3 所列的项目和顺序进行检查调试。检查正确的项目，请在结果栏记“√”；出现异常的项目，在结果栏记“×”，记录故障现象，小组讨论分析，找到解决办法，并排除故障。

1）调试准备工作

包括观察 PLC 的电源、输出设备电源（即稳压开关）是否正常。观察 PLC 工作状态指示灯是否正常。

输入打点。安全起见，打点前，必须将 PLC 工作方式开关拨到 STOP 位置。

按照表 1-5-2 所示，先后对启动按钮 SB2、停止按钮 SB3、急停按钮 SB6、KM1 反馈信号、KM2 反馈信号、KM3 反馈信号进行打点检测。

表 1-5-3　任务 1.5 运行调试小卡片

序号	检查调试项目	结果	故障现象	解决措施
1	调试准备工作			
2	启动→立即停止			
3	启动→延时到→运行			
4	运行→停止			
5	运行→急停			

如果输入打点有问题，请报告指导老师。

检查输出接线，导线颜色、线头压接、走线布局、端子位置等是否符合规范，接线是否正确。建议小组互相检查。

2）运行调试

上述基本项目检查完后，可进行运行调试。

(1) PLC 通电，PLC 工作方式开关拨到 STOP 位置，下载工程名称为“14JD313-1T5”的程序。

(2) PLC 工作方式开关拨到 RUN 位置，观察 RUN 运行灯是否正常。

(3) 运行测试。按下启动按钮 SB2，观察 Y24、Y25 是否接通，HL1 是否点亮，KA1 和 KA2 是否得电，KM1 和 KM2 是否吸合。在延时时间到前，按下停止按钮 SB3，观察输出是否停止，KA1 和 KM1、KA2 和 KM2 是否断电，HL3 是否点亮。

按下启动按钮 SB2，在启动正常后，延时时间到（默数 4 下），Y25 熄灭、Y26 点亮，HL1 熄灭、HL2 点亮，KA2 断电、KA3 得电，KM2 断电、KM3 得电；其余 Y24、KA1、KM1 保持得电。完成从 Y 接启动到△接运行的切换。

运行后，按下停止按钮 SB3，观察输出是否停止，KA1 和 KM1、KA3 和 KM3 是否断电，是否 HL2 熄灭、HL3 点亮。

3）急停测试

重新启动后，按下急停按钮 SB6，观察所有输出是否停止，所有执行机构是否断电，停止指示灯 HL3 是否闪烁。

4）运行监视

打开“14JD313-1T5”控制程序，按下运行监视快捷工具 ，进入监视模式。按照运行调试（3）的过程进行操作，监视定时器 T0 当前值的变化情况。

1.5.3 拓展任务

(1) 设计一个具有延时功能的小车正反向点动控制电路。

任务要求：为了避免太大的负载变化，小车正反向点动控制只允许在 2s 封锁时间之后运动。例如：小车向右点动运行（Y7），它只能在 2s 封锁时间过后才能向左点动（Y6），如图 1-5-13 所示。同理，左行结束后 2s，才能允许点动右行。

向右点动按钮（X24），向左点动按钮（X26）。

提示：要用到断电延时定时器功能。

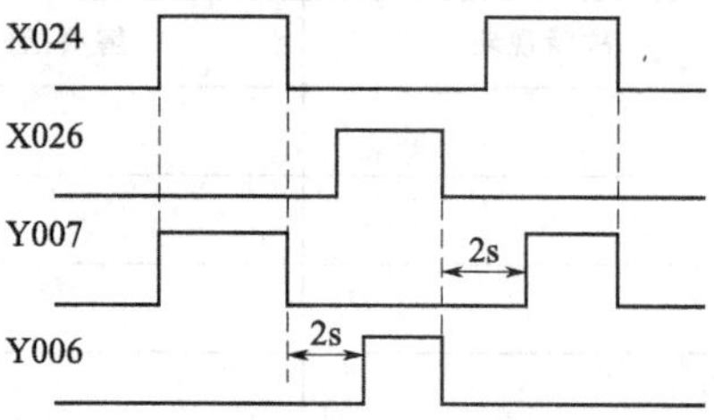

图 1-5-13　延时封锁点动控制时序图

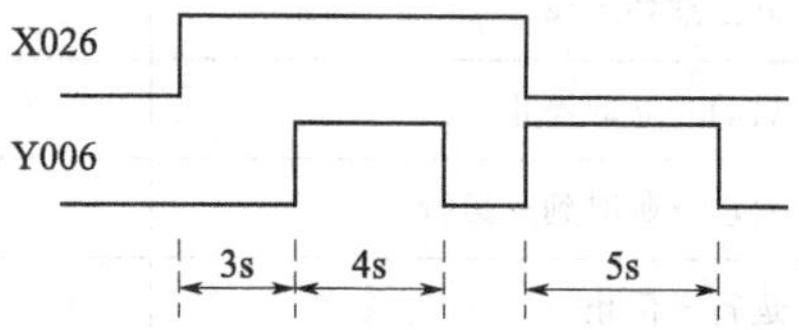

图 1-5-14　卫生间冲水控制时序图

(2) 设计一个卫生间冲水控制电路。

任务要求：X26 是用于检测卫生间有使用者的光电开关信号，Y6 控制冲水电磁阀。X26 闭合（有人使用），延时 3s，启动冲水 4s；X26 断开（使用者离开），启动冲水 5s。

该控制时序图如图 1-5-14 所示。

提示：Y6 得电有两种情况，分别用 2 个中间辅助继电器来处理。

任务 1.6　电动机能耗制动控制

知识目标

① 熟悉继电器控制电路转换 PLC 控制的地址直接代换方法；

② 熟悉 PLC 改造继电器控制电路的基本步骤；

③ 掌握时间继电器瞬时动作触点的处理方法。

能力目标

① 能分析统计电动机能耗制动控制电路的 I/O 信号并分配 PLC 地址；

② 能绘制电动机能耗控制电路的 I/O 接线图并完成接线；

③ 学会测试能耗制动控制电路的 I/O 接线；

④ 能用地址直接代换法，编写正反转能耗制动控制的 PLC 程序；

⑤ 能根据现场动作，分析判断能耗制动控制是否满足要求。

1.6.1　知识准备

1. 常用 PLC 控制程序的设计方法

1）经验设计法

在典型电路的基础上，根据对控制系统要求，不断地修改和完善梯形图，最后才能得到一个较为满意的结果。其特点如下。

① 没有普遍的规律可以遵循，具有很大的试探性和随着性，最后的结果不是唯一的。

② 设计所用的时间、设计的质量与设计者的经验有很大的关系。

③ 适用于简单的开关量控制系统（如手动程序）的设计。

方法：利用启保停、正反转和点动控制等典型电路实现。

2）继电器电路转换法

特点：不需要改动控制面板，操作人员不用改变长期形成的操作习惯。

方法：地址直接代换或者利用逻辑函数代换。

3）顺序控制设计法

是 PLC 的一种重要编程方法，用顺序功能图（SFC）实现。将在项目 2 详细介绍。

2. 地址直接代换法举例

如图 1-6-1 所示是正反转继电器控制电路。

地址直接代换法步骤如下。

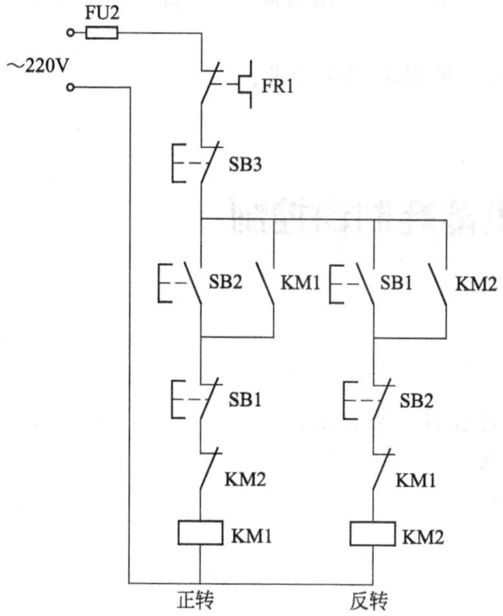

图 1-6-1　正反转继电器控制电路

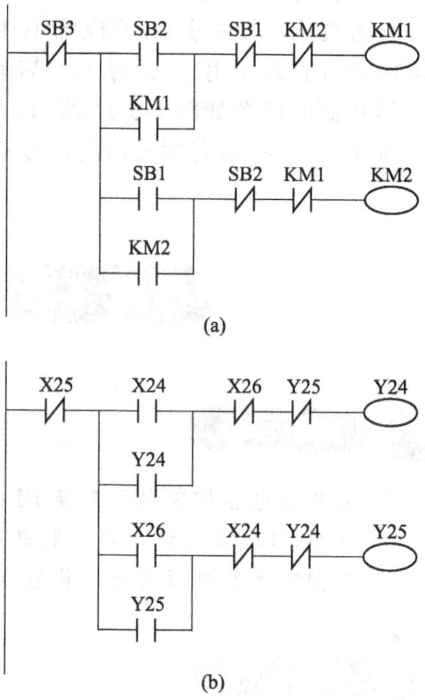

图 1-6-2　地址直接代换法

（1）用PLC的图形符号取代继电器控制电路的图形符号，文字符号不变，得到如图1-6-2(a)所示电路。如果电路有能流逆流支路时，用图1-5-6所介绍的方法处理。

（2）用I/O地址代换，中间继电器KA用辅助继电器M进行代换，时间继电器KT用定时器T代换，得到如图1-6-2(b)所示梯形图。

3. 地址直接代换法的基本步骤

（1）了解和熟悉被控设备的工艺过程和机械的动作情况，根据继电器电路图分析并弄懂控制系统的工作原理。

（2）确定可编程序控制器的输入信号和输出负载，并选择PLC的型号。

（3）确定输入/输出信号对应梯形图中的输入和输出位的地址，画出可编程序控制器的外部接线图。

（4）确定继电器电路图中的中间继电器、时间继电器对应的梯形图中的存储器位（M）和定时器（T）的地址。

（5）根据上述对应关系画出梯形图。

4. 注意事项

① 线圈必须放在梯形图的最右边；

② 串联电路中的单个触点放在关系式的右边，并联电路中的单个触点放在并联的下面；

③ 设置辅助继电器以简化电路；

④ 时间继电器的触点出现了四种状态时，必须采用中间继电器来处理瞬动触点；

⑤ 外部硬件联锁电路必须保留；

⑥ PLC的外部负载最大只能为AC220V或DC24V，如果负载超出此范围，应将接触器线圈换成220V以下的或设置外部中间继电器。

1.6.2　基本任务

1. 任务要求

1）任务功能

电动机能耗制动控制，利用附录 B 描述的装置实现。某送料车用功率 7.5kW 的三相交流电机 M1 拖动，为了实现准确停车，采用能耗制动，其主电路和继电器控制电路如图 1-6-3所示。

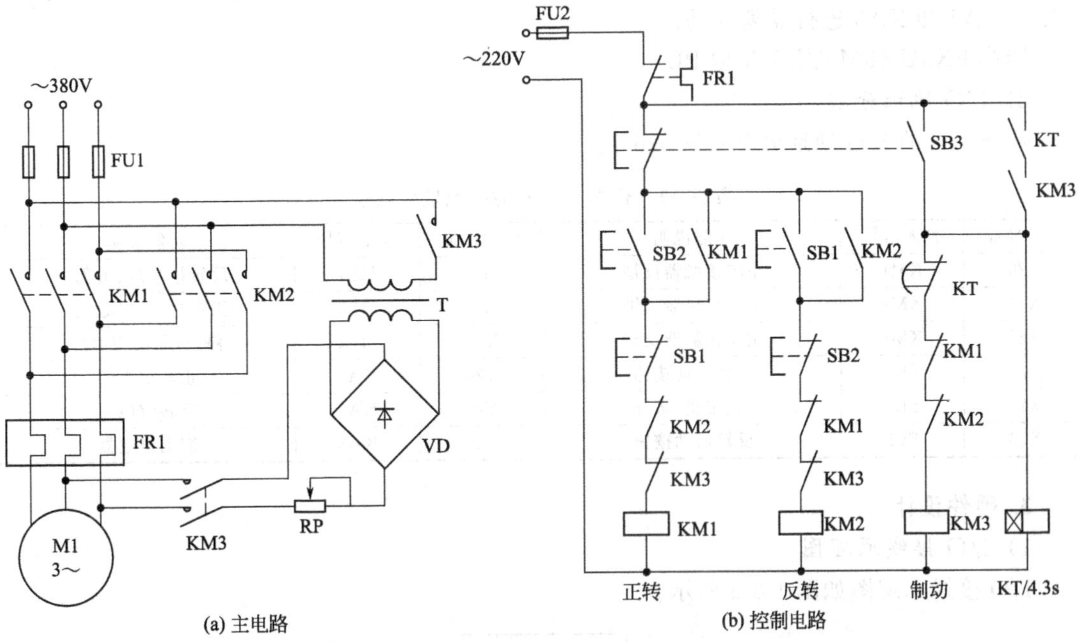

图 1-6-3　正反转能耗制动控制

2）操作要求

操作面板（OP）如图 1-6-4 所示。

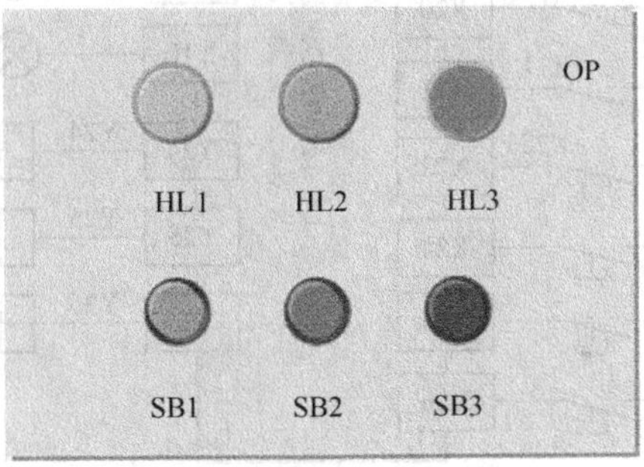

图 1-6-4　操作面板（OP）

（1）按下正转启动按钮 SB2，接触器 KM1 得电，三相异步电动机正转运行，指示灯 HL2 亮（绿灯）；按下反转启动按钮 SB1，接触器 KM2 得电，三相异步电动机反转运行，指示灯 HL1 亮（黄灯）。

（2）按下停止按钮 SB3，接触器 KM1 和 KM2 均断电，KM3 得电，三相异步电动机进入能耗制动，指示灯 HL3 闪烁，制动结束 HL3 常亮（红灯）。

（3）保留必要的联锁控制。

2. 分析控制对象并确定 I/O 地址分配表

1）分析控制对象

输入信号共 6 个。主令信号有正转启动、反转启动和停止按钮，共 3 个；现场运行反馈信号 3 个。热继电器 FR1 的触点可以不进 PLC 控制系统。

输出信号共 6 个。指示类信号有启动指示 HL1、运行指示 HL2 和停止指示 HL3，共 3 个；现场执行机构有交流接触器 KM1、KM2 和 KM3，共 3 个，分别用直流中间继电器 KA1、KA2 和 KA3 进行隔离驱动。

选择 FX3U-48MT/ES-A 型 PLC。

2）I/O 地址分配

任务 1.6 的 I/O 地址分配见表 1-6-1。

表 1-6-1　任务 1.6 的 I/O 地址分配表

输入地址	输入信号	功能说明	输出地址	输出信号	功能说明
X20	KM1	正转接触器反馈	Y6	HL1	反转指示灯（黄色）
X21	KM2	反转接触器反馈	Y7	HL2	正转指示灯（绿色）
X22	KM3	制动接触器反馈	Y10	HL3	停止/制动指示灯
X24	SB2	正转启动按钮	Y24	KA1	正转继电器
X25	SB3	停止按钮（常开）	Y25	KA2	反转继电器
X26	SB1	反转启动按钮	Y26	KA3	制动继电器

3. 硬件设计

1）I/O 接线原理图

I/O 接线原理图如图 1-6-5 所示。

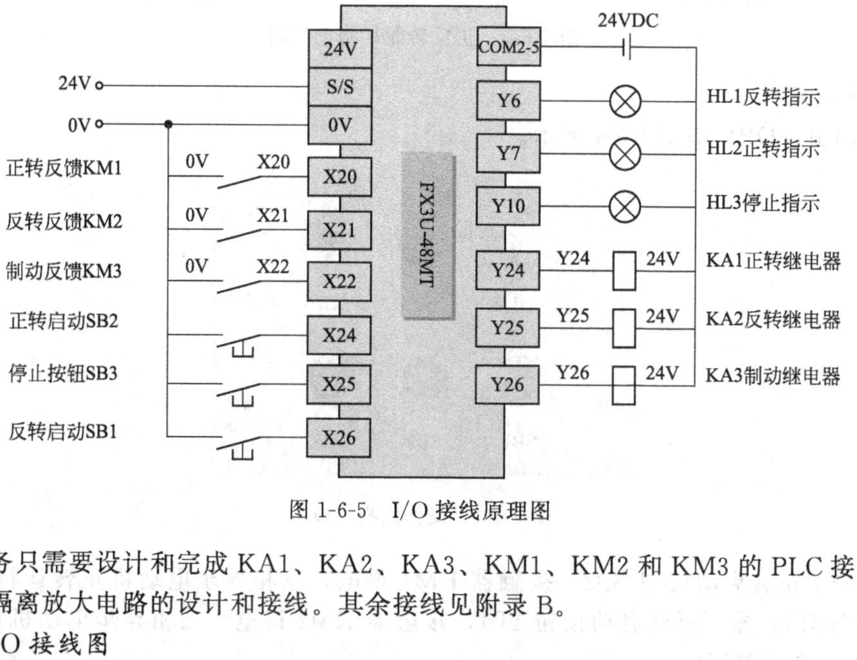

图 1-6-5　I/O 接线原理图

本任务只需要设计和完成 KA1、KA2、KA3、KM1、KM2 和 KM3 的 PLC 接线，以及完成驱动隔离放大电路的设计和接线。其余接线见附录 B。

2）I/O 接线图

图 1-6-6(a) 是运行反馈电路。信号连接导线选用灰色或白色。

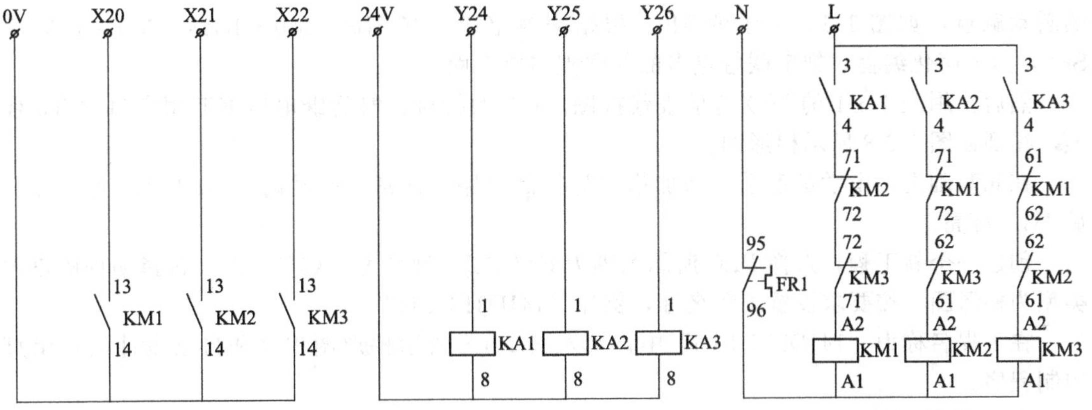

(a) 运行反馈电路　　(b) 输出驱动电路　　(c) 隔离放大电路

图 1-6-6　I/O 接线图（部分）

图 1-6-6(b) 是输出驱动电路。接 24V 端选用棕色导线，信号线选用灰色或白色。

图 1-6-6(c) 是隔离放大电路。接触器线圈接电源 N 端的导线选用浅蓝色；接触器线圈接电源 L 端的导线选用黄色。为了避免相线短路事故或电弧短路事故，必须保留接触器的触点互锁。

其余输入和指示灯的接线见附录 B。所有电源线和控制线建议选用 1.5 多股铜导线。考虑安全问题，本任务不接主电路。

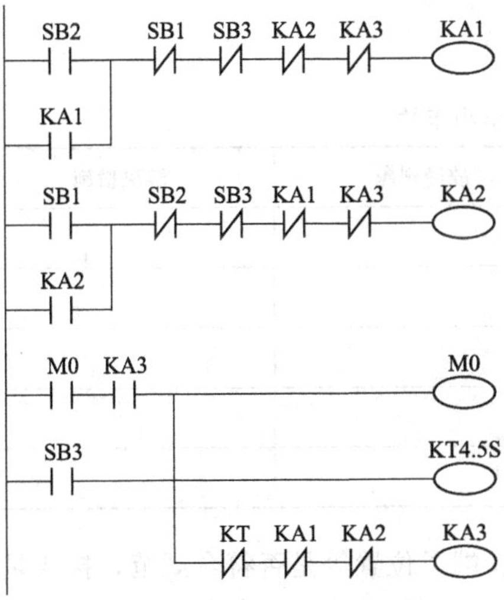

图 1-6-7　用 PLC 图形符号代换后的电路

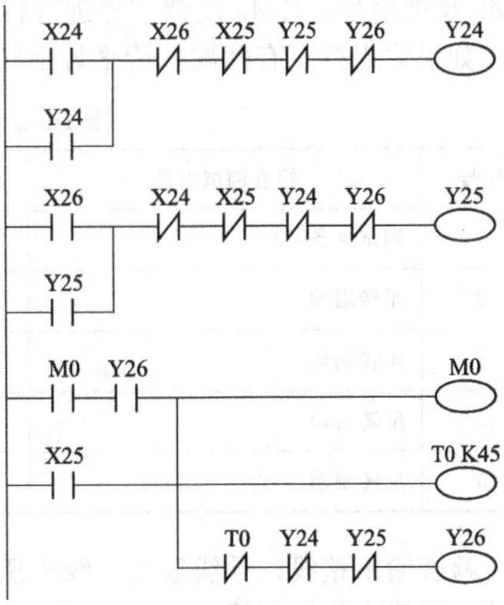

图 1-6-8　用地址代换后的电路

4. 软件设计

用 PLC 的图形符号取代图 1-6-3(b) 所示继电器控制电路的图形符号，文字符号不变，得到如图 1-6-7 所示电路。

图 1-6-7 中，为了便于编程，将 SB3 的常闭触点利用分配定律，分解到两个启动支路中。由于 PLC 直接驱动的是中间继电器 KA1～KA3，因此，分别用 KA1 代替 KM1、KA2 代替 KM2、KA3 代替 KM3。

图 1-6-3(b) 的时间继电器 KT 有两种触点：一种是延时型，另一种是瞬动型。由于

PLC 的定时器没有瞬动型触点，因此，用一个辅助继电器与定时器线圈并联，得到定时器的瞬动触点，如图 1-6-7 所示的 M0。根据交换定律，有 SB3＋M0·KA3＝M0·KA3＋SB3，为了简化编程，把串联触点多的并联支路放上面。

然后，用表 1-6-1 的 I/O 地址表代换图 1-6-7 的符号，时间继电器 KT 用定时器 T0 代换，得到如图 1-6-8 所示梯形图。

在此基础上，由学员动手，增加指示灯控制电路。注意，制动时，HL3 灯闪烁，停止后 HL3 灯亮。

创建一个新工程，选择 PLC 所属系列为 FXCPU，型号为 FX3U（C）。选择编程语言的类型为梯形图，按要求设置工程名称，例如“14JD313-1T6”。

在工程名称为“14JD313-1T6”中，录入图 1-6-8 所示梯形图程序和自己设计的指示灯控制程序。

5. 运行调试

按照表 1-6-2 所列的项目和顺序进行检查调试。检查正确的项目，请在结果栏记“√”；出现异常的项目，在结果栏记“×”，记录故障现象，小组讨论分析，找到解决办法，并排除故障。

1）调试准备工作

观察 PLC 的电源、输出设备电源（即稳压开关）是否正常。观察 PLC 工作状态指示灯是否正常。

输入打点。为了安全，打点前，必须将 PLC 工作方式开关拨到 STOP 位置。按照表 1-6-1所示，对正转启动按钮 SB2、停止按钮 SB3、反转启动按钮 SB1、KM1 反馈信号、KM2 反馈信号、KM3 反馈信号进行打点检测。

如果输入打点有问题，请报告指导老师。

表 1-6-2　任务 1.6 运行调试小卡片

序号	检查调试项目	结果	故障现象	解决措施
1	调试准备工作			
2	正转启动			
3	正转制动			
4	反转启动			
5	反转制动			

检查输出接线，导线颜色、线头压接、走线布局、端子位置等是否符合规范，接线是否正确。建议小组互相检查。

2）运行调试

上述基本项目检查完后，可进行运行调试。

(1) PLC 通电，PLC 工作方式开关拨到 STOP 位置，下载工程名称为“14JD313-1T6”的程序。

(2) PLC 工作方式开关拨到 RUN 位置，观察 RUN 运行灯是否正常。

(3) 运行测试。按下正转启动按钮 SB2，观察 Y7、Y24 是否接通，HL1 是否点亮，KA1、KM1 是否得电吸合。按下停止按钮 SB3，观察上述输出是否停止，KA3 和 KM3 是否得电，HL3 是否闪烁，延时时间到后，KA3 和 KM3 是否断电，HL3 变为常亮。

按下反转启动按钮 SB1，观察 Y6、Y25 是否接通，HL2 是否点亮，KA2、KM2 是否得电吸合。按下停止按钮 SB3，观察上述输出是否停止，KA3 和 KM3 是否得电，HL3 是否闪烁，延时时间到后，KA3 和 KM3 是否断电，HL3 变为常亮。

1.6.3 拓展任务

(1) 用 PLC 实现如图 1-6-9 所示的 Y-△降压启动电动机能耗制动控制电路。试完成I/O 地址分配表、I/O 接线图和 PLC 梯形图程序。

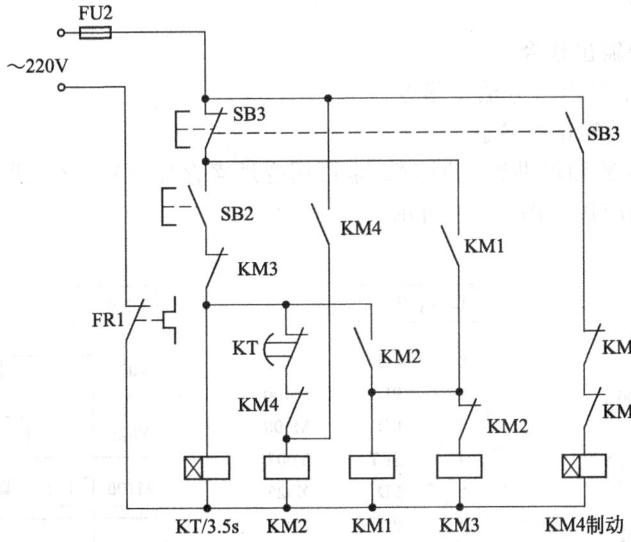

图 1-6-9 Y-△降压启动能耗制动控制电路

(2) 设计一个具有延时功能的送料小车自动往返控制系统，送料小车自动往返示意图如图 1-4-8 所示，操作面板如图 1-4-9 所示。控制要求如下。

① 按下启动按钮 SB1，小车左行；工件运行到左限位接近开关 S1 处，小车自动停；延时 3s 后，小车自动右行；工件运行到右限位接近开关 S3 处，小车又自动左行；如此往复循环，直到按下停止按钮 SB3。

② 为了便于调试，保留了小车右行启动（SB2）功能。

③ 应有必要的指示和互锁、急停等保护功能。

任务 1.7 电动机单按钮启停控制

知识目标

① 熟悉脉冲输出指令 PLS、PLF 的使用；

② 掌握二分频电路的原理及应用；

③ 熟悉梯形图的优化设计。

能力目标

① 会分析电动机单按钮控制电路的 I/O 信号并分配 PLC 地址；
② 能绘制电动机单按钮控制电路的 I/O 接线图并完成接线；
③ 会单按钮启停控制电路的编程与接线；
④ 能根据现场状态，分析判断单按钮启停控制是否满足要求。

1.7.1 知识准备

1. FX3U 的脉冲输出指令

PLS（pulse）：上升沿微分输出指令。

PLF：下降沿微分输出指令。

用于输出继电器 Y 和辅助继电器 M，也可用变址寄存器（V、Z）进行修饰软元件。

脉冲输出指令的应用如图 1-7-1 所示。

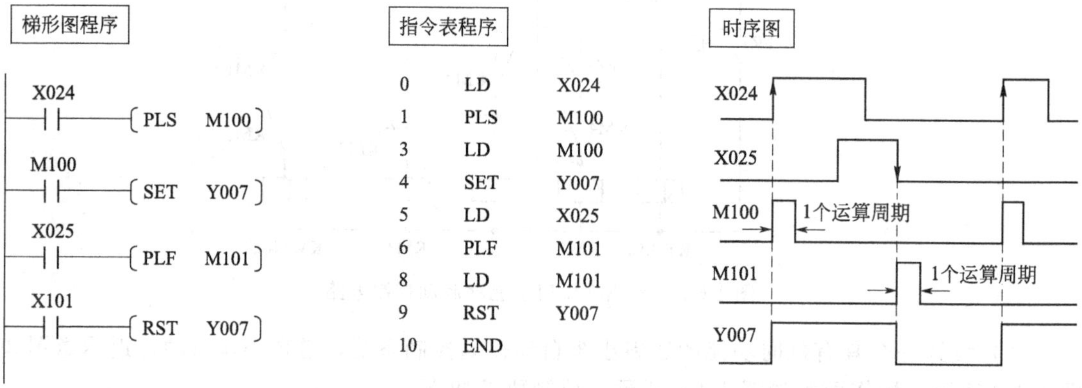

图 1-7-1 脉冲输出指令的应用

使用注意事项如下：

① 脉冲输出指令仅输出一个 PLC 扫描周期宽的脉冲；

② 一般不用于具有断电保持功能的继电器 M。

2. 二分频电路

二分频电路如图 1-7-2 所示，有两种实现方法。无论是图 1-7-2(a) 还是图 1-7-2(b)，当 X26 第 1 次接通时，Y6 得电并保持；当 X26 第 2 次接通时，Y6 断电并保持；以后依次类推，在输出 Y6 上就得到了周期是输入信号 X26 的 2 倍，而频率是输入信号的 1/2 的信号，波形如图 1-7-2(b) 所示。

3. 梯形图的优化

① 并联触点多的应放在左边；

② 串联触点多的应放在上边；

③ 尽量使用连续输出线圈。

图 1-7-3(a) 是没有优化的梯形图，图 1-7-3(b) 是优化后的梯形图。显然优化后的步数比优化前少了 5 步。优化后执行速度快，占内存少。

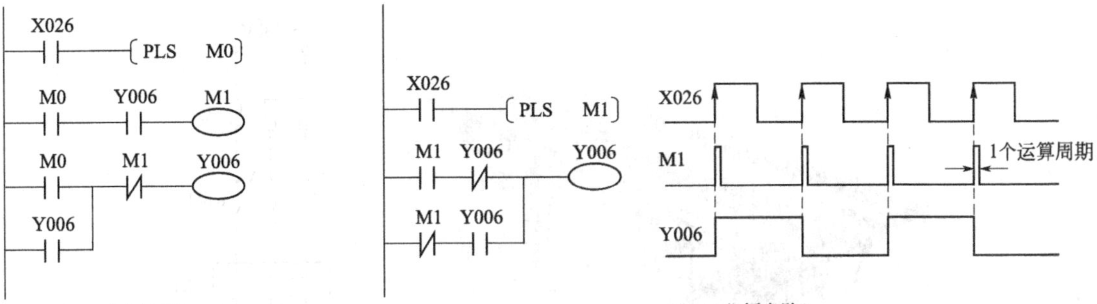

(a) 二分频电路1　　(b) 二分频电路2

图 1-7-2　二分频电路

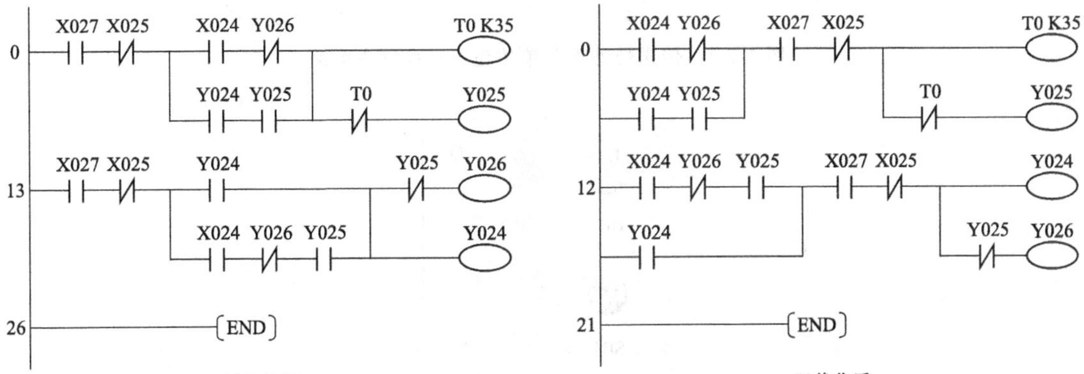

(a)优化前　　(b)优化后

图 1-7-3　梯形图的优化

1.7.2　基本任务

1. 任务要求

1）任务功能

电动机单按钮启停控制，利用附录 B 描述的装置实现。传送带由一台三相异步电动机单向拖动，传送带外观及主电路如图 1-7-4 所示。

2）操作要求

操作面板（OP）如图 1-7-5 所示。

第 1 次按下按钮 SB1，接触器 KM1 得电，三相异步电动机启动运行；再次按下按钮 SB1，接触器 KM1 断电，三相异步电动机停止运行。以后均是如此。

还应该有运行指示 HL2（绿灯）和停止指示 HL3（红灯）。

2. 分析控制对象并确定 I/O 地址分配表

1）分析控制对象

输入信号 2 个。启停按钮 1 个，现场运行反馈信号 1 个。

输出信号 3 个，指示信号 2 个，现场执行信号 1 个。

选择 FX3U-48MT/ES-A 型 PLC。

2）I/O 地址分配

任务 1.7 的 I/O 地址分配见表 1-7-1。

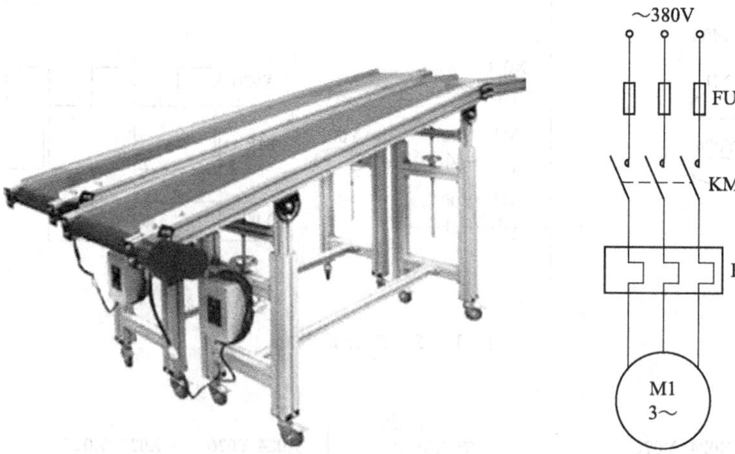

图 1-7-4 传送带外观及单按钮启动控制主电路

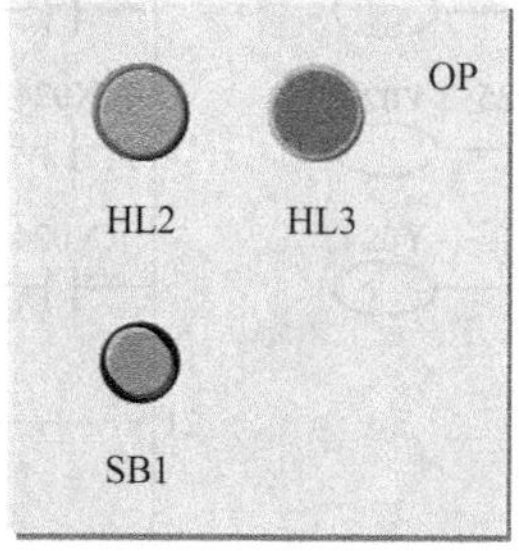

图 1-7-5 操作面板（OP）

表 1-7-1 任务 1.7 的 I/O 地址分配表

输入地址	输入信号	功能说明	输出地址	输出信号	功能说明
X20	KM1	运行反馈	Y7	HL2	运行指示灯(绿色)
X26	SB1	启停按钮(常开)	Y10	HL3	停止指示灯(红色)
—	—	—	Y24	KA1	运行继电器

3. 硬件设计

1）I/O 接线原理图

I/O 接线原理图如图 1-7-6 所示。

2）I/O 接线图

在附录 B 中设计的装置中，预先接好了按钮、输出指示灯和 DC24V 电源等线路。本任务只需要设计和接线 KM1 的反馈、KA1 输出，以及 KM1 的隔离放大电路。

本次任务需要接线的 I/O 接线图（部分）与图 1-2-15 相同。

4. 软件设计

创建一个新工程，选择 PLC 所属系列为 FXCPU，型号为 FX3U（C）。选择编程语言的类型为梯形图，按要求设置工程名称，例如“14JD313-1T7”。

单按钮启停控制程序如图 1-7-7 所示。

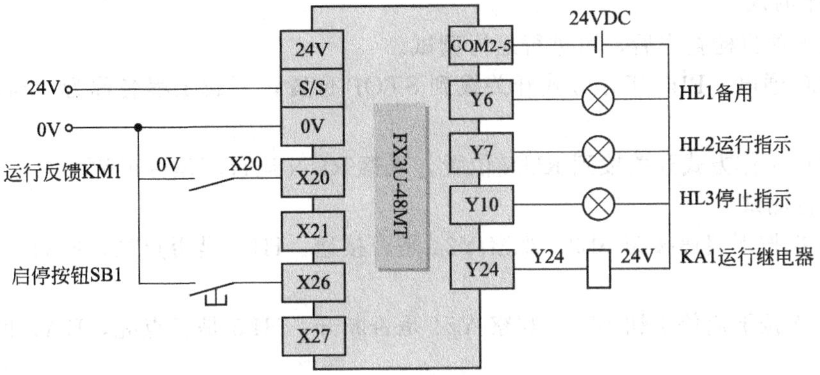

图 1-7-6　I/O 接线原理图

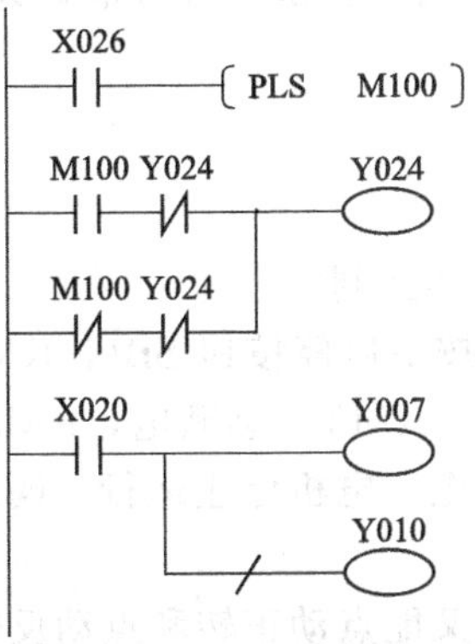

图 1-7-7　单按钮启停控制程序

5. 运行调试

按照表 1-7-2 所列的项目和顺序进行检查调试。检查正确的项目，请在结果栏记“√”；出现异常的项目，在结果栏记“×”，记录故障现象，小组讨论分析，找到解决办法，并排除故障。

1）调试准备工作

观察 PLC 的电源、输出设备电源（即稳压开关）是否正常。观察 PLC 工作状态指示灯是否正常。

输入打点。为了安全，打点前，必须将 PLC 工作方式开关拨到 STOP 位置。

如果输入打点有问题，请报告指导老师。

检查输出接线，导线颜色、线头压接、走线布局、端子位置等是否符合规范，接线是否正确。建议小组互相检查。

表 1-7-2　任务 1.7 运行调试小卡片

序号	检查调试项目	结果	故障现象	解决措施
1	调试准备工作			
2	第 1 次按启停按钮			
3	第 2 次按启停按钮			
4	第 3 次按启停按钮			
5	第 4 次按启停按钮			

2）运行调试

上述基本项目检查完后，可进行运行调试。

（1）PLC通电，PLC工作方式开关拨到STOP位置，下载工程名称为“14JD313-1T7”的程序。

（2）PLC工作方式开关拨到RUN位置，观察RUN运行灯是否正常。

（3）运行测试

① 第1次按下启停按钮SB2，观察Y24是否接通，HL2是否点亮，KA1和KM1是否得电吸合。

② 第2次按下启停按钮SB2，观察Y24是否断开，HL3是否点亮，KA1和KM1是否断电释放。

③ 第3次按下启停按钮SB2，观察现象是否与第1次的结果一样。

④ 第4次按下启停按钮SB2，观察现象是否与第2次的结果一样。

1.7.3 拓展任务

（1）Y-△降压电动机单按钮启停控制。

主电路如图1-5-8（a）所示。按下启停按钮SB1，KM2和KM1得电，电机Y型启动，同时HL1指示灯亮；延时3.8s后，KM2自动断电，KM3得电，电机△型运行。再次按下启停按钮SB1，KM2和KM3均断电，电机停止运行，同时HL3指示灯亮。

应有必要的互锁、过载保护。

（2）试设计一个既能正反转，又能点动正转和点动反转的电动机控制系统。

习题一

1. 设计满足如题图1-1所示波形的梯形图。

2. 设计满足如题图1-2所示波形的梯形图。

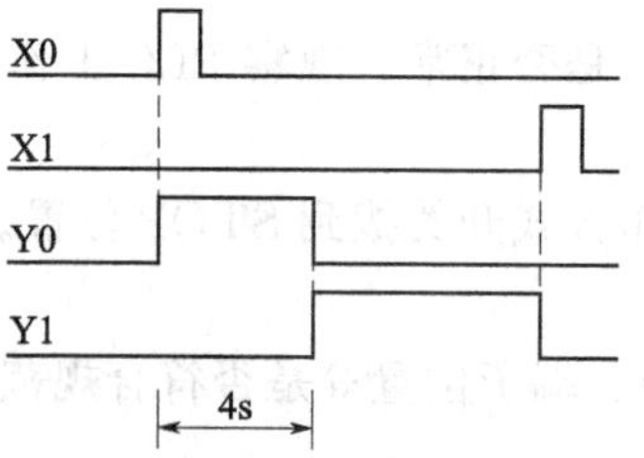

题图 1-1

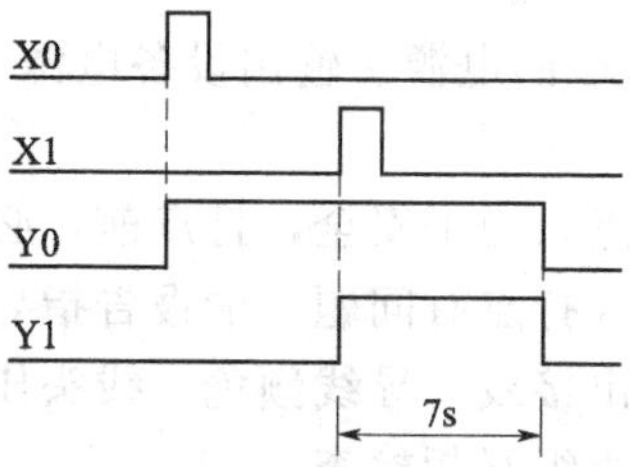

题图 1-2

3. 用接在X6输入端的接近开关检测传送带上通过的产品，有产品通过时X6为ON，如果在10s内没有产品通过，由Y10发出报警信号，用X26输入端外接的按钮解除报警信号。请设计梯形图程序。

4. 按钮X24按下后，运行Y7变为ON状态并自保持，当三次运行故障出现后（X26输入3个脉冲后，用C1计数），T5开始定时，5s后Y7变为OFF状态。请设计梯形图程序。

项目 2

实现多电机系统的 PLC 控制

任务 2.1 传送带顺序启停控制

知识目标

① 熟悉顺序控制和顺序功能图 SFC 的基本概念；
② 了解 FX-3U 的状态继电器 S；
③ 掌握 STL、RET 指令的使用方法；
④ 掌握 ZRST 指令的使用方法；
⑤ 熟悉顺序功能图的三要素和特点；
⑥ 熟悉 SFC 编程规则。

能力目标

① 会分析传送带顺序启停控制电路的 I/O 信号并分配 PLC 地址；
② 能绘制传送带顺序启停控制电路的 I/O 接线图并完成接线；
③ 能根据现场动作判断传送带顺序启停控制电路是否满足要求；
④ 会运用相关方法和技巧判断顺序控制系统是否正确。

2.1.1 知识准备

1. 顺序控制的概念

按照生产工艺预先规定的顺序，在各个输入信号的作用下，根据内部状态和时间的顺序，在生产过程中各个执行机构自动有秩序地进行操作。

图 2-1-1 所示是某自动灌装生产线及其工艺流程示意图。全自动灌装生产线的各个工序，如进瓶、灌装、旋盖、封口、贴标、喷码等，按照工艺和时间的顺序，自动有序地进行，是一种典型的顺序控制。有的灌装生产线还有杀菌、检验、包装等环节。灌装生产线顺序控制故障率低，前后工序配合紧密，设备之间步调一致，进出瓶平稳，可以有效解决中间环节挤瓶、堆瓶等现象，提高了工作效率。

2. 顺序功能图 SFC

1）概念

顺序功能图（Sequential Function Chart，SFC），也叫状态流程图、状态转移图，是描

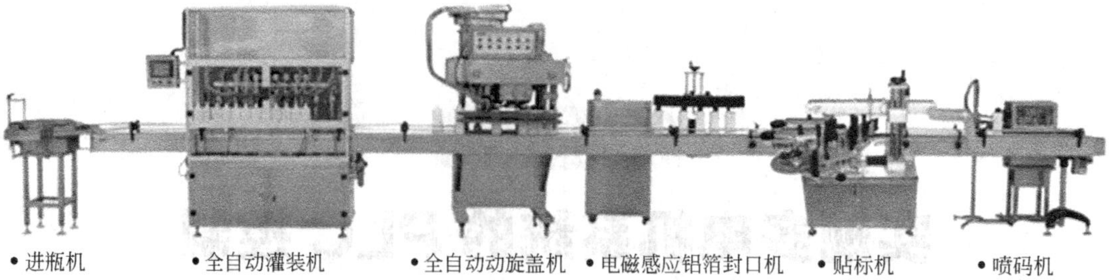

图 2-1-1　某自动灌装生产线及其工艺流程示意图

述控制系统的控制过程、功能和特性的一种图形，也是设计 PLC 顺序控制程序的有力工具。顺序功能图是一种通用的技术语言，可以供进一步设计和不同专业的人员之间进行技术交流之用。

一个控制过程可以分为若干个阶段，这些阶段称为步（或者状态）。步与步之间由转换条件分隔。当相邻两步之间的转换条件得到满足时，就实现状态转换。顺序功能图是严格按照预定的顺序进行的顺序控制流程。从程序的执行结果及动作顺序，很容易理解其控制过程。

2）状态继电器 S

状态态继电器 S 是构成状态流程图的重要软元件，它与后面要讲的步进顺控指令配合使用。不用步进顺控指令时，状态继电器 S 可以作为辅助继电器使用。通常状态继电器有 5 种类型，见表 2-1-1。

表 2-1-1　状态继电器

类型	地址	用途及特点
初始状态	10(S0～S9)	用作 SFC 图的初始状态
通用状态	500(S0～S499)	用作 SFC 图的中间状态，表示工作状态
掉电保持用	400(S500～S899)	可以更改为非停电保持用
信号报警用	100(S900～S999)	用作报警元件使用
掉电保持专用	3096(S1000～S4095)	具有停电保持功能，停电恢复后需继续执行的场合，可用这些状态元件

3）状态三要素

顺序功能图提供了一种组织程序的图形方法，“步”、“转换”和“动作”是顺序功能图的状态三要素，如图 2-1-2 所示。图中用矩形方框表示“步”，方框中用代表该步的编程元件的地址作为步的编号。当系统正处于某一步所在的阶段时，该步处于活动状态，称该步为“活动步”。一旦后一个步被激活，前一个步就会自动关闭。

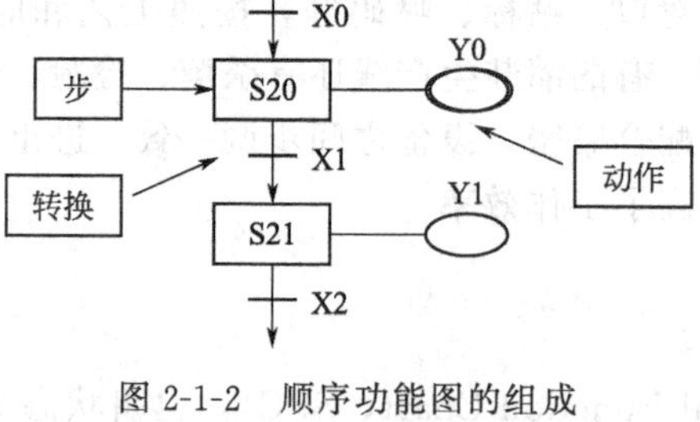

图 2-1-2　顺序功能图的组成

“转换”包括转换条件和转换目标。活动步的进展是由转换来实现的，步与步之间一定要有转换。

在某一步要向被控系统发出某些“命令”，称为“动作”。与活动步相连的动作被执行；非活动步时，相应的非存储型动作被停止执行。步后也可以不存在动作，如等待步。

自动控制系统应能多次重复执行同一工艺过程，因此在顺序功能图中一般应有由步和转换组成的闭环，即在完成一次工艺过程的全部操作之后，应从最后一步返回初始步，系统停留在初始状态。

4）顺序功能图的基本结构

(1) 单序列。单序列由一系列相继激活的步组成，每一步的后面仅有一个转换，每个转换的后面只有一个步，如图 2-1-3(a) 所示。

(2) 选择序列。选择序列的开始称为分支，转换符号只能标在水平连线之下。选择的结束称为合并，转换符号只允许标在水平连线之上。同一时刻只允许选择一个序列，如图 2-1-3(b)、(c) 所示。

(3) 并行序列。转换的实现导致几个序列同时激活，水平连线用双线表示。分支的转换符号在水平连线之上；合并的转换符号在水平连线之下，如图 2-1-3(d) 所示。图中，当步 24 和步 34 都处于活动步，并且转换条件 c=1 时，才会进展到步 3。

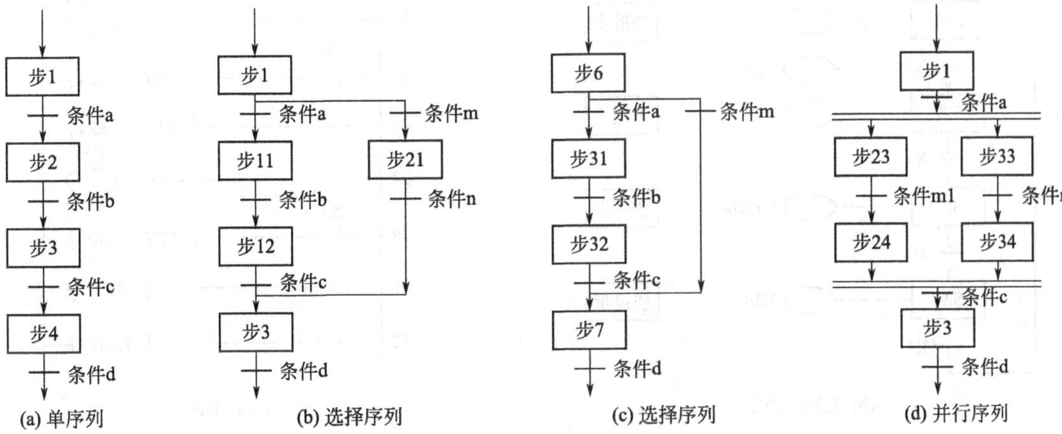

图 2-1-3　顺序功能图的基本结构

3. 步进顺控指令及其应用

1）步进顺控指令

FX 系列 PLC 提供了以下两条步进顺控指令。

① STL：步进触点驱动指令。用于激活某个状态（步），产生一个 STL 程序块。STL 指令有自动将前级步复位的功能（在状态转换成功的第二个扫描周期自动将前级步复位），因此，使用 STL 指令编程时，不考虑前级步的复位问题。

② RET：步进返回指令。用于返回主母线。该指令使步进顺控程序指令完毕时，非步进顺控程序的操作在主母线上完成。在步进程序的结尾处必须使用 RET 指令。

2）步进顺控的编程方法

某组合机床的动力头在初始状态时停在最左边，限位开关 X1 为 ON 状态。按下启动按钮 X24，动力头的进给运动如图 2-1-4(a) 所示，工作一个循环后，返回并停在初始位置，控制电磁阀的 Y24～Y26 在各工步的状态，如图 2-1-4(b) 中的状态流程图所示。梯形图如图 2-1-4(c) 所示。

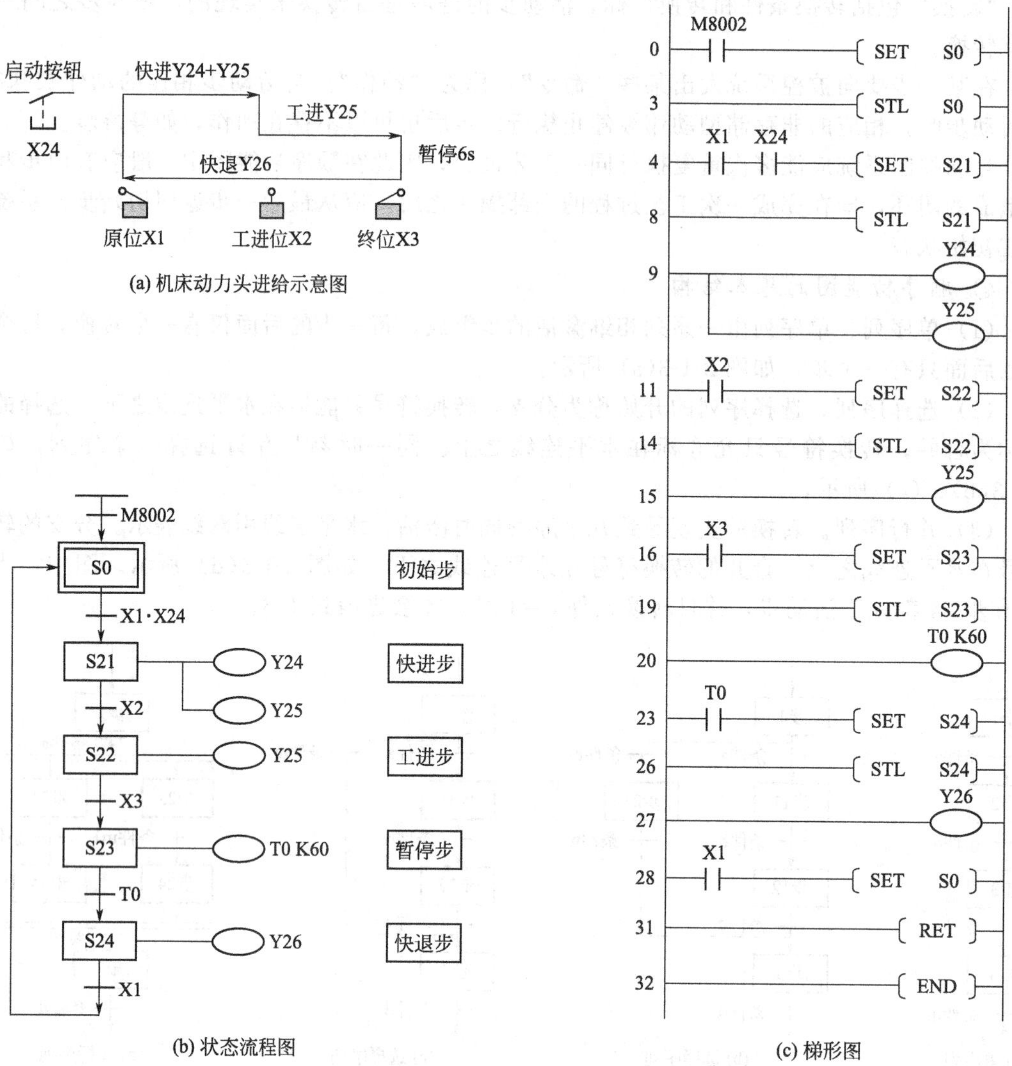

(a) 机床动力头进给示意图

(b) 状态流程图

(c) 梯形图

图 2-1-4　机床动力头的步进顺控的编程应用

步进编程时应注意以下事项。

（1）先进行驱动动作处理，然后进行状态转移处理，不能颠倒。

（2）STL 指令后应使用 LD 或 LDI 指令。

（3）STL 指令可以直接驱动或通过别的触点驱动 Y、M、S、T 等元件的线圈和应用指令。

（4）使用 STL 指令时允许双线圈输出，不会引起逻辑错误。

（5）STL 程序块中不能使用 MC/MCR 指令，但可以用 CJ 指令。

（6）在 FOR/NEXT 结构、子程序和中断程序中，不能有 STL 程序块。

（7）必须激活初始步。一般用控制系统的初始条件，也可用 M8002 激活初始步。

（8）回到初始步构成闭环的跳转，也可以使用 OUT 指令进行状态转移。

（9）当步进指令后用脉冲式触点作转换条件时，只要存在过脉冲，步进可能会动作。

4. 区间复位指令 ZRST

ZRST 指令可将［D1.］、［D2.］指定的元件号范围内的同类元件成批复位。目标操作数可取 T、C、D（字元件）或 Y、M、S（位元件）。［D1.］和［D2.］指定的应为同一类元件，［D1.］的元件号应小于［D2.］的元件号。

图 2-1-5 所示是 ZRST 指令的应用，其功能为将 M0～M100 共 101 位全部清 0。

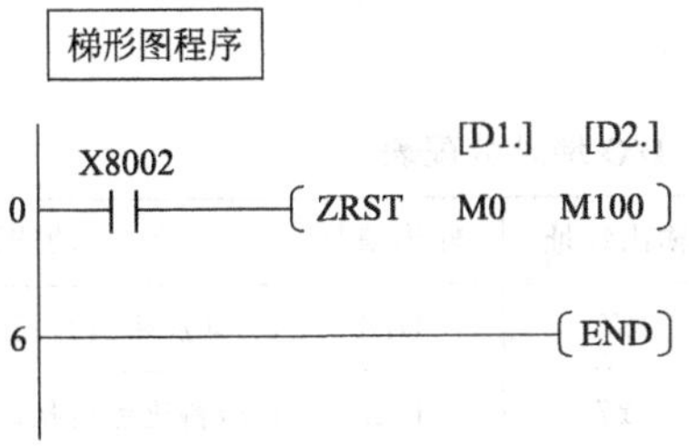

指令表程序

0	LD	M8002	
1	ZRST	M0	M100
6	END		

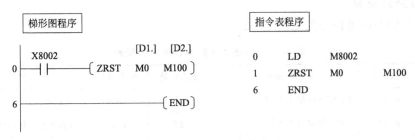

图 2-1-5　ZRST 指令的应用

2.1.2　基本任务

1. 任务要求

1）系统功能

传送带顺序启停控制，利用附录 B 描述的装置实现。传送带送料系统如图 2-1-6 所示，1#、2#皮带分别由功率 5.5kW 的三相异步电动机 M1 和 M2 驱动，圆盘给料机由 1.1kW 的三相异步电动机 M3 驱动。M1～M3 均全压启动，分别由 KM1、KM2 和 KM3 控制。

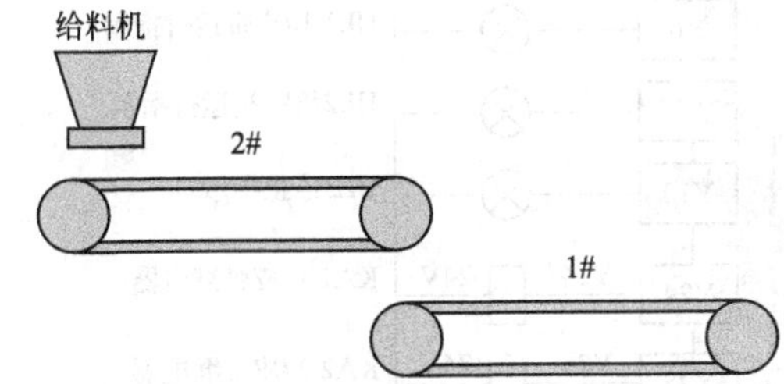

图 2-1-6　传送带送料系统

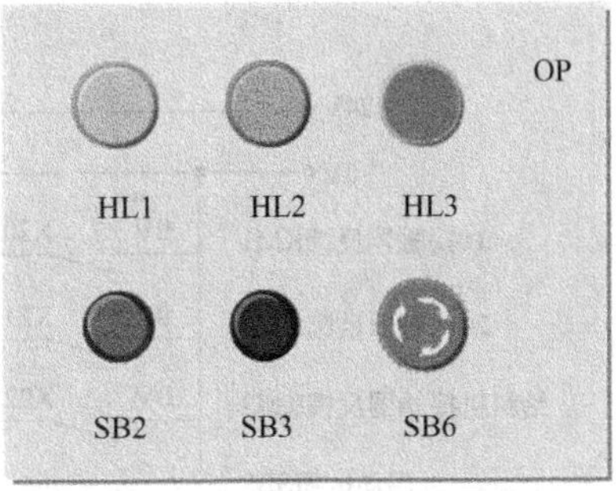

图 2-1-7　操作面板（OP）布局

2）操作要求

操作面板（OP）布局如图 2-1-7 所示。

（1）逆物料方向启动。按下启动按钮 SB2，1#皮带先启动（HL1 亮）；延时 4s 后，2#皮带自动启动，同时开启圆盘给料机（HL2 亮），启动完毕。

（2）顺物料方向停止。按下停止按钮 SB3，先关闭圆盘给料机（HL2 熄灭），延时 6s 后自动停 2#皮带，再延时 6s 后自动停 1#皮带（HL1 熄灭），停止完毕，HL3 常亮。

（3）若启动过程中，按下停止按钮 SB3，先启动的后停，后启动的先停。

（4）急停控制。按下急停按钮 SB6，输出全停，HL3 闪烁。

2. 分析控制对象并确定 I/O 地址分配表

1）分析控制对象

输入信号共 6 个。主令信号有启动、停止和急停按钮 3 个；现场运行反馈信号 3 个。热继电器 FR1 的触点可以不进 PLC 控制系统。

输出信号共 6 个。指示类信号有 1#皮带运行指示 HL1、圆盘给料机运行指示 HL2 和停止指示 HL3，共 3 个；现场执行机构有交流接触器 KM1、KM2 和 KM3，共 3 个，分别用直流中间继电器 KA1、KA2 和 KA3 进行隔离驱动。

选择 FX3U-48MT/ES-A 型 PLC。

2）I/O 地址分配

任务 2.1 的 I/O 地址分配见表 2-1-2。

表 2-1-2　任务 2.1 的 I/O 地址分配表

输入地址	输入信号	功能说明	输出地址	输出信号	功能说明
X20	KM1	1＃皮带接触器反馈	Y6	HL1	1＃皮带运行指示灯
X21	KM2	2＃皮带接触器反馈	Y7	HL2	给料机运行指示灯
X22	KM3	给料机接触器反馈	Y10	HL3	停止指示灯(红色)
X24	SB2	启动按钮	Y24	KA1	1＃皮带继电器
X25	SB3	停止按钮(常开)	Y25	KA2	2＃皮带继电器
X27	SB6	急停按钮(常闭)	Y26	KA3	给料机继电器

3. 硬件设计

1）I/O 接线原理图

I/O 接线原理图如图 2-1-8 所示。

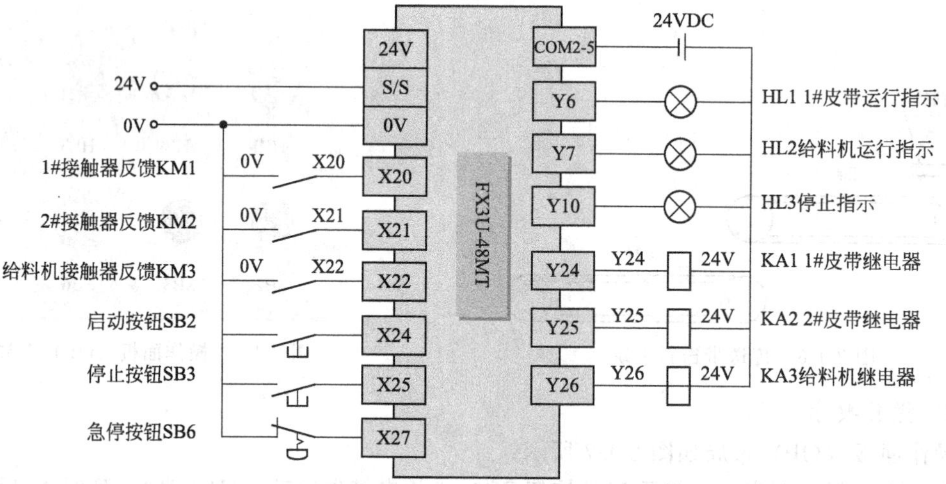

图 2-1-8　I/O 接线原理图

本任务只需要设计和完成 KA1、KA2、KA3、KM1、KM2 和 KM3 的 PLC 接线，以及完成驱动隔离放大电路的设计和接线。其余接线见附录 B。

2）I/O 接线图

图 2-1-9(a) 是运行反馈电路。信号连接导线选用灰色或白色。

图 2-1-9(b) 是输出驱动电路。接 24V 端选用棕色导线，信号线选用灰色或白色。

图 2-1-9(c) 是隔离放大电路。接触器线圈接电源 N 端的导线选用浅蓝色；接触器线圈接电源 L 端的导线选用黄色。三台电机的过载保护串联接在一起。

其余输入和指示灯的接线见附录 B。所有电源线和控制线建议选用 1.5 多股铜导线。考虑安全问题，本任务不接主电路。

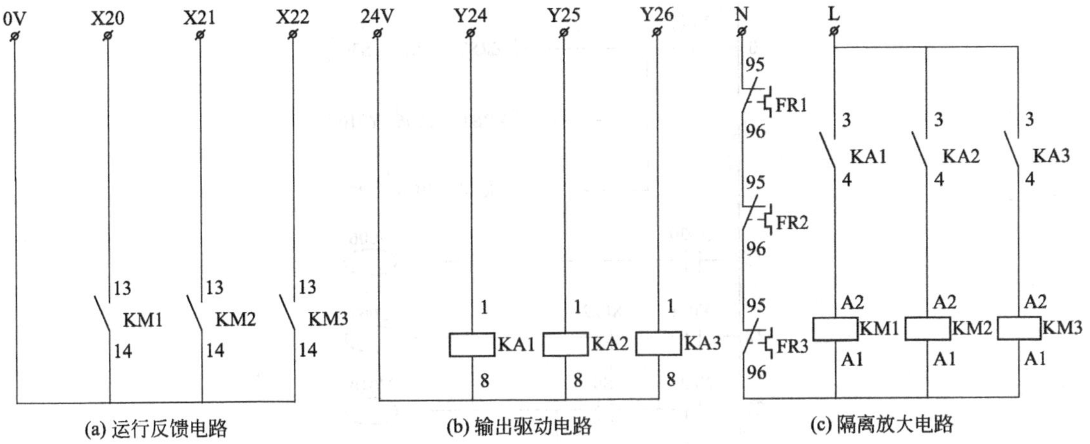

图 2-1-9 I/O 接线图（部分）

4. 软件设计

1）状态流程图设计

根据传送带送料系统的控制工艺要求，其工作过程可分为初始步（停止 1＃皮带步）、启动 1＃皮带步、启动 2＃皮带和给料机步、停止给料机步和停止 2＃皮带步等 5 个工作状态。每个状态步的地址、动作，以及状态步之间的进展关系等，以及状态流程图如图 2-1-10 所示。S20 步后有选择性分支，最后一步 S23 返回初始步 S0，也可以采用图 2-1-10 的方式表示。系统通电或者急停复位后，启动初始步。

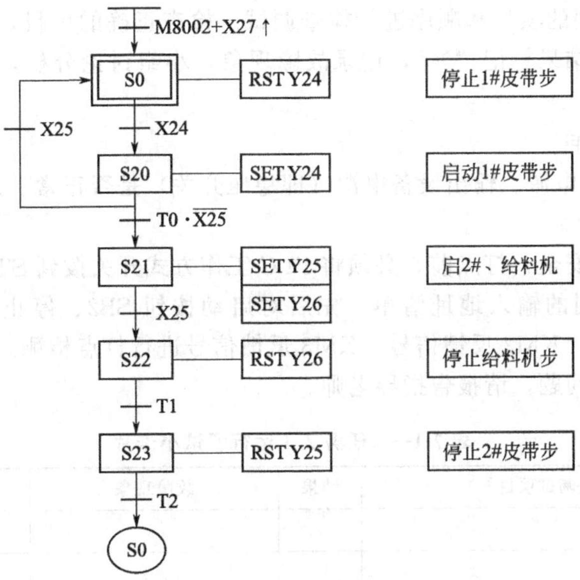

图 2-1-10 状态流程图

一般状态流程图不包含急停处理、指示灯处理等公共程序。

2）梯形图程序设计

创建一个新工程，选择 PLC 所属系列为 FXCPU，型号为 FX3U（C）。选择编程语言的类型为梯形图，按要求设置工程名称，例如“14JD313-2T1”。

首先设计公共程序，如图 2-1-11 所示。第 0 步逻辑行，急停时清除所有步进状态和输

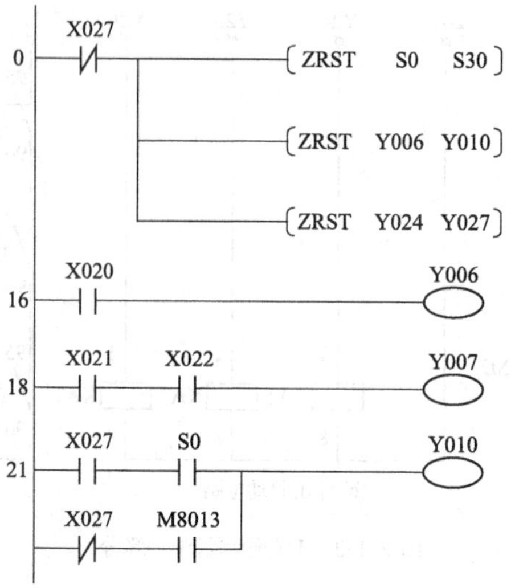

图 2-1-11　公共程序

出。第16步和第18步逻辑行，运行指示。第21步逻辑行，停止指示和急停指示。

然后，按照图2-1-10所示的状态流程图，设计步进控制程序，如图2-1-12所示。

步进控制程序和公共程序的梯形图均编辑在同一个主程序下。

第27步逻辑行，启动初始步。第42步和第46步逻辑行，选择序列分支。第71步逻辑行，步进结束。

5. 运行调试

按照表2-1-3所列的项目和顺序进行检查调试。检查正确的项目，请在结果栏记“√”；出现异常的项目，在结果栏记“×”，记录故障现象，小组讨论分析，找到解决办法，并排除故障。

1）调试准备工作

包括观察PLC的电源、输出设备电源（即稳压开关）是否正常。观察PLC工作状态指示灯是否正常。

输入打点。为了安全，打点前，必须将PLC工作方式开关拨到STOP位置。

按照表2-1-2所列的输入地址清单，先后对启动按钮SB2、停止按钮SB3、急停按钮SB6、KM1反馈信号、KM2反馈信号、KM3反馈信号进行打点检测。

如果输入打点有问题，请报告指导老师。

表2-1-3　任务2.1运行调试小卡片

序号	检查调试项目	结果	故障现象	解决措施
1	调试准备工作			
2	启动			
3	停止			
4	启动→1＃皮带运行后立即停止			
5	启动时急停			
6	正常运行后急停			

检查输出接线，导线颜色、线头压接、走线布局、端子位置等是否符合规范，接线是否

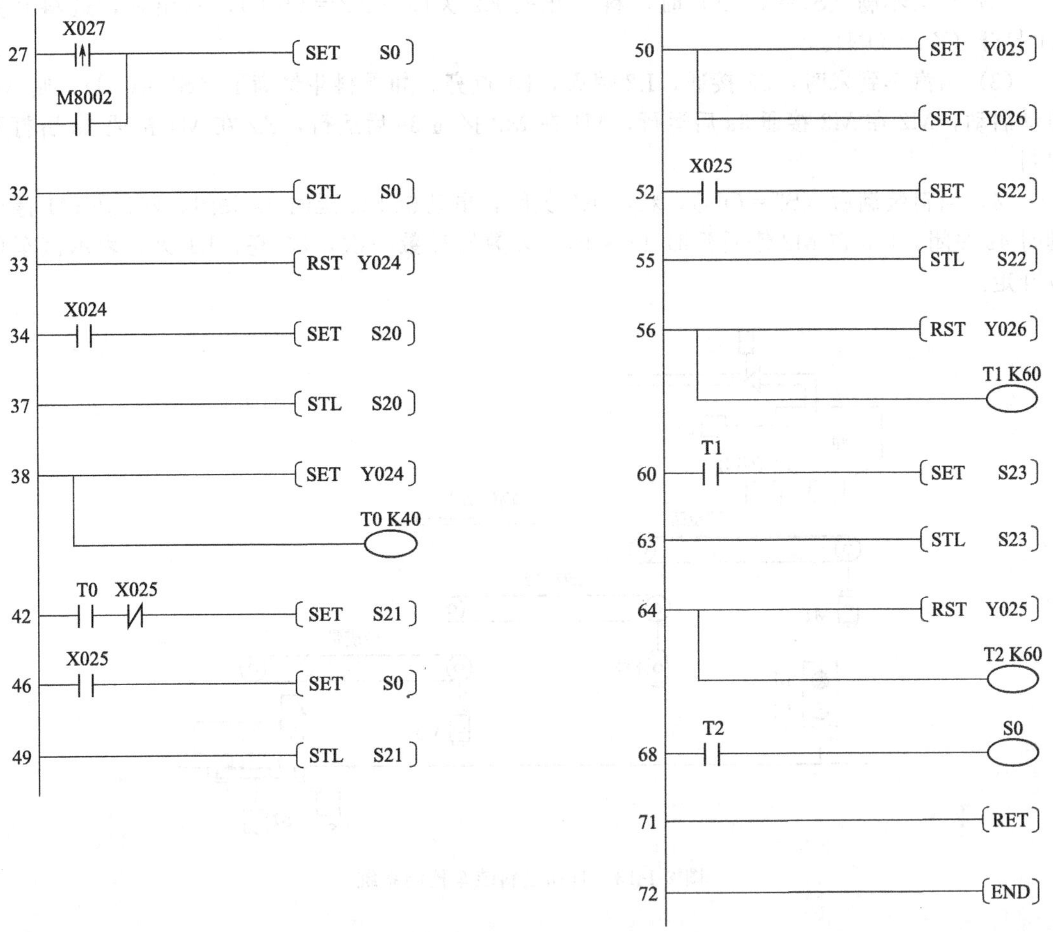

图 2-1-12　步进控制程序

正确。建议小组互相检查。

2）运行调试

上述基本项目检查完后，可进行运行调试。

(1) PLC 通电，PLC 工作方式开关拨到 STOP 位置，下载工程名称为“14JD313-2T1”的程序。

(2) PLC 工作方式开关拨到 RUN 位置，观察 RUN 运行灯是否正常。

(3) 运行测试。

按照表 2-1-3 所列的项目，从第 2 项到第 6 项，逐一进行测试。观察相应的输出是否正常，执行机构的动作是否符合控制要求。

2.1.3　拓展任务

自动送料装车控制系统工作示意图如图 2-1-13 所示。控制要求如下，试完成地址分配、I/O 接线图和程序设计。

(1) 初始状态，红灯 L1 灭，绿灯 L2 亮，表示允许汽车开进装料；料斗 K2、电动机 M1～M3 皆为 OFF。

（2）当料不满（S1＝OFF）时，料斗开关 K2 关闭（K2＝OFF），不出料，进料开关 K1 打开（K1＝ON）。

（3）当汽车到来时，S3 接通，L2 熄灭，L1 点亮。如果料斗料满了（S1＝ON），则 M3 自动启动，M2 在 M3 接通 3s 后运行，M1 在 M2 接通 3s 后运行，K2 在 M1 接通 3s 后打开出料。

（4）当料装满后（S2＝ON），料斗 K2 关闭，电动机 M1 延时 4s 关闭，M2 在 M1 停后延时 4s 关闭，M3 在 M2 停后延时 4s 关闭，计数器计数一次，L2 亮，L1 灭，表示汽车可以开走。

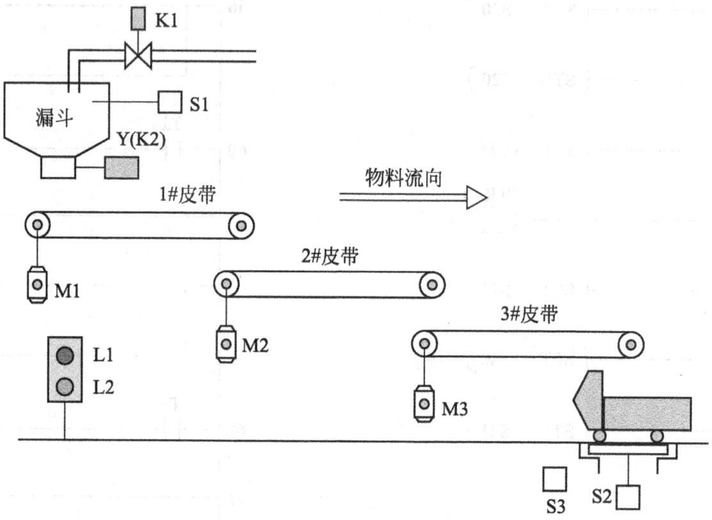

图 2-1-13　自动送料装车控制系统

任务 2.2　水泵系统 PLC 控制

知识目标

① 熟悉 FX 系列 PLC 的应用指令格式；
② 熟悉 FX 系列 PLC 的数据格式；
③ 掌握传送指令 MOV 的功能及应用；
④ 熟悉四则数学运算指令 ADD/SUB/MUL/DIV 的功能及应用。

能力目标

① 会分析近似恒压供水控制系统的工艺流程；
② 学习使用中间信号处理复杂控制流程；
③ 能绘制水泵控制电路的 I/O 接线图并完成接线；
④ 会测试水泵控制电路的 I/O 接线；

⑤ 能用 GX Developer 软件监控和调试程序；

⑥ 能根据控制要求编写调试卡片；

⑦ 能根据现场动作分析判断水泵控制系统是否满足要求。

2.2.1　知识准备

1. 应用指令

除了基本指令和步进指令外，FX 系列 PLC 还有很多应用指令。常用的应用指令有传送与比较、数学运算、跳转、移位等，其他还有中断、高速计数、位置控制、PID 指令、方便指令、外部 I/O 设备指令等。FX3U 各应用指令的功能见附录 A。

1）应用指令表示方法

应用指令用其英文名称的缩写作为助记符号，每条应用指令都有一个功能编号。功能编号从 FNC00 到 FNC305。有的应用指令没有操作数，大多数应用指令有 1 到 4 个操作数。

图 2-2-1 中的应用指令格式是编程手册的画法。图中，X0 是应用指令的执行条件，指令前的“D”表示 32 位数据长度，无“D”表示 16 位数据长度。“P”表示脉冲执行方式，无“P”表示连续执行方式。[S.] 表示源操作数，[D.] 表示目标操作数；为了避免出错，32 位操作数首地址为偶数。m 与 n 表示其他操作数。

当图 2-2-1 中的 X0 接通时，执行指令 MEAN，求 3 个（$n=3$）数据寄存器 D0、D1 和 D2 中的算术平均值，运算结果（取整）保存在 D10 中。

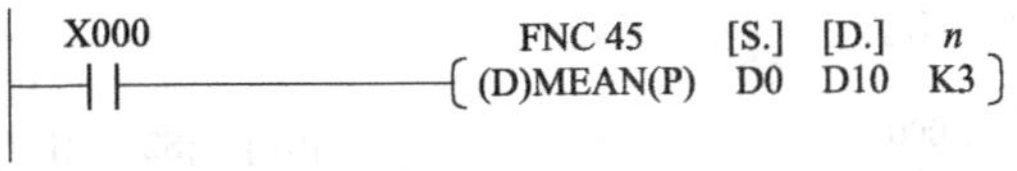

图 2-2-1　应用指令格式

2）数据格式

（1）位软元件。位软（Bit）元件用来表示开关量的状态。只有 0 和 1 两种状态。X、Y、M 和 S 是位软元件。

（2）位软元件的组合。用 K*n*P 的形式表示连续的位软元件组，每 4 个连续位元件一组。P 为首地址（最低位），*n* 为位元件的组数（$n=1\sim8$）。例如 K2M10 表示由 M10～M17 组成的 2 个位软元件组，M10 为数据的最低位（首地址）。

（3）字软元件。一个字（Word）由 16 位二进制位组成，用来处理数据。定时器 T 和计数器 C 的当前值寄存器、数据寄存器 D 都是字软元件，位软元件 X、Y、M 和 S 也可以组成字软元件。

（4）软元件的缩写

① 位软元件的缩写 X、Y、M、S。

② 位软元件组有 K*n*X、K*n*Y、K*n*M、K*n*S。

③ 十进制常数 K，16 位常数的范围为－32768～＋32767，例如 K58。

④ 十六进制常数 H，十六进制使用 0～9 和 A～F 这 16 个数字，16 位常数的范围为 0～FFFF，例如 H3A。

⑤ 定时器 T、计数器 C、数据寄存器 D、变址寄存器 V、Z。

2. 传送指令 MOV

传送指令 MOV（FNC 12）将源数据传送到指定的目标。源操作数可取所有数据类型。目标操作数可以是 K*n*Y、K*n*M、K*n*S、T、C、D、V、Z。

图 2-2-2 是传送指令 MOV 应用的例子。图中，X0＝ON 时，将［S.］指定的十进制数 10 传送到给［D.］指定的 K2Y0（Y7～Y0 依次输出 0000 1010）；X1＝0N 时，将十六进制数 H98FC 传送给 K8M0（M31-M0 依次输出 0000 0000 0000 0000 1001 1000 1111 1100）。X0 为 ON 时，每次扫描都执行数据传送，而 X1 为 ON 时，PLC 只执行一次数据传送。

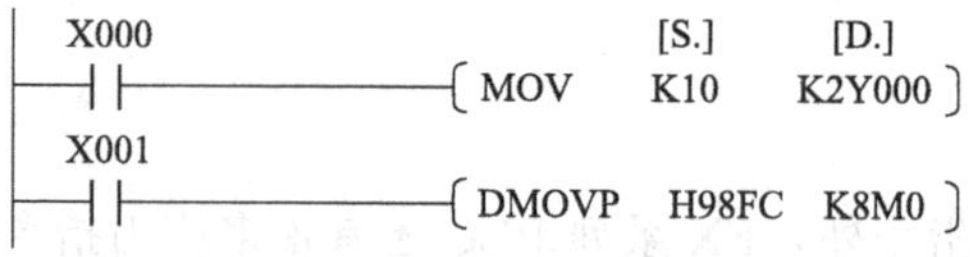

图 2-2-2　传送指令 MOV

3. 四则数学运算指令

四则数学运算指令包括 ADD、SUB、MUL、DIV（二进制加、减、乘、除）指令和 INC、DEC（加 1、减 1）等指令。每个数据的最高位为符号位，正数的最高位为 0，负数的最高位为 1，所有的运算均为代数运算。

1）加法指令 ADD

ADD 指令（FNC 20）将指定的源元件中的二进制数相加，结果送到指定的目标软元件。有 3 个常用标志：M8020 为零标志，M8021 为借位标志，M8022 为进位标志。在 32 位运算中，被指定的字元件是低 16 位元件，而下一个元件为高 16 位元件。源和目标元件可以用相同的元件号，这时须采用脉冲执行方式。

在图 2-2-3 中，当执行条件 X0＝ON 时，执行［D10］＋［D12］→［D14］。ADD 指令是代数运算，例如 5＋(－8)＝－3。

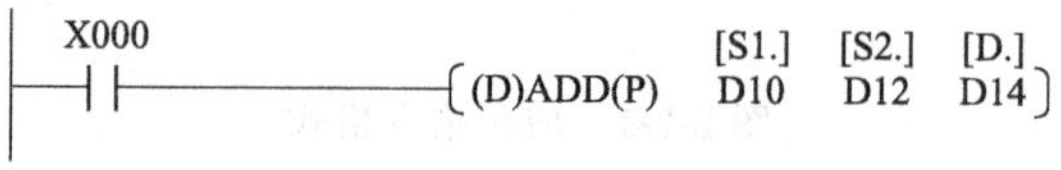

图 2-2-3　加法指令 ADD

2）减法指令 SUB

SUB 指令（FNC 21）将［S1.］指定的源元件中的二进制数减去［S2.］指定的源元件中的二进制数，结果送到［D.］指定的目标软元件。各标志位的动作、32 位运算中软元件的指定方法、连续执行型和脉冲执行型的差异，均与 ADD 加法指令相同，MUL 和 DIV 也如此。

在图 2-2-4 中，当执行条件 X0＝ON 时，执行［D10］－［D12］→［D14］，例如 5－(－8)＝13。

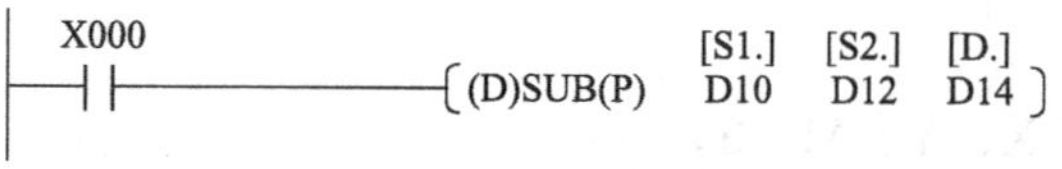

图 2-2-4　减法指令 SUB

3）乘法指令 MUL

MUL 指令（FNC 22）将［S1.］和［S2.］指定的两个源元件中的二进制数相乘，结果送到［D.］指定的目标软元件。源操作数是 16 位时，目标操作数为 32 位；源操作数是 32 位时，目标操作数是 64 位。

位组合元件用于目标操作数时，不能得到高 32 位的结果。用字元件时，也不可能监视 64 位数据，只能分别监视高 32 位和低 32 位。

在图 2-2-5 中，16 位运算，执行条件 X0＝ON 时，[D0]×[D2]→[D5、D4]，例如 5×(－8)＝－40；32 位运算，执行条件 X0＝ON 时，[D1、D0]×[D3、D2]→[D7、D6、D5、D4]。

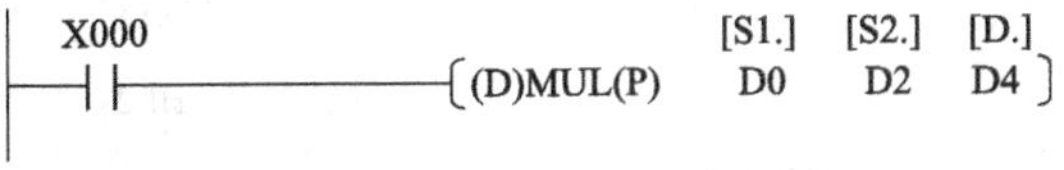

图 2-2-5　乘法指令 MUL

4）除法指令 DIV

DIV 指令（FNC 23）将指定的源元件中的二进制数相除，[S1.] 为被除数，[S2.] 为除数，商送到指定的目标元件 [D.] 中去，余数送到 [D.] 的下一个目标元件。

除数为 0 时，会发生运算错误，不能执行指令；运算结果溢出时，会出现运算错误，进位标识位为 ON。商和余数的最高位是符号位。

在图 2-2-6 中，16 位运算，执行条件 X0＝ON 时，[D0]/[D2]，商→ [D4]，余数→[D5]。例如，[D0] ＝19，[D2] ＝3 时，执行指令后，[D4] ＝6，[D5] ＝1。

32 位运算，执行条件 X0＝ON 时，[D1、D0] 除 [D3、D2]，商送到 [D5、D4]，余数送到 [D7、D6] 中。

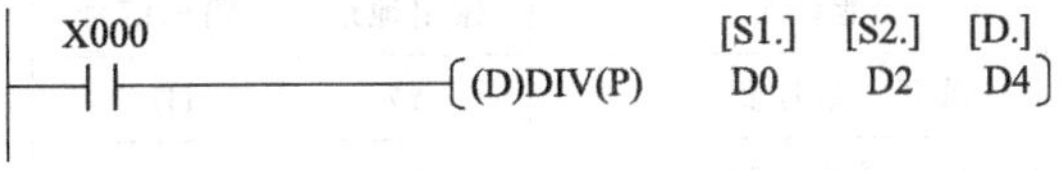

图 2-2-6　除法指令 DIV

2.2.2　基本任务

1. 任务要求

1）系统功能

利用附录 B 描述的装置实现水泵控制。在一个恒压供水系统中，有 4 台水泵，为了使主管道压力在一定的范围内保持恒定，可将水泵自动地依次进行切换（接通或者关闭），如图 2-2-7 所示。

2）操作要求

操作面板布局如图 2-2-8 所示。

（1）按下启动按钮 SB2，系统工作，工作指示灯 HL2 亮；当主管道压力低于正常压力 5s 后，接通水泵的开关脉冲被触发，第 1 台水泵运行。当主管道压力高于正常压力 5s 后，关闭水泵的开关脉冲被触发。水泵切换的原则是：当需要关闭水泵时，总是将运行时间最长的那台水泵先关闭；当需要接通水泵时，总是将停止运行时间最长的那台水泵先接通。所有 4 台水泵的运行时间尽可能平衡。

（2）按下停止按钮 SB3，系统停止工作，关闭所有水泵，停止指示灯 HL3 亮。

（3）发生故障时，如压力传感器出错，系统停止工作，停止指示灯 HL3 闪烁。

2. 分析控制对象并确定 I/O 地址分配表

1）分析控制对象

输入信号共 8 个。主令信号有启动和停止按钮 2 个，接触器反馈信号 4 个，现场压力开关量检测信号 2 个。热继电器 FR1～FR4 的触点可以不进 PLC 控制系统。

输出信号共 6 个。指示类信号有运行指示 HL2 和停止指示 HL3，共 2 个；现场执行机构有交流接触器 KM1、KM2、KM3 和 KM4，共 4 个，分别用直流中间继电器 KA1、

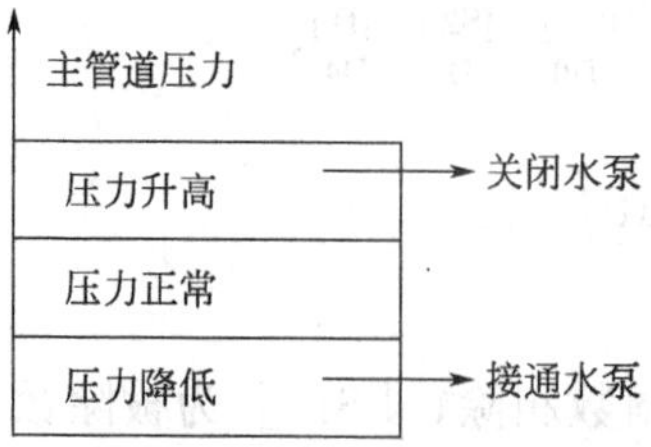

图 2-2-7　压力控制示意图

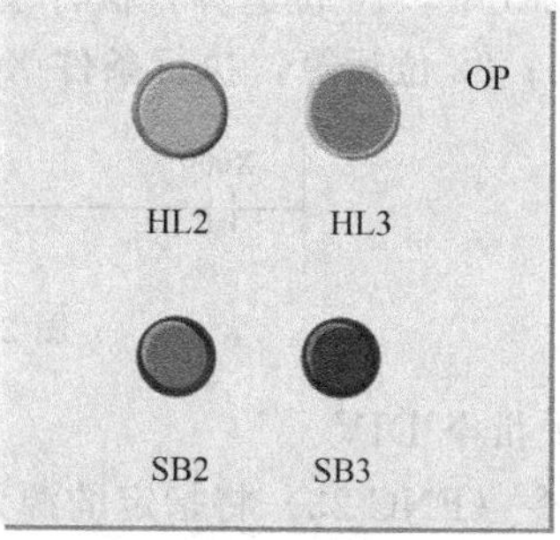

图 2-2-8　操作面板（OP）

KA2、KA3 和 KA4 进行隔离驱动。

选择 FX3U-48MT/ES-A 型 PLC。

2）I/O 地址分配

任务 2.2 的 I/O 地址分配见表 2-2-1。

表 2-2-1　任务 2.2 的 I/O 地址分配表

输入地址	输入信号	功能说明	输出地址	输出信号	功能说明
X14	SP1	压力过低开关量检测	Y7	HL2	系统运行指示灯
X15	SP2	压力过高开关量检测	Y10	HL3	停止/报警指示灯
X20	KM1	1＃泵接触器反馈	Y24	KA1	1＃泵继电器
X21	KM2	2＃泵接触器反馈	Y25	KA2	2＃泵继电器
X22	KM3	3＃泵接触器反馈	Y26	KA3	3＃泵继电器
X23	KM4	4＃泵接触器反馈	Y27	KA4	4＃泵继电器
X24	SB2	系统启动按钮	—	—	—
X25	SB3	系统停止按钮（常开）	—	—	—

3. 硬件设计

1）I/O 接线原理图

I/O 接线原理图如图 2-2-9 所示。

本任务只需要设计和完成 KA1、KA2、KA3、KA4、KM1、KM2、KM3 和 KM4 的 PLC 接线，以及完成中间继电器与交流接触器之间的驱动隔离放大电路的设计和接线。其余接线见附录 B。

2）I/O 接线图

图 2-2-10(a) 是水泵接触器运行反馈电路。信号连接导线选用灰色或白色。

图 2-2-10(b) 是输出驱动电路。接 24V 端选用棕色导线，信号线选用灰色或白色。

图 2-2-10(c) 是隔离放大电路。接触器线圈接电源 N 端的导线选用浅蓝色；接触器线圈接电源 L 端的导线选用黄色。

其余输入和指示灯的接线见附录 B。所有电源线和控制线建议选用 1.5 多股铜导线。考虑安全问题，本任务不接主电路。

4. 软件设计

1）中间标志位定义

任务 2.2 控制流程比较复杂，需要用到很多标志位等中间信号，见表 2-2-2。实际设计

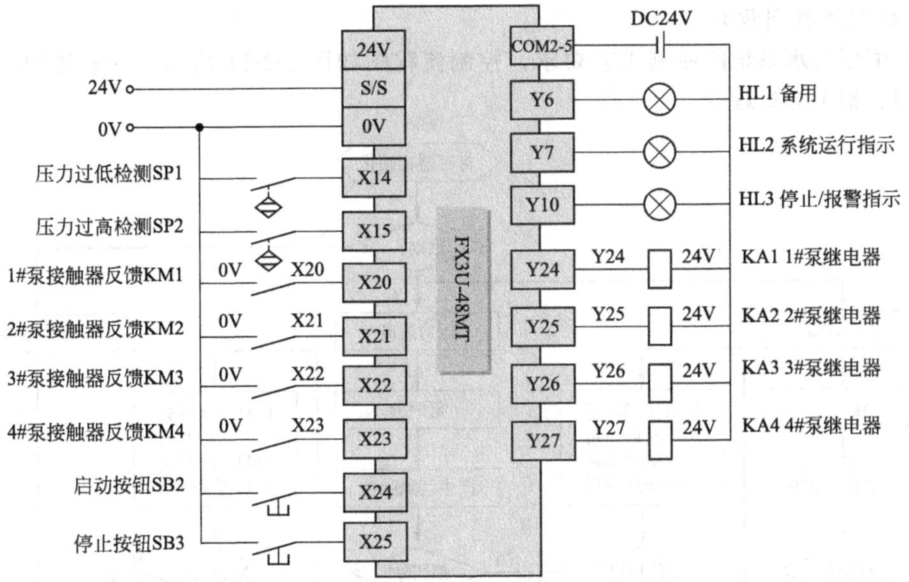

图 2-2-9　I/O 接线原理图

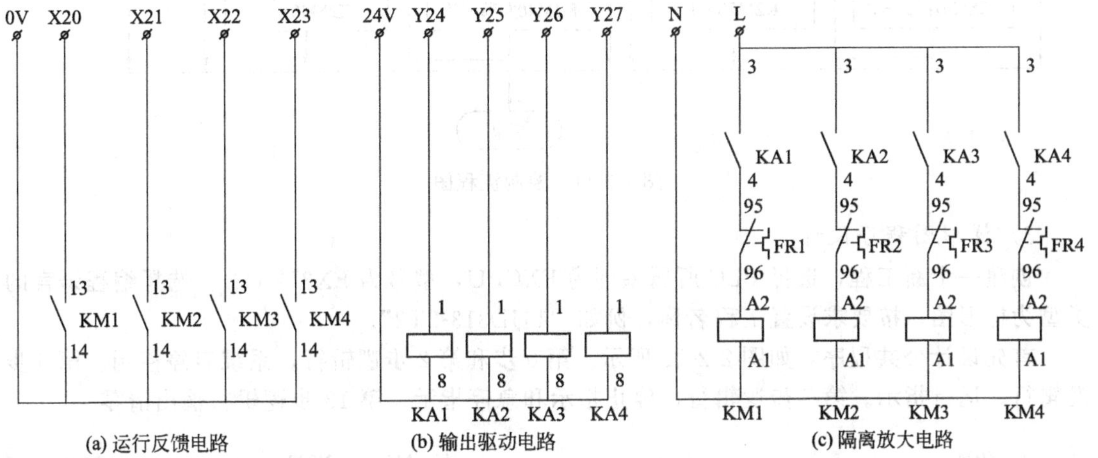

图 2-2-10　I/O 接线图（部分）

时，边使用边定义。有多个相似功能时，建议采用个位数字定义序号、十位数字定义功能的规则，如 M21～M24 为 1＃～4＃泵启动标志，M41～M44 为 1＃～4＃泵切除标志。

表 2-2-2　任务 2.2 的中间标志位

编程地址	数据类型	功能说明	编程地址	数据类型	功能说明
M0	Bit	系统启动标志	M24	Bit	4＃泵启动标志
M1	Bit	接通脉冲标志	M41	Bit	1＃泵切除标志
M2	Bit	4 个泵均接通	M42	Bit	2＃泵切除标志
M4	Bit	故障标志	M43	Bit	3＃泵切除标志
M11	Bit	切除脉冲标志	M44	Bit	4＃泵切除标志
M12	Bit	4 个泵均切除	K2M20	Word	接通寄存器
M21	Bit	1＃泵启动标志	K2M40	Word	切除寄存器
M22	Bit	2＃泵启动标志	T1	Word	接通延时定时器
M23	Bit	3＃泵启动标志	T2	Word	切除延时定时器

2）控制流程图设计

根据恒压供水系统的控制工艺要求，控制流程图如图 2-2-11 所示。一般流程图不包含急停处理、指示灯处理等。

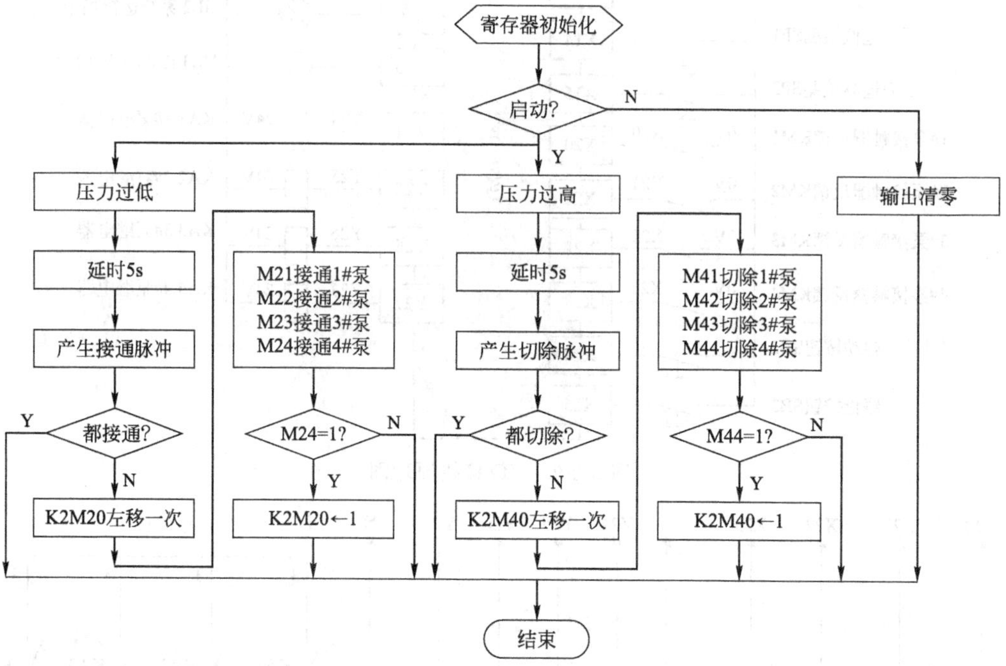

图 2-2-11　控制流程图

3）梯形图程序设计

创建一个新工程，选择 PLC 所属系列为 FXCPU，型号为 FX3U（C）。选择编程语言的类型为梯形图，按要求设置工程名称，例如“14JD313-2T2”。

首先设计公共程序，如图 2-2-12 所示。第 0 步和第 2 步逻辑行，系统启停控制。第 5 步逻辑行，运行指示。第 7 步逻辑行，停止指示和急停指示。第 13 步逻辑行输出清零。

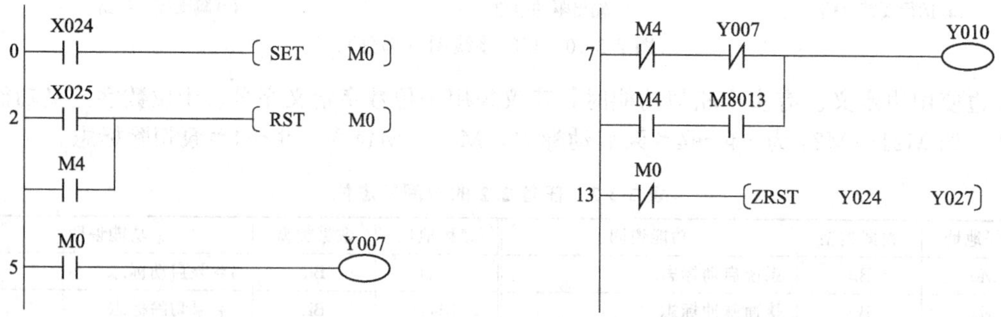

图 2-2-12　公共程序

然后，按照图 2-2-11 所示的控制流程图，设计压力控制程序，如图 2-2-13 所示。

图 2-2-13 中，第 19 步逻辑行，寄存器初始化。第 32、39 步逻辑行，压力过低延时 5s 后产生接通脉冲信号 M1。第 41、48 步逻辑行，压力过高延时 5s 后产生关闭脉冲信号 M11。第 55 步逻辑行，K2M20×2→K2M20，即 K2M20 中的位左移一次，最低位补 0。第 69 步逻辑行，K2M40×2→K2M40，即 K2M40 中的位左移一次，最低位补 0。第 114 步逻

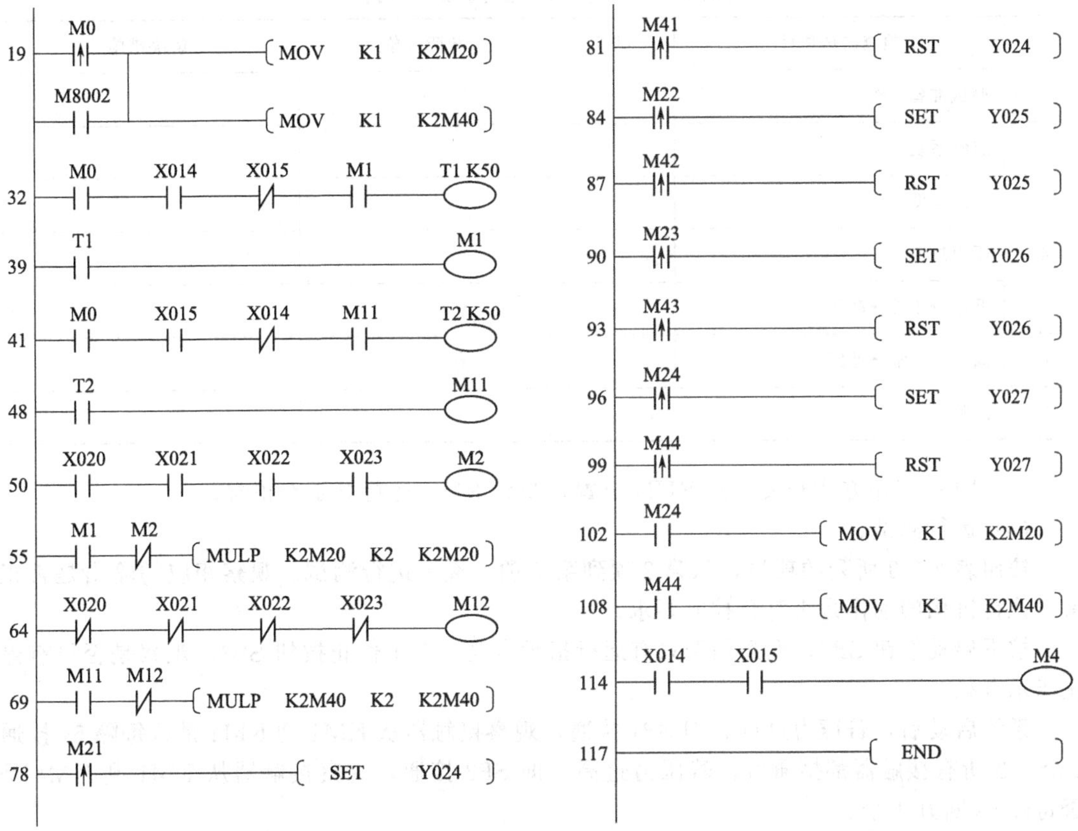

图 2-2-13 压力控制程序

辑行，当低压和高压检测信号同时满足时，表示传感器故障。

5. 运行调试

按照表 2-2-3 所列的项目和顺序进行检查调试。检查正确的项目，请在结果栏记“√”；出现异常的项目，在结果栏记“×”，记录故障现象，小组讨论分析，找到解决办法，并排除故障。

1）调试准备工作

观察 PLC 的电源、输出设备电源（即稳压开关）是否正常。观察 PLC 工作状态指示灯是否正常。

输入打点。为了安全，打点前，必须将 PLC 工作方式开关拨到 STOP 位置。

按照表 2-2-2 所列的输入地址清单，先后对启动按钮 SB2、停止按钮 SB3、KM1～KM4 的反馈信号、压力传感器 SP1（低压）和 SP2（高压）进行打点检测。

如果输入打点有问题，请报告指导老师。

检查输出接线，导线颜色、线头压接、走线布局、端子位置等是否符合规范，接线是否正确。建议小组互相检查。

2）运行调试

上述基本项目检查完后，可进行运行调试。

(1) PLC 通电，PLC 工作方式开关拨到 STOP 位置，下载工程名称为“14JD313-2T2”的程序。

表 2-2-3　任务 2.2 运行调试小卡片

序号	检查调试项目	结果	故障现象	解决措施
1	调试准备工作			
2	启停系统			
3	压力过低			
4	压力过高			
5	低压→正常→高压			
6	高压→正常→低压			
7	故障			

（2）PLC 工作方式开关拨到 RUN 位置，观察 RUN 运行灯是否正常。

（3）运行测试。

按照表 2-2-3 所列的项目，从第 2 项到第 7 项，逐一进行测试。观察相应的输出是否正常，执行机构的动作是否符合控制要求。

按下启动按钮 SB2，观察是否只有运行指示点亮。按下停止按钮 SB3，观察是否只有停止指示点亮。

系统启动后，若压力过低，即 SP1 接通，观察接触器从 KM1 到 KM4 是否每隔 5s 接通 1 个。当所有接触器都接通后，若压力过高，即 SP2 接通，观察接触器从 KM1 到 KM4 是否每隔 5s 断开 1 个。

系统启动后，压力过低时，接触器从 KM1、KM2 到 KM3 启动后，压力恢复正常。观察输出是否发生改变。压力过高时，观察接触器是否从 KM1 开始按要求依次断开。

模拟故障，使 SP1 和 SP2 同时接通。观察所有输出是否被封锁，故障指示灯闪烁。

2.2.3　拓展任务

（1）在任务 2.2 中，如果出现水泵全部接通 8s 后而压力仍然过低，或者水泵全部断开 8s 后而压力仍然过高，为异常情况。当出现异常时，试添加设计控制系统的报警程序。

（2）水塔水位工作示意图如图 2-2-14 所示。S1～S4 为液位传感器，当被水浸没时，接通；否则，断开。M 为水泵电机，用于向水塔供水。Y 为电磁阀，得电后打开给水池蓄水，断电即关闭。控制要求如下，试完成地址分配、I/O 接线图和程序设计。

① 按下启动按钮 SB2，系统工作，指示灯 HL2 亮。按下停止按钮 SB3，系统停止，指示灯 HL3 亮。

② 水池水位的控制。当水池水位低于低水位界（S4 为 OFF）时，电磁阀 Y 打开，于是进水；当水池水位高于高水位界（S3 为 ON），电磁阀关闭。

③ 水塔水位的控制。当水塔水位低于水位界（S2 为 OFF）并且水池有水时，电动机 M 运转，开始抽水；当水位高于水塔高水位界（S1 为 ON）时，电动机 M 停转。

④ 故障控制。当水池或水塔水位超过高水位 2s 后，阀门或电机都不停；或者水池水位低于 S4 时，电磁阀 Y 打开进水；若 5s 以后 S4 还不为 ON，表示阀 Y 没有进水。这种情况均为故障现象，指示灯 HL3 以 1Hz 的频率闪烁。

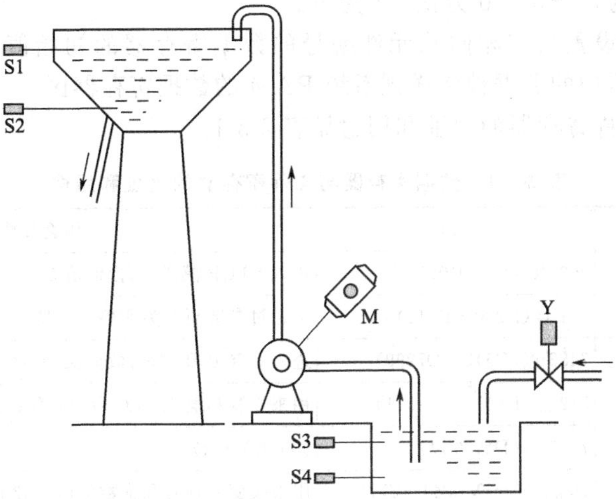

图 2-2-14 水塔水位工作示意图

任务 2.3 料斗升降 PLC 控制

知识目标

① 熟悉数据寄存器 D 的使用方法；
② 掌握定时器 T 设定值的设置方法；
③ 熟悉转换指令 BIN 的使用方法；
④ 熟悉数字开关 DSW 的使用方法；
⑤ 熟悉步进控制中的特殊继电器的功能。

能力目标

① 会分析料斗升降控制系统的工艺流程；
② 会使用外部设备 I/O 修改定时器的设定时间；
③ 能绘制料斗升降控制电路的 I/O 接线图并完成接线；
④ 能用 GX 软件监控和调试料斗升降控制程序；
⑤ 能根据调试卡片完成料斗升降控制系统的调试过程。

2.3.1 知识准备

1. 寄存器

1) 数据寄存器与文件寄存器

数据寄存器（D）用来存储数据和参数用的软元件，可以存储 16 位二进制数（1 个字），两个连续数据寄存器组合可以存放 32 位数据。如（D1，D0）中，D1 存放高 16 位，D0 存放低 16 位。最高位为符号位，0 为正，1 为负。

文件寄存器用来设置具有相同软元件编号的数据寄存器的初始值。通电时或 STOP→RUN 时，文件寄存器中的数据被传送到系统 RAM 的数据寄存器区。

数据寄存器与文件寄存器的地址和用途见表 2-3-1。

表 2-3-1 数据寄存器与文件寄存器的地址和用途

类型	地址	用途及特点
一般用(16 位)	200 点(D0～D199)	进入 STOP 模式时,数值清 0
断电保持用(16 位)	312 点(D200～D511)	可通过参数更改为非停电保持
断电保持专用(16 位)	7488 点(D512～D7999)	进入 STOP 模式时,数值保持不变
特殊用(16 位)	512 点(D8000～D8511)	用来控制和监视 PLC 内部的各种工作方式和软元件
文件寄存器(16 位)	7000 点(D1000 以后)	500 点为单位
变址用(16 位)	16 点(V0～V7,Z0～Z7)	用来改变元件号和常数的值。32 位操作时,Z 为低位

2）变址寄存器

变址寄存器有 V0～V7 和 Z0～Z7，用来改变软元件的元件号，例如当 V4＝12 时，数据寄存器的软元件号 D6V4 相当于 D18（12＋6＝18）。变址寄存器也可以用来修改常数的值，例如当 Z5＝21 时，K48Z5 相当于 K69（48＋21＝69）。

3）字软元件的位指定

指定字软元件的位，可以将其作为位数据使用。例如，D0.3 表示数据寄存器 D0 的第 3 位，如图 2-3-1 所示。在软元件编号、位编号中不能执行变址修饰。

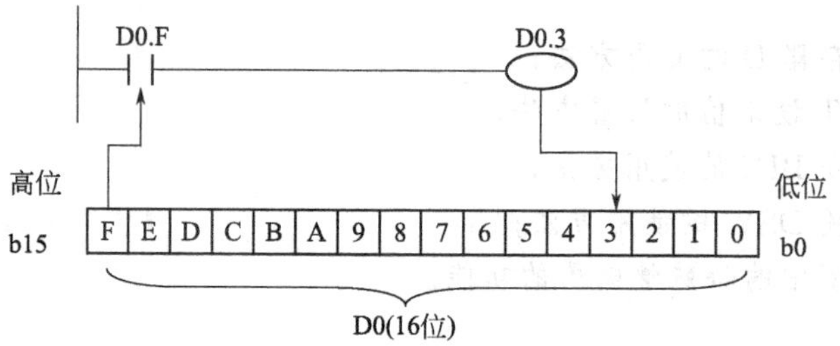

图 2-3-1 字软元件的位指定

2. 定时器 T 设定值的指定方法

1）指定常数（K）

如图 2-3-2 所示，T10 是以 100ms（0.1s）为单位的定时器。若将常数指定为 100，则定时器的设定值为 0.1s×100＝10s。

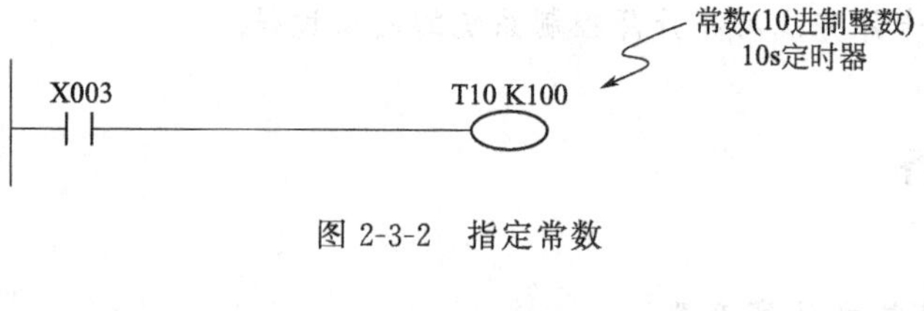

图 2-3-2 指定常数

2）间接指定

如图 2-3-3 所示，通过数据寄存器 D5 来间接指定定时器 T10 的设定值。数据寄存器的值可以预先在程序中写入，也可以通过数字开关等输入。一般不用断电保持功能的寄存器，

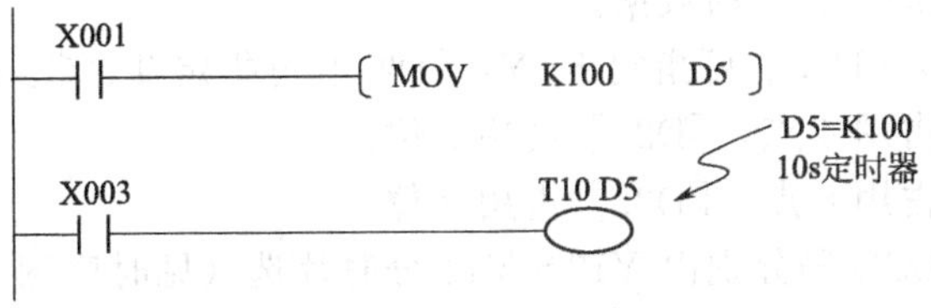

图 2-3-3　间接指定设定值

否则在电池电压下降时，设定值有可能会变得不稳定。

计数器 C 的设定值也可以采用以上 2 种方法来指定。

3. 转换指令（D）BIN（P）

BIN（P）指令（FNC 19），将［S.］指定的 BCD（10 进制数）数据，转换成 BIN（2 进制数）数据后，传送到［D.］中。32 位转换时，源操作数为［S. +1，S.］，目标操作数为［D. +1，D.］。

［S.］可指定 KnX、KnY、KnM、KnS、T、C、D。［D.］可指定 KnY、KnM、KnS、T、C、D。K1X0 表示 1 位 BCD 数（0～9），K2X0 表示 2 位 BCD 数（00～99），K3X0 表示 3 位 BCD 数（000～999），K4X0 表示 4 位 BCD 数（0000～9999）。

图 2-3-4 中，16 位运算，将 K2X20（X27～X24，X23～X20）指定的 2 位 BCD 码，转换为 16 位的二进制数并传送到 D0 中。

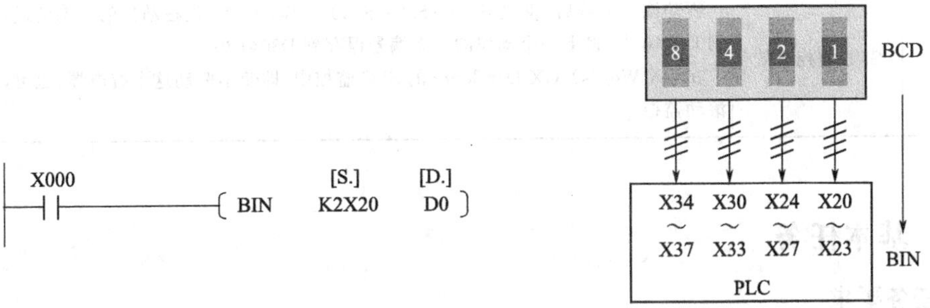

图 2-3-4　转换指令 BIN

4. 数字开关指令 DSW

DSW 指令（FNC 72）读取数字开关设定值的指令。可以读取 1 组 4 位数（n＝K1），

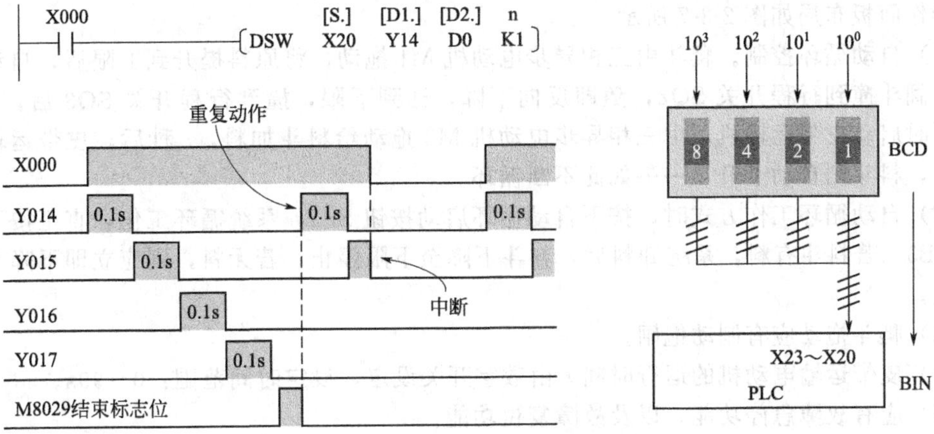

图 2-3-5　数字开关指令 DSW

或者读取2组4位数（n＝K2）的数据。

［S.］可指定KnX，［D1.］可指定KnY，［D2.］可指定T、C、D、V、Z。

n＝K1时，［S.］占用4点，［D2.］占用1位。

n＝K2时，［S.］占用8点，［D2.］占用2位。

图2-3-5中，4位BCD码分别由Y17～Y14分时片选（见时序图）后，经X23～X20端口输入，转换为16位的二进制数并传送到D0中。

5. 步进控制的特殊继电器

为了能够更有效地设计SFC程序，需要使用几个特殊辅助继电器，主要内容见表2-3-2。

表2-3-2　特殊辅助继电器

编号	名称	功能及用途
M8000	RUN监控	在PLC运行过程中一直为ON
M8002	初始化脉冲	仅仅在STOP→ON时，接通一个扫描周期。用于程序的初始设定
M8034	禁止输出	所有的外部输出全部断开，但状态转移不会自动停止
M8040	禁止转移	所有的状态之间都禁止转移，输出线圈等不会自动断开
M8046	STL状态动作	用于避免与其他流程同时启动。状态S0～S899、S1000～S4095中，只要有1个为ON时，该继电器接通；都为OFF时，该继电器断开
M8047	STL监控有效	驱动该继电器后，将状态S0～S899、S1000～S4095中，正在动作的状态的最新编号保存到D8040中，将下一个动作的状态编号保存到D8041中 在GX Words2、GX Developer的SFC监控中，即使不驱动这个继电器，也可以实现自动滚动监控

2.3.2　基本任务

1. 任务要求

1）系统功能

料斗升降控制，利用附录B描述的装置实现。料斗升降控制系统由牵引绞车、爬梯、料斗、皮带运输机等组成，常用于冲天炉和高炉供料。如图2-3-6所示。

2）操作要求

操作面板布局如图2-3-7所示。

（1）自动循环控制。爬斗由三相异步电动机M1拖动，将原料提升到上限后，自动翻斗卸料，翻斗撞到行程开关SQ2，随即反向下降，达到下限，撞到行程开关SQ3后，停留t秒，同时启动皮带运输机，由三相异步电动机M2拖动给料斗加料，t秒后，皮带运输机自行停止，料斗则自动上升，……如此不断循环。

（2）自动循环工作方式时，按下自动循环启动按钮SB2，系统循环工作，直至按下停止按钮SB3。若料斗有料，系统卸料后，料斗下降至下限停止；若无料，则应立即下降至下限处停止。

（3）爬斗拖动应有制动抱闸。

（4）皮带运输电动机的运行时间t由数字开关设定，设定时间范围：0～99s。

（5）应有故障急停功能，以及故障复位功能。

（6）应有必要的指示、电气联锁、电气保护。

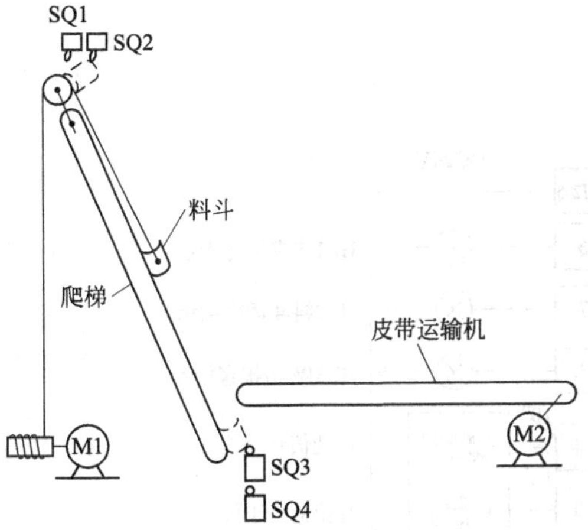

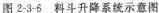

图 2-3-6　料斗升降系统示意图

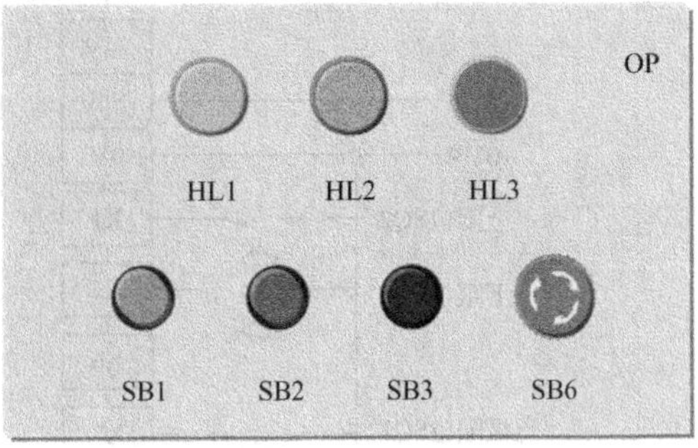

图 2-3-7　操作面板

2. 分析控制对象并确定 I/O 地址分配表

1）分析控制对象

输入信号共 12 个。主令信号有启动、停止、复位和急停 4 个，现场限位检测信号 4 个，数字开关 BCD 输入 4 个。考虑 PLC 点数限制，本任务不引入 4 个接触器的反馈信号，料斗升降热继电器 FR1 和皮带运输机热继电器 FR2 的触点也不进 PLC 控制系统。

输出信号共 11 个。指示类信号有皮带运行指示 HL1、料斗运行指示 HL2 和停止指示 HL3，共 3 个；现场执行机构有料斗升降接触器 KM1、KM2，制动阀接触器 KM3 和皮带运输机接触器 KM4，共 4 个，分别用直流中间继电器 KA1、KA2、KA3 和 KA4 进行隔离驱动。BCD 数字开关片选信号 4 个。

选择 FX3U-48MT/ES-A 型 PLC。

2）I/O 地址分配

任务 2.3 的 I/O 地址分配见表 2-3-3。

表 2-3-3　任务 2.3 的 I/O 地址分配表

输入地址	输入信号	功能说明	输出地址	输出信号	功能说明
X1	SQ2	上限位行程开关	Y6	HL1	皮带运行指示
X3	SQ3	下限位行程开关	Y7	HL2	料斗运行指示
X7	SQ1	上极限位行程开关	Y10	HL3	停止/报警指示
X10	SQ4	下极限位行程开关	Y14	10^0	数字开关片选信号个位
X20	SW-1	数字开关 SW-1	Y15	10^1	数字开关片选信号十位
X21	SW-2	数字开关 SW-2	Y16	10^2	数字开关片选信号百位
X22	SW-4	数字开关 SW-4	Y17	10^3	数字开关片选信号千位
X23	SW-8	数字开关 SW-8	Y24	KA1	料斗上升继电器
X24	SB2	系统启动按钮	Y25	KA2	料斗下降继电器
X25	SB3	系统停止按钮（常开）	Y26	KA3	制动电磁阀（断电型）继电器
X26	SB1	复位按钮	Y27	KA4	皮带继电器
X27	SB6	急停按钮（常闭）	—	—	—

3. 硬件设计

1) I/O 接线原理图

I/O 接线原理图如图 2-3-8 所示。

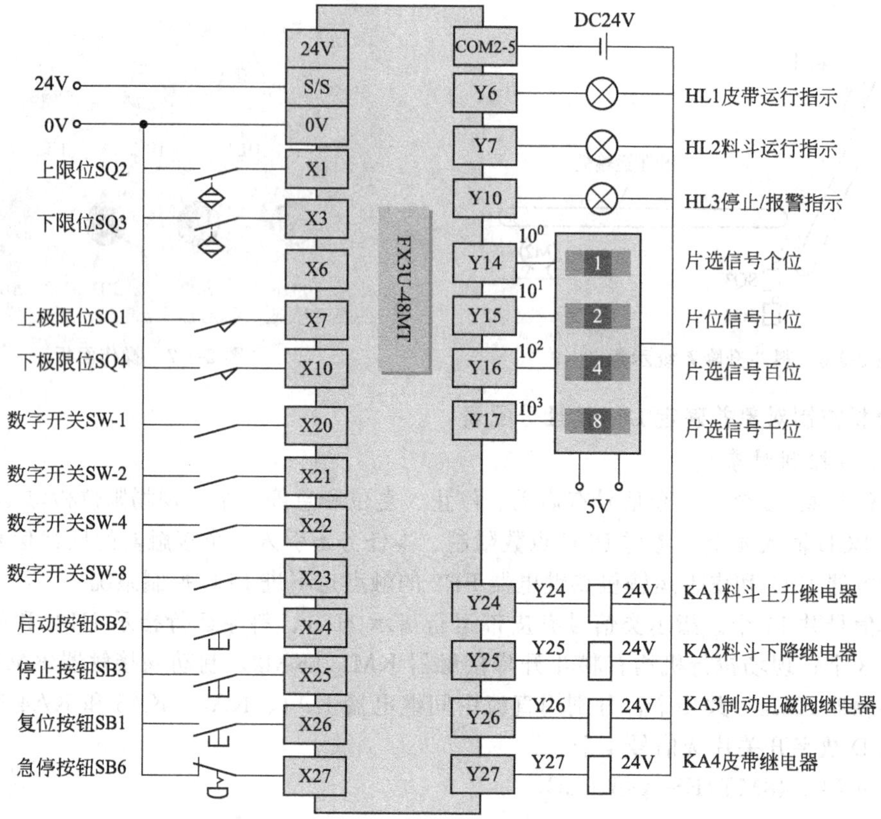

图 2-3-8 I/O 接线原理图

本任务只需要设计和完成 KA1、KA2、KA3 和 KA4 的 PLC 接线，以及完成中间继电器与交流接触器之间的驱动隔离放大电路的设计和接线。其余接线见附录 B。

2) I/O 接线图

图 2-3-9(a) 是输出驱动电路。接 24V 端选用棕色导线，信号线选用灰色或白色。

图 2-3-9(b) 是隔离放大电路。接触器线圈接电源 N 端的导线选用浅蓝色；接触器线圈接电源 L 端的导线选用黄色。

考虑 PLC 输出点数限制，本任务不接接触器反馈电路。

其余输入和指示灯的接线见附录 B。所有电源线和控制线建议选用 1.5 多股铜导线。考虑安全问题，本任务不接主电路。

4. 软件设计

1) 状态流程图设计

根据料斗升降控制系统的控制工艺要求，其工作过程可分为初始步、松闸下降步、皮带运行步、松闸上升步等 4 个工作状态。每个状态步的地址、动作，以及状态步之间的进展关系等状态流程，如图 2-3-10 所示。

图 2-3-10 中，S0 步、S20 步和 S22 步后都有选择性分支。系统通电后，启动初始步。一般状态流程图不包含急停处理、故障处理、指示灯处理和数字开关量处理等公共程序。

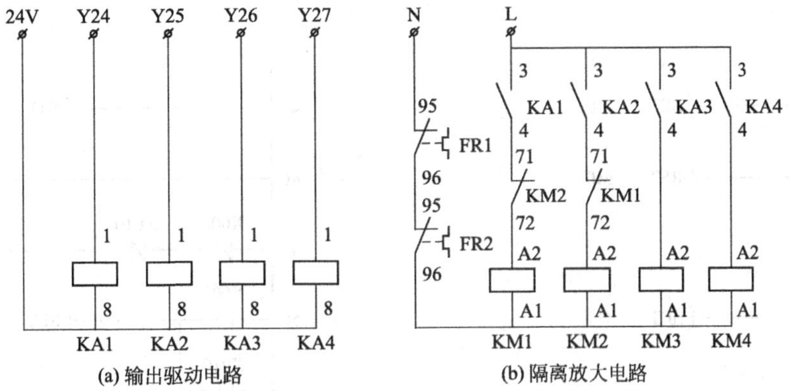

图 2-3-9　I/O 接线图（部分）

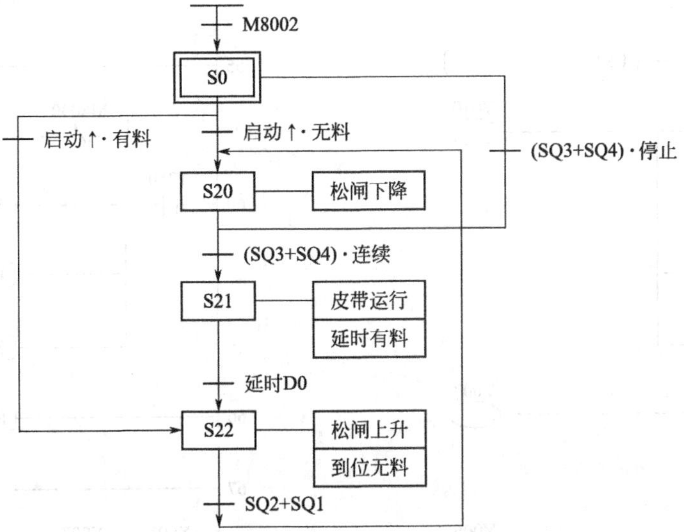

图 2-3-10　状态流程图

2）梯形图程序设计

创建一个新工程，选择 PLC 所属系列为 FXCPU，型号为 FX3U（C）。选择编程语言的类型为梯形图，按要求设置工程名称，例如“14JD313-2T3”。

料斗升降控制程序如图 2-3-11 所示。

第 0 步和第 2 步逻辑行，系统启停控制。第 5 步逻辑行，故障和急停处理，M4 用来存储故障信号。第 9 步逻辑行，故障复位。第 11 步逻辑行，初始步或禁止转移时，停止指示；故障时，闪烁报警。第 19 步逻辑行，料斗运行指示。第 22 步逻辑行，皮带运行指示。第 24 步逻辑行，故障时，禁止转移。

第 29 步逻辑行到第 76 步逻辑行，按照图 2-3-10 所示流程图编写的控制程序。M10 用来表示有料（=ON）还是无料（=OFF）。T250 用来定时皮带运行时间，即装料重量。输出被封锁时，定时器要停止定时，因此用 M8040 的常闭触点中断定时。

第 77 步逻辑行，禁止转移时，执行机构的输出清零。第 83 步逻辑行，用外部设备 I/O 指令 DSW 来设定定时值 D0。

5. 运行调试

按照表 2-3-4 所列的项目和顺序进行检查调试。检查正确的项目，请在结果栏记“√”；

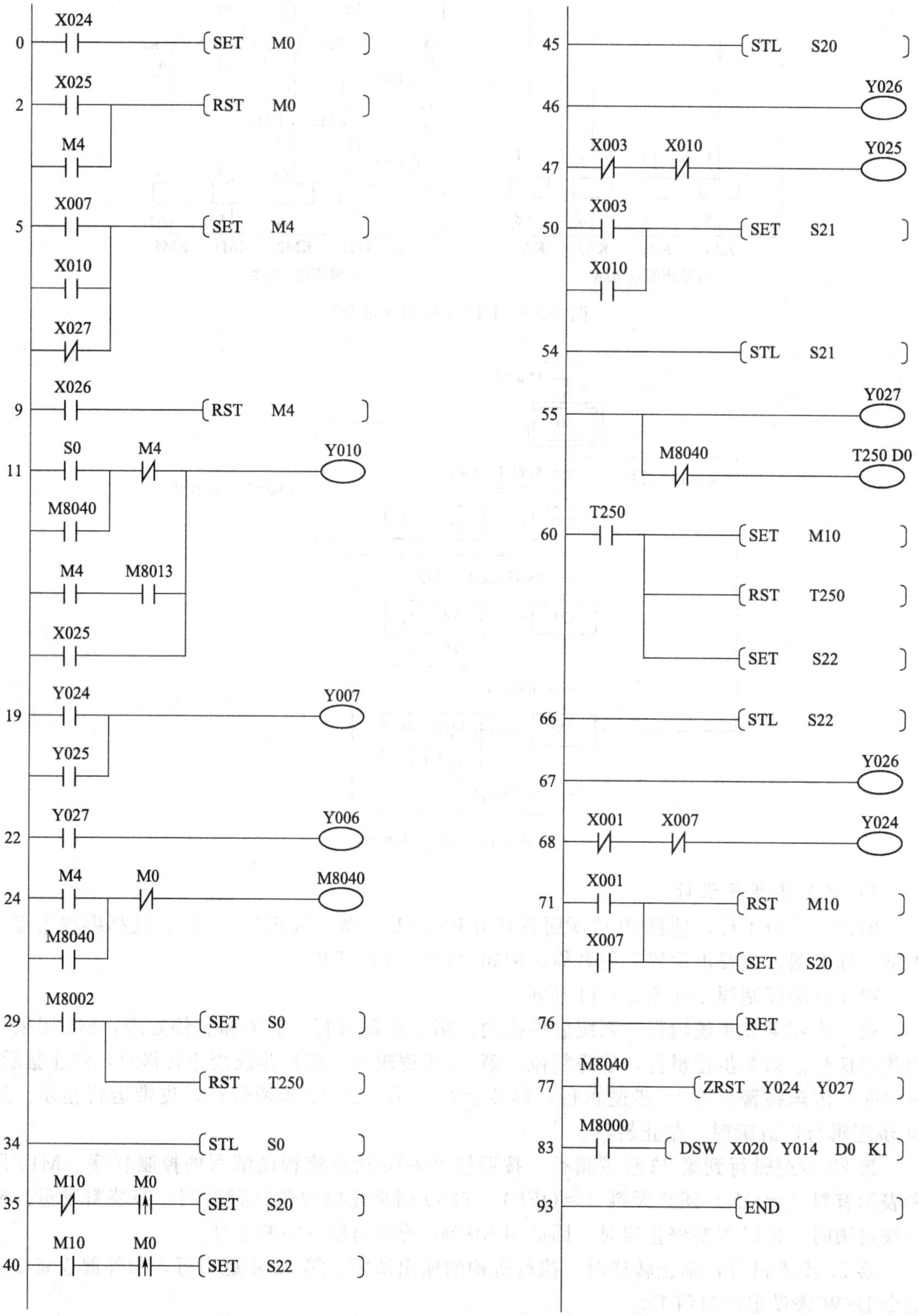

图 2-3-11　料斗升降控制程序

出现异常的项目，在结果栏记“×”，记录故障现象，小组讨论分析，找到解决办法，并排除故障。

1）调试准备工作

包括观察PLC的电源、输出设备电源（即稳压开关）是否正常。观察PLC工作状态指示灯是否正常。

输入打点。为了安全，打点前，必须将PLC工作方式开关拨到STOP位置。

按照表2-3-3所列输入地址清单，先后对复位按钮SB1、启动按钮SB2、停止按钮SB3、急停按钮SB6、数字开关SW-1～SW-8、限位开关SQ1～SQ4进行打点检测。

如果输入打点有问题，请报告指导老师。

表2-3-4 任务2.3运行调试小卡片

序号	检查调试项目	结果	故障现象	解决措施
1	调试准备工作			
2	设置定时时间值6.8s			
3	启动系统			
4	停止系统			
5	修改时间值为12s			
6	重新启动系统			
7	急停			
8	再次重新启动系统			
9	故障处理			

检查输出接线，导线颜色、线头压接、走线布局、端子位置等是否符合规范，接线是否正确。建议小组互相检查。

2）运行调试

上述基本项目检查完后，可进行运行调试。

(1) PLC通电，PLC工作方式开关拨到STOP位置，下载工程名称为“14JD313-2T3”的程序。

(2) PLC工作方式开关拨到RUN位置，观察RUN运行灯是否正常。

(3) 运行测试。按照表2-3-4所列的项目，从第2项到第9项，逐一进行测试。观察相应的输出是否正常，执行机构的动作是否符合控制要求。

数字开关输入数值68，运行监控程序，观察第83步逻辑行，D0的数值是否为68，即6.8s。

按下启动按钮SB2，观察是否只有运行指示点亮。料斗是否按照“下降→装料（皮带运行）→上升→卸料（碰到上限位开关SQ2）→下降”的工艺流程工作。

按下停止按钮SB3，观察，停止指示灯什么时候亮，系统什么时候停止。

修改数字开关的数值为120，监控程序，观察D0=120，即定时时间12.0s。

按下启动按钮SB2，能否重新启动系统，观察料斗的工作过程是否正确。

按下急停按钮SB6，观察系统是否停止工作，各指示灯的状态。

先按复位按钮SB1，停止报警。然后按下启动按钮SB2，观察再次重启系统后，料斗从哪一步开始工作。

模拟故障，使SQ1或SQ4接通。观察所有输出是否被封锁，故障指示灯闪烁。故障消除后，先按复位按钮，停止报警。然后按下启动按钮SB2，观察重启系统后，料斗从哪一步开始工作。

2.3.3 拓展任务

三种液体自动混合控制系统的工作示意如图2-3-12所示。Y1～Y4是控制液体进出的四个电磁阀；L1、L2、L3是液位传感器，当液体浸没液位传感器时，传感器闭合，否则断开；M是搅拌电动机。T是温度传感器，温度高于某一值时，T闭合；H为加热电炉。控制要求如下，试完成地址分配、I/O接线图和程序设计。

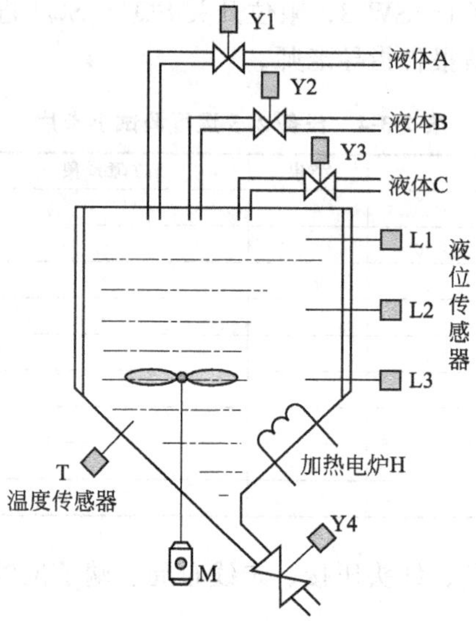

图2-3-12 三种液体混合加热工作示意图

（1）初始状态，容器是空的，Y1、Y2、Y3、Y4和M均为OFF，液位传感器L1、L2、L3均为OFF。按下启动按钮SB2后，电磁阀Y1、Y2打开，开始注入液体A和B，至液面高度为L2时，停止注入液体A和B，同时开启电磁阀Y3注入液体C；当液面升至L1时，停止注入，同时开启搅拌机M，搅拌时间为10s；搅拌停止后开始加热；当混合温度达到某一指定值时，T=ON，H=OFF，加热炉停止加热，Y4打开放出混合液，至液体高度降为L3后，再经5s延时停止放出。完成一次液体混合加热，计数加1，并用数码管显示计数结果（只显示个位）。

（2）按下停止按钮SB3后，当前循环完成后，停止工作，回到初始状态。

（3）要求具有液位传感器损坏报警功能，例如，上限位L1或中限位L2接通，但下限位L3没接通，则可能是下限位传感器L3损坏，应能报警。

（4）当没有按下启动按钮时，任何一个液位传感器接通都不应该有执行机构动作。

任务2.4 包装生产线自动装箱PLC控制

知识目标

① 了解PLC控制系统的设计原则；

② 了解 PCL 控制系统的设计内容；
③ 熟悉 PLC 控制系统设计和调试的主要步骤；
④ 熟悉为软元件添加注释的方法；
⑤ 掌握 GX Developer 程序在线调试方法。

能力目标

① 会分析包装生产线自动装箱控制系统的工艺流程；
② 能绘制包装生产线自动装箱控制电路的 I/O 接线图并完成接线；
③ 能用 SFC 设计法编写控制系统工艺流程图；
④ 会给控制程序添加注释；
⑤ 会编写试灯控制程序；
⑥ 能根据控制要求，设计包装生产线自动装箱控制系统的调试步骤，并完成调试。

2.4.1 知识准备

1. PLC 控制系统的设计原则

(1) 最大限度地满足被控对象的控制要求。设计前，应深入现场进行调查研究，收集资料，并与相关部门的设计人员和实际操作人员密切配合，共同拟定控制方案，协同解决设计中出现的各种问题。

(2) 在保证控制系统安全、可靠的前提下，力求使控制系统简单、经济，使用及维修方便，满足控制要求。

(3) 考虑到今后生产的发展和工艺的改进，在设计容量时，应考虑适当留有进一步扩展的余地。

2. PLC 控制系统的设计内容

(1) 确定系统运行方式与控制方式。

(2) 选择用户输入设备（按钮、操作开关、限位开关、传感器等)、输出设备（继电器、接触器、信号灯等执行元件)，以及由输出设备驱动的控制对象（电动机、电磁阀等)。

(3) 选择 PLC。PLC 是控制系统的核心部件，正确选择 PLC，对保证整个控制系统的技术经济指标起着重要作用。PLC 的选择包括机型选择、容量选择、I/O 模块选择、电源模块选择等。

(4) 分配 I/O 点，绘制 I/O 接线图；必要时还需要设计操作台和控制柜。

(5) 设计控制程序。控制程序是整个系统工作的软件，是保证系统正常、安全、可靠的关键。

(6) 编制控制系统的技术文件，包括说明书、电气原理图及电气元件明细表、I/O 连接图、I/O 地址分配表、控制软件等。

3. 系统设计和调试的主要步骤

设计 PLC 控制系统的主要步骤如图 2-4-1 所示。

(1) 深入了解被控对象的工艺过程，分析控制要求。如需要完成的动作（动作顺序、动作条件、必需的保护和联锁等)，操作方式（手动、自动、连续、单周期、单步等)。

(2) 确定系统控制方案。由 PLC 构成的控制系统可分为四种控制类型：单机控制系统、集中控制系统、分布式控制系统和远程 I/O 控制系统。

(3) 确定 I/O 设备。根据被控制对象对 PLC 控制系统的功能要求，确定系统所需的用户输入、输出设备。

(4) 选择 PLC，分配 PLC 的 I/O 点，设计 I/O 接线图。

(5) 进行 PLC 的程序设计，同时可进行控制柜的设计和现场施工。

(6) 联机调试。如不满足要求，再返回修改程序或检查接线，直到满足要求为止。

(7) 编制技术文件，交付使用。

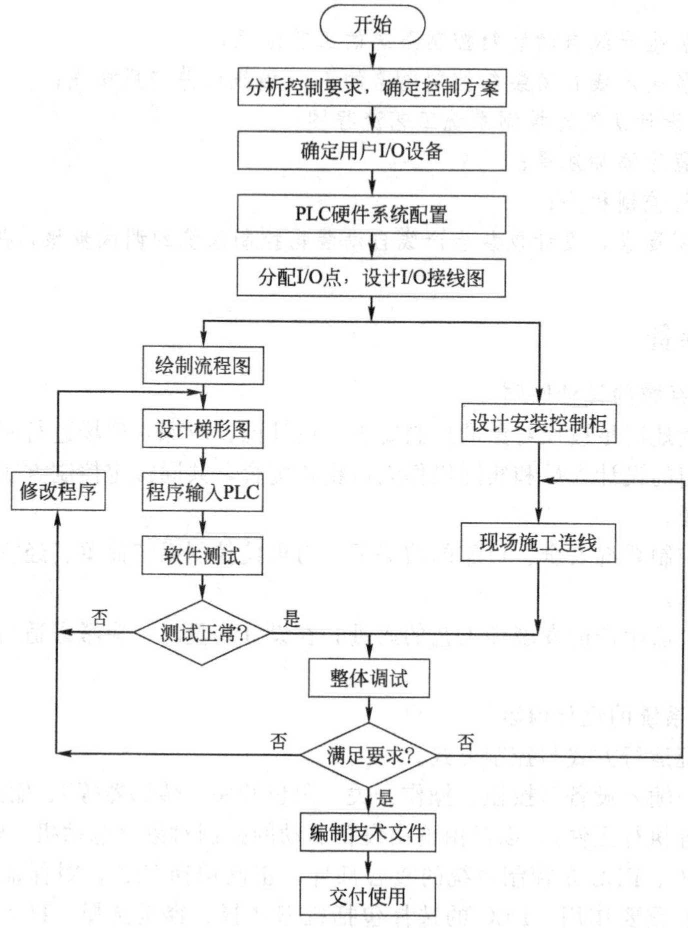

图 2-4-1 设计 PLC 控制系统的主要步骤

总之，运用 PLC 技术进行 PLC 控制系统的设计与开发，包括硬件设计和应用软件设计两大部分。其中硬件设计主要是 PLC 选型和外围电路的常规设计。应用软件设计是一项十分复杂的工作，它要求设计人员既要具有 PLC、计算机程序设计的基础，又要具备较深的自动控制技术理论知识，还要有丰富的现场实践经验。

4. 软元件注释

为了方便程序的调试和阅读，可以用符号来定义软元件的地址。双击工程数据列表的“软元件注释”下的“COMMENT”图标，打开注释表，如图 2-4-2 所示。如果要编写中间继电器 M 的注释，在“软元件名”后输入“M0”，单击“显示”按钮，就可以在需要添加注释的软元件后编辑注释内容了。

执行命令“程序”≫“MAIN”，打开主程序，然后执行菜单命令“显示”≫“注释显示”，就可以显示带注释的手动控制主程序了，如图 2-4-3 所示。

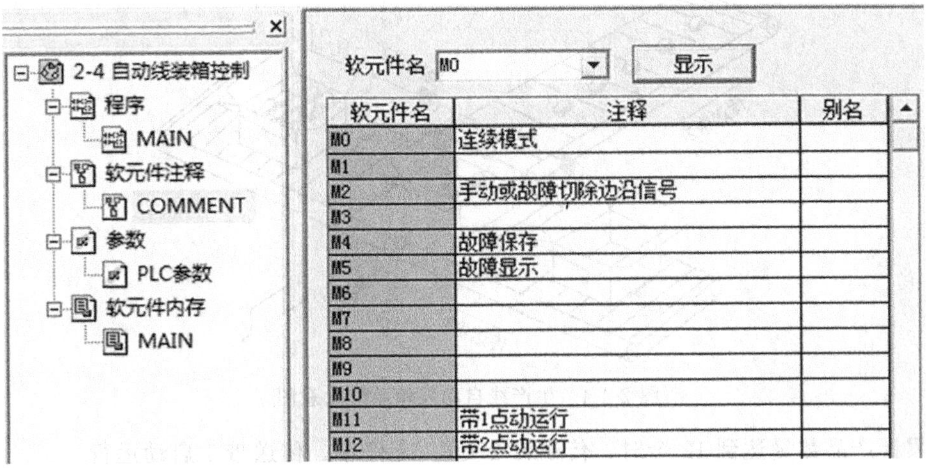

图 2-4-2　编辑软元件注释

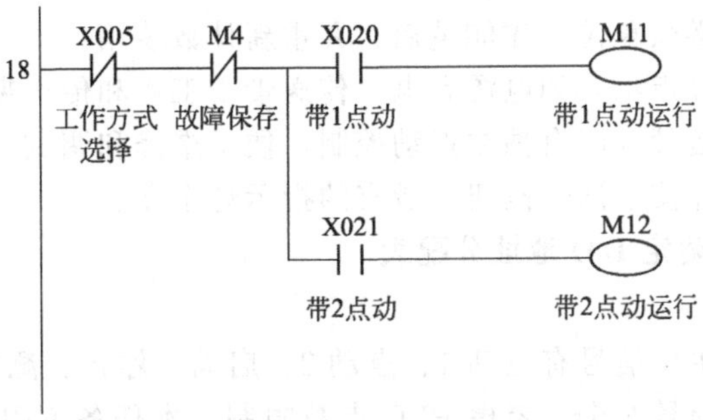

图 2-4-3　显示注释的手动控制主程序

一般输入继电器 X、输出继电器 Y，可以根据 I/O 地址表，预先编辑注释表。中间继电器 M、定时器 T 和计数器 C，则可以边编程边添加注释。单击“注释编辑”按钮，然后在程序中双击需要编辑的软元件，弹出该软元件的“注释输入”对话框，添加注释。

2.4.2　基本任务

1. 任务要求

1）系统功能

包装生产线自动装箱 PLC 控制系统，利用附录 B 描述的装置实现。

如图 2-4-4 所示，包装生产线控制系统有两条传送带。传送带 1 用来传送纸箱，其功能是把已装够产品数量的箱子运走，并用一只空纸箱来代替。为了使空纸箱恰好对准产品传送带的末端，在传送带 1 上正对传送带 2 末端中间位置安装一个光电检测器 1，用于检测纸箱是否到位。传送带 2 将产品从生产车间传送到纸箱内。当某一产品被送到传送带 2 的末端，会自动落入纸箱内，并由光电检测器 2 转换成计数脉冲。

2）操作要求

(1) 按下控制装置启动按钮 SB1 后，传送带 1 先启动运行，输送空纸箱向前移动，达到指定位置后，传感器 S1 发出信号，使传送带 1 制动停止，制动时间 2s。

(2) 传送带 1 停车后，传送带 2 启动运行，产品逐一落入箱内，由检测器 2 检测产品数

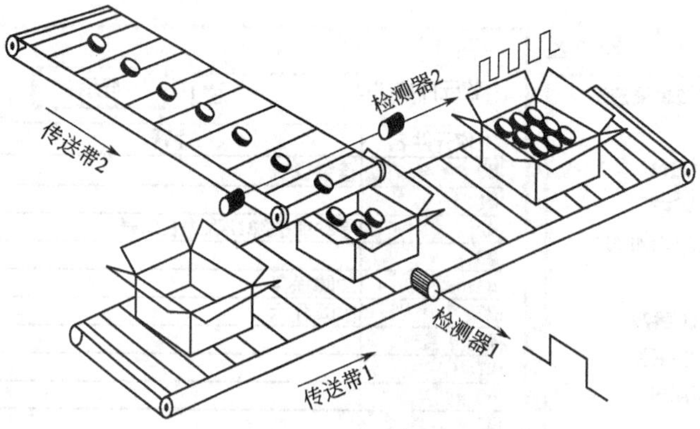

图 2-4-4　生产线自动装箱系统示意图

量，当累计产品数量达到 12 个时，传送带 2 延时 1s 停车，传送带 1 启动运行。

（3）上述过程周而复始进行，直到按下停止按钮 SB3，传送带 1 和传送带 2 同时停止。

（4）重新启动后，能接着计数装箱。

（5）故障清除后，必须复位，才能重启，并重新计数装箱。

（6）应有必要的信号指示，如电源有电、传送带 1 工作和传送带 2 工作、系统停止等。

（7）传送带 1 和传送带 2 应有独立点动控制，便于维修和调试。

（8）有试灯功能，即按下试灯按钮，所有的指示灯全亮。

2. 分析控制对象并确定 I/O 地址分配表

1）分析控制对象

输入信号共 9 个。主令信号有点动 1、点动 2、启动、停止、测试/复位、急停和工作方式选择 7 个，现场检测信号 2 个。考虑 PLC 点数限制，本任务不引入 3 个接触器的反馈信号，热继电器 FR1 和 FR2 的触点也不进 PLC 控制系统。

输出信号共 9 个。指示类信号有 1 号传送带运行指示 HL1、2 号传送带运行指示 HL2、停止/故障指示 HL3、测试按钮按下指示 HL4、手动模式指示 HL5 和自动模式指示 HL6，计 6 个；现场执行机构的接触器 KM1、KM2、KM3，共 3 个，分别用直流中间继电器 KA1、KA2、KA3 进行隔离驱动。

选择 FX3U-48MT/ES-A 型 PLC。

2）I/O 地址分配

任务 2.4 的 I/O 地址分配见表 2-4-1。

表 2-4-1　任务 2.4 的 I/O 地址分配表

输入地址	输入信号	功能说明	输出地址	输出信号	功能说明
X1	S1	纸箱位置检测	Y6	HL1	带 1 运行指示
X3	S3	产品数量检测	Y7	HL2	带 2 运行指示
X5	S5	工作方式选择(手动 OFF,自动 ON)	Y10	HL3	停止指示
X7	SQ1	故障信号	Y14	HL4	故障报警指示
X20	SB4	带 1 点动按钮	Y15	HL5	手动模式指示
X21	SB5	带 2 点动按钮	Y16	HL6	自动模式指示
X24	SB2	系统启动按钮	Y24	KA1	带 1 制动继电器
X25	SB3	系统停止按钮(常开)	Y25	KA2	带 1 运行继电器
X26	SB1	测试/复位按钮	Y26	KA3	带 2 运行继电器
X27	SB6	急停按钮(常闭)	—	—	—

3. 硬件设计

I/O 接线原理图如图 2-4-5 所示。

本任务只需要设计和完成按钮 SB4、SB5，指示灯 HL4、HL5 和 HL6，继电器 KA1、KA2 和 KA3 的 PLC 接线。其余接线及接线说明见附录 B。所有电源线和控制线建议选用 1.5 多股铜导线。接 24V 端选用棕色导线，信号线选用灰色或白色。

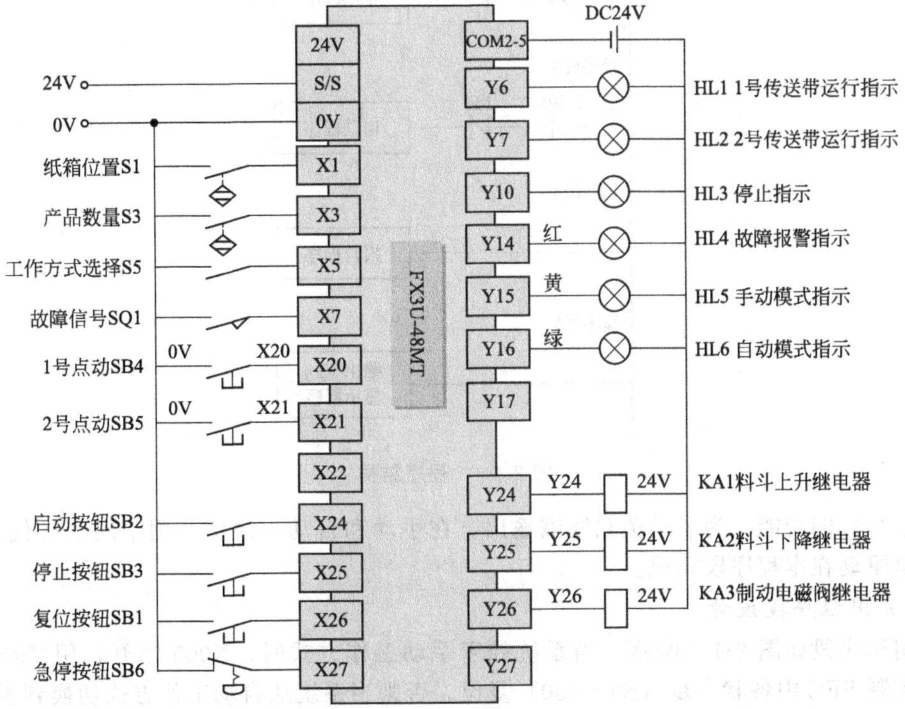

图 2-4-5 I/O 接线原理图

传送带 1 和传送带 2 分别由两台交流电机 M1 和 M2 拖动，中间继电器与交流接触器之间的驱动隔离放大电路和控制系统的主电路，其设计图及接线由读者自行完成。考虑安全问题，本任务可不接主电路。

控制系统的输入和输出接线请参照实际控制柜。不同的控制柜，布线上会有一点差异，所以要以实际控制柜为准。

考虑 PLC 输出点数限制，本任务不接接触器反馈电路。

4. 软件设计

1）控制程序总体结构设计

控制系统的程序总体结构如图 2-4-6 所示，主程序按功能要求可分为 5 部分。

（1）公用程序是无条件执行的，主要处理手动到自动的工作方式切换。

（2）手动程序是条件执行的，当选择开关 X005 断开，且系统无故障时，可执行传送带 1 和传送带 2 的点动控制。

（3）自动程序是按条件执行的，当选择开关 X005 接通，且系统无故障时，执行生产线周而复始地自动装箱控制。用主控指令来判断条件是否满足，用步进流程来实现自动控制功能。

（4）报警程序是无条件执行的，用于故障报警处理。

（5）输出驱动和显示程序也是无条件执行的。用于实现最终输出驱动、工作状态的显示

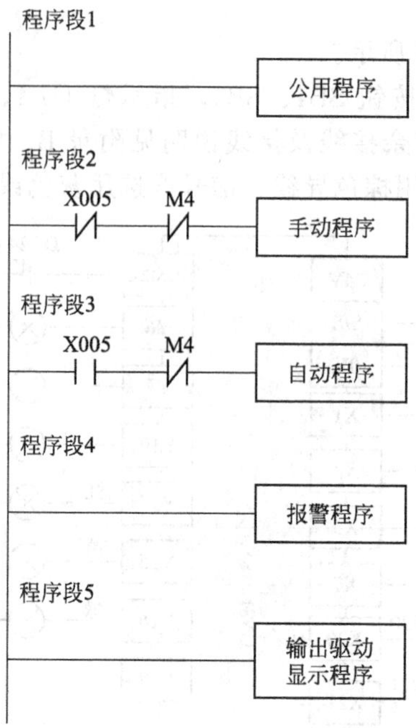

图 2-4-6　程序结构

和测试信号灯的功能。为了避免双线圈输出，在手动和自动程序中，用中间信号代替输出，最终输出驱动在本程序段完成。

2）公用程序段设计

公用程序段如图 2-4-7 所示。当系统处于手动工作方式时，X005 断开，用 ZRST 指令将自动控制 SFC 中各状态步（S0～S30）复位。否则当系统从自动工作方式切换到手动工作方式，然后再返回自动工作方式时，可能会出现有两个活动步的异常情况。用 MOV 指令将

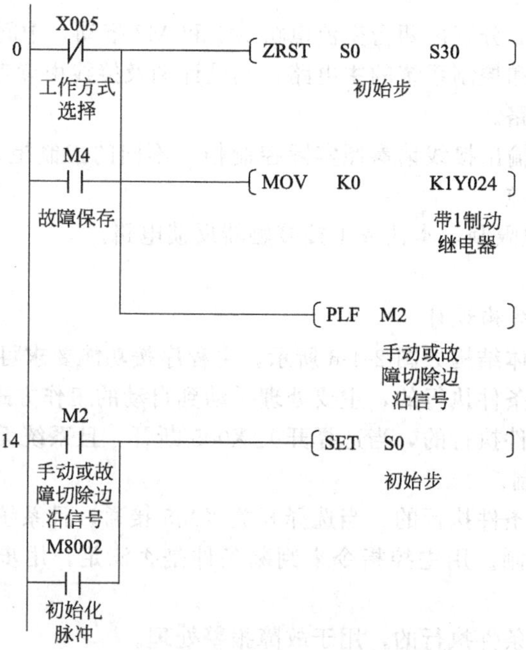

图 2-4-7　公用程序

输出 Y24～Y27 清零。当故障出现时，也执行上述清零操作。清零操作完毕或 PLC 通电时，置位 SFC 的初始步 S0。

3）手动程序段设计

图 2-4-3 是手动控制程序。当手动操作条件满足时，用 SB4 点动传送带 1 运行，用 SB5 点动传送带 2 运行。

4）自动程序段设计

根据控制要求，可绘制生产线自动装箱控制系统的工艺流程，如图 2-4-8(a) 所示。

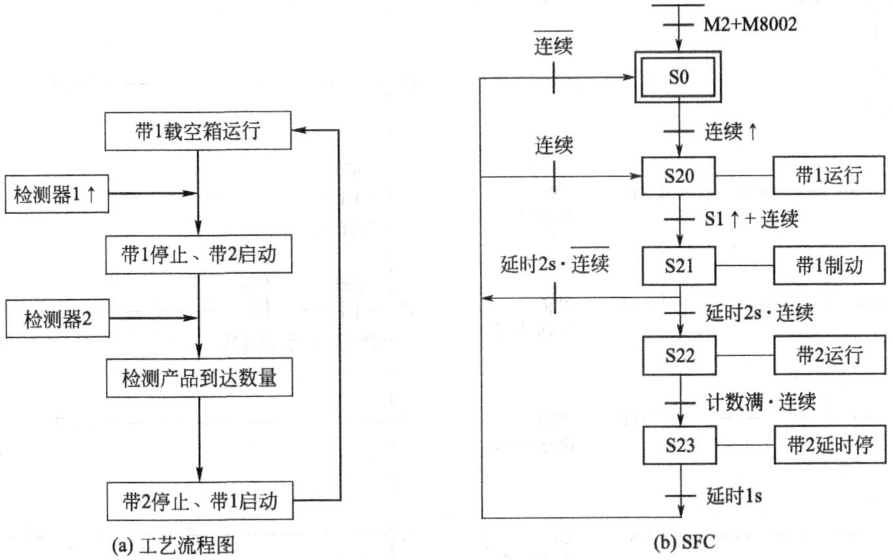

图 2-4-8 流程图

根据工艺流程图，绘制自动控制顺序功能图 SFC，如图 2-4-8(b) 所示。图中，带 1 运行后，检测器 1 有信号或者停止信号有效时，带 1 制动；带 2 启动后，开始进行产品计数检测，用计数器 C1 计数；一旦计到产品个数 12，带 2 延时停止，带 1 重新启动。考虑带 2 上的产品从计数到传送到带 1 上的纸箱需要一段时间，因此带 2 延时停。

自动控制程序段如图 2-4-9 所示。

图 2-4-9 中，带 1 自动运行中间信号 M21、带 2 自动运行中间信号 M22 和 M23 的线圈前增加 M0 常开触点。其作用是：按下停止按钮 SB3，传送带 1 和传送带 2 能同时停止；重新启动后，能接着计数装箱。

5）报警程序段设计

报警程序如图 2-4-10 所示，当故障信号（X007）出现时，在操作面板上用一个 LED（HL4）来指示。故障信号出现后，故障输出 LED 以 1Hz 的频率闪烁。用应答输入（复位按钮 SB6）来检测故障，如果故障已排除，则 LED 停止闪烁；如果故障仍然存在，则 LED 转换为常亮状态，直到故障被排除。图中用 M4 来存放报警信号，用 M5 来存放故障输出。同样，急停（X027）按下时，也产生故障信号，急停复位后，也复位故障保存。

6）输出驱动和显示程序段设计

输出驱动和显示程序段如图 2-4-11 所示。

第 103 步逻辑行是带 1 继电器的输出驱动，第 106 步逻辑行是带 2 继电器的输出驱动。集中输出驱动，可以有效避免双线圈输出。第 110 步逻辑行是产品计数控制。

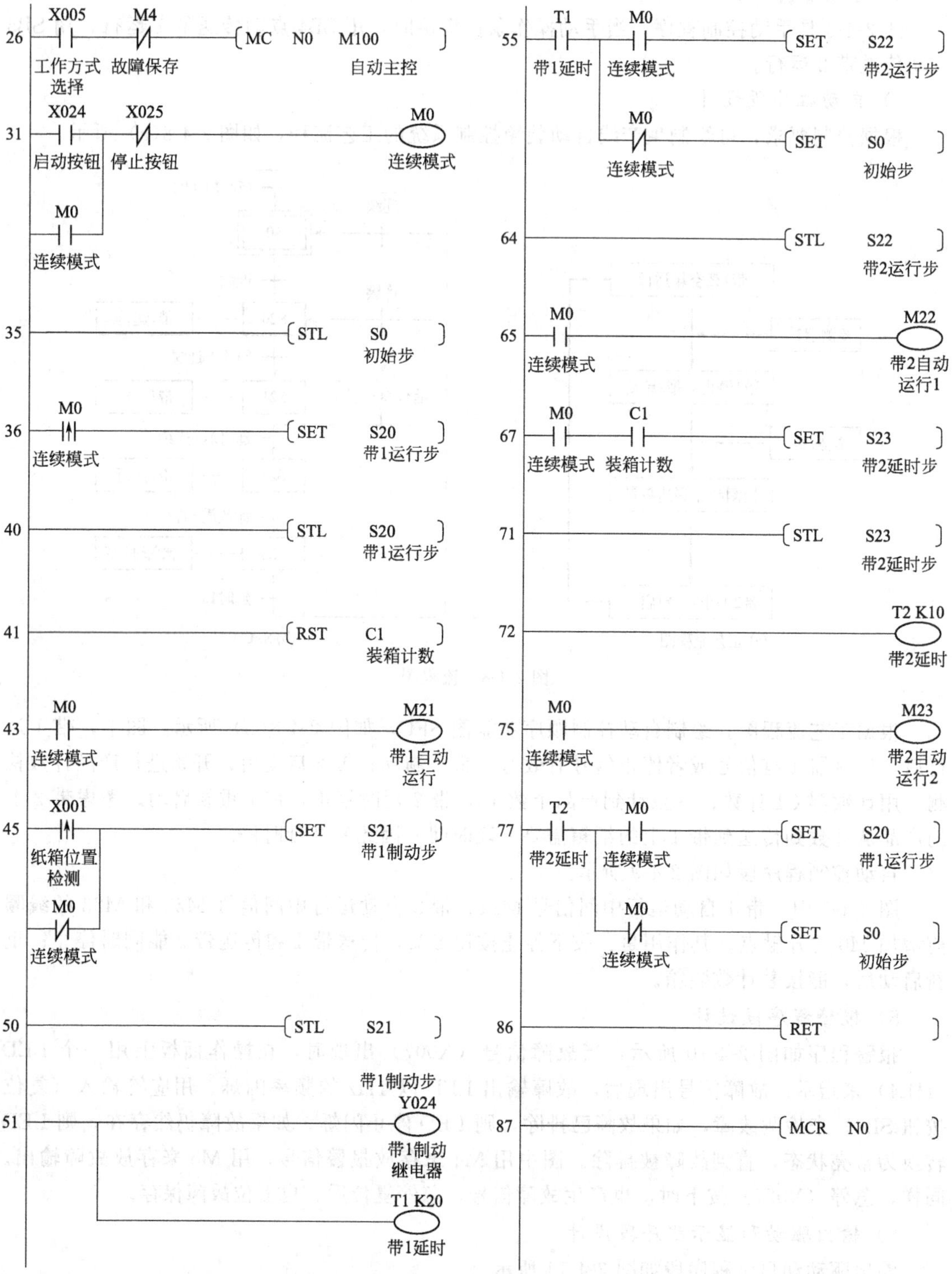
26
X005
M4
MC N0 M100
工作方式选择
故障保存
自动主控
31
X024
X025
M0
启动按钮
停止按钮
连续模式
M0
连续模式
35
STL S0
初始步
36
M0
连续模式
SET S20
带1运行步
40
STL S20
带1运行步
41
RST C1
装箱计数
43
M0
连续模式
M21
带1自动运行
45
X001
纸箱位置检测
M0
连续模式
SET S21
带1制动步
50
STL S21
带1制动步
51
Y024
带1制动继电器
T1 K20
带1延时
55
T1
带1延时
M0
连续模式
SET S22
带2运行步
M0
连续模式
SET S0
初始步
64
STL S22
带2运行步
65
M0
连续模式
M22
带2自动运行1
67
M0
C1
连续模式
装箱计数
SET S23
带2延时步
71
STL S23
带2延时步
72
T2 K10
带2延时
75
M0
连续模式
M23
带2自动运行2
77
T2
带2延时
M0
连续模式
SET S20
带1运行步
M0
连续模式
SET S0
初始步
86
RET
87
MCR N0

图 2-4-9　自动控制程序

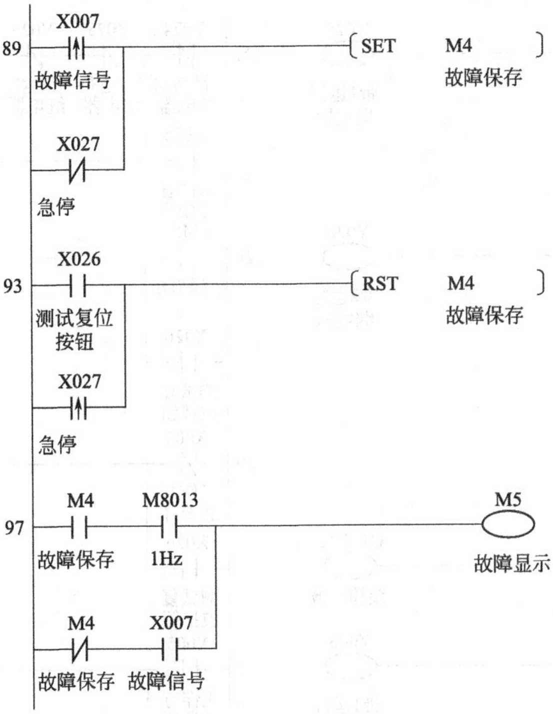

图 2-4-10　报警程序

第 115 步逻辑行到第 132 步逻辑行是工作状态指示。每个状态指示的输出均有一个测试/复位按钮，用于测试指示灯是否能正常点亮。

因为没有接运行反馈信号，所以第 121 步逻辑行的停止显示，用所有驱动中间继电器的常闭触点作为停止信号。

7）编辑程序

创建一个新工程，选择 PLC 所属系列为 FXCPU，型号为 FX3U(C)。选择编程语言的类型为梯形图，按要求设置工程名称，例如“14JD313-2T4”。将上述控制程序录入到工程中。

5. 运行调试

按照表 2-4-2 所列的项目和顺序进行检查调试。检查正确的项目，请在结果栏记“√”；出现异常的项目，在结果栏记“×”，记录故障现象，小组讨论分析，找到解决办法，并排除故障。

表 2-4-2　任务 2.4 运行调试小卡片

序号	检查调试项目	结果	故障现象	解决措施
1	调试准备工作			
2	试灯测试			
3	手动工作模式			
4	自动工作模式			
5	自动启停控制			
6	产品计数监控调试			
7	急停			
8	故障处理			

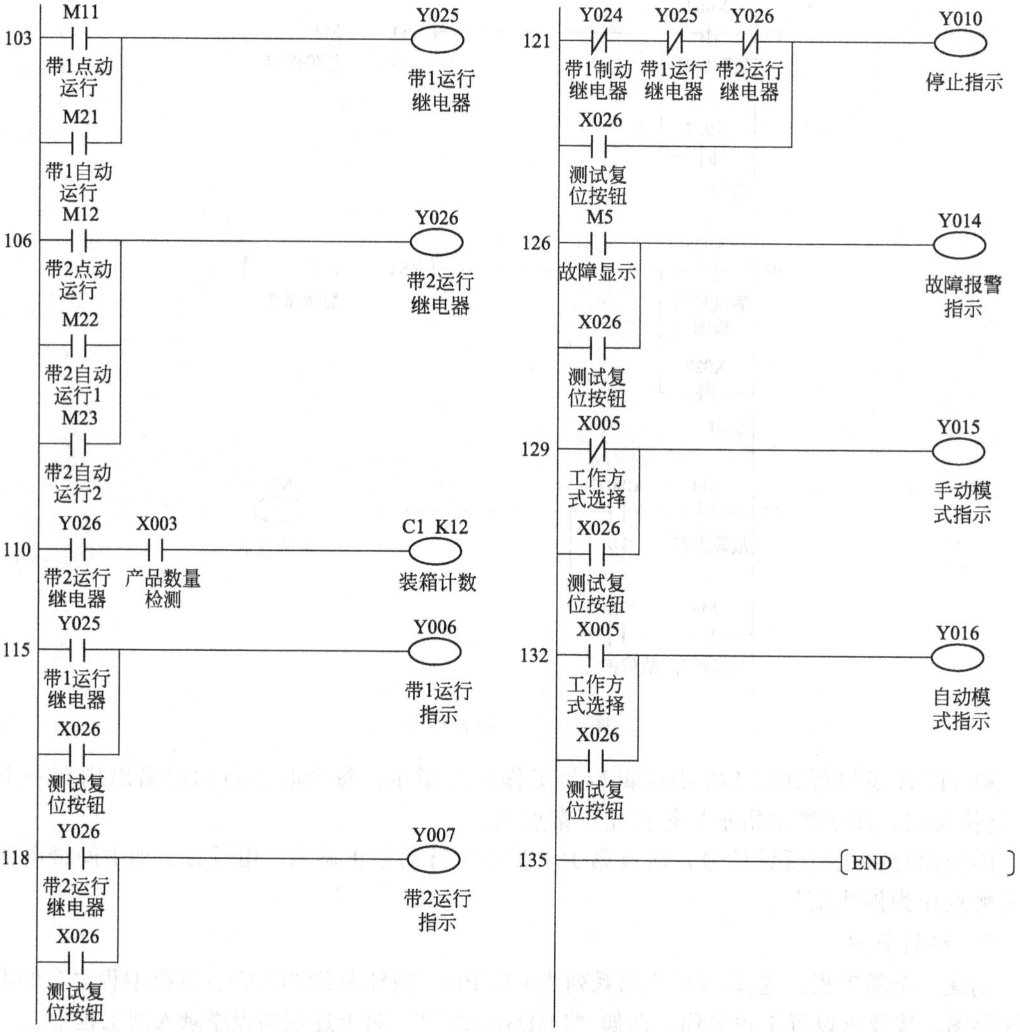

图 2-4-11　输出驱动和显示程序

1）**调试准备工作**

包括观察 PLC 的电源、输出设备电源（即稳压开关）是否正常。观察 PLC 工作状态指示灯是否正常。

输入打点。为了安全，打点前，必须将 PLC 工作方式开关拨到 STOP 位置。

按照表 2-4-1 所列输入地址清单，对所有输入信号进行打点检测。如果输入打点有问题，请报告指导老师。

检查输出接线，导线颜色、线头压接、走线布局、端子位置等是否符合规范，接线是否正确。建议小组互相检查。

2）**运行调试**

上述基本项目检查完后，可进行运行调试。

（1）PLC 通电，PLC 工作方式开关拨到 STOP 位置，下载工程名称为“14JD313-2T4”的程序。

（2）PLC 工作方式开关拨到 RUN 位置，观察 RUN 运行灯是否正常。

（3）运行测试

① 试灯测试。按下测试按钮 SB1，观察 HL1～HL6 等 6 盏指示灯能否都点亮。

② 手动工作模式的调试。在手动模式下（S5 断开），观察 HL5（柱形黄灯）是否点亮。分别操作点动按钮 SB4 和 SB5，观察传送带点动工作是否满足要求。

③ 自动工作模式的调试。在自动模式下（S5 接通），观察 HL6（柱形绿灯）是否点亮。操作启停控制 SB2 和 SB3，观察生产线自动装箱过程是否满足要求。装箱过程中，按下停止按钮，重新启动后，系统能否继续工作。

④ 计数监控调试。模拟产品通过传感器 S3，用程序监控，观察计数是否正确。

⑤ 急停调试。系统自动模式下正常工作，按下急停按钮 SB6，观察此时故障指示 HL4 是否闪烁，系统是否停止工作（HL3 亮）。急停复位后，系统能否重启，观察能否正确计数产品。

⑥ 故障调试。系统自动模式下正常工作，按下 SQ1，模拟故障信号。观察此时故障指示 HL4 是否闪烁，系统是否停止工作（HL3 亮）。故障解除前，系统能否重启。按下 SB6 解除故障后，重启系统，观察能否正确计数产品。

2.4.3　拓展任务

（1）如果要记录装箱数量，应该怎样编程设计（假如装箱数量存放在 D0 中）？

（2）如果采用两条皮带的过载保护作为故障信号，应该如何设计程序？

习题二

1. 如题图 2-1 所示，小车在初始状态时停在中间，限位开关 X2 为 ON。按下启动按钮 X24，小车按图所示的顺序运动，最后返回并停止在初始位置。画出控制系统的顺序功能图。

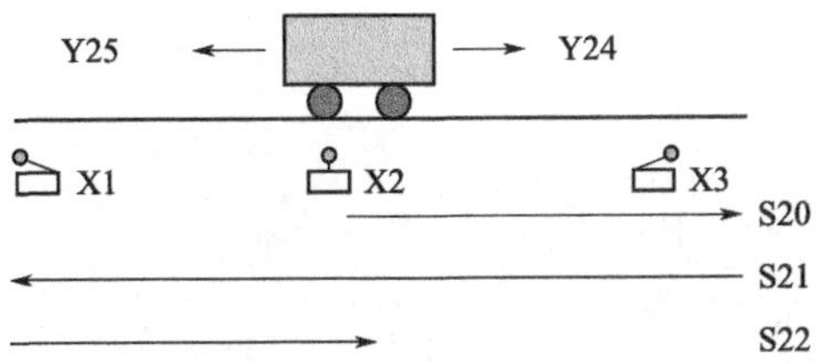

题图　2-1

2. 多台电动机顺序启停控制工作过程示意图如题图 2-2 所示。SB1 为启动按钮，SB2 为停止按钮。KM1、KM2 和 KM3 分别用来控制三台电动机。按下启动按钮 SB1，首先 KM1 得电，工作 10s 后停止；KM1 得电后延时 5s，KM2 得电，工作 10s 后停止；KM2 得电后延时 5s，KM3 得电，工作 10s 后停止；完成一个工作循环。以后又 KM1 得电，如此循环，直到按下停止按钮 SB2，KM1、KM2 和 KM3 同时断电。请设计控制程序。

3. 题图 2-3 所示是某皮带运输机工作示意，控制过程如下：逆物料方向启动，按下启动按钮 X24 后，1 号皮带开始运行；5s 后 2 号皮带自动启动；再过 5s 后 3 号皮带自动启动；启动完毕。顺物料方向停止，按下停止按钮 X25 后，先停 3 号皮带，8s 后停 2 号皮带，再过 8s 后停 1 号皮带。在启动过程中，按下停止按钮 X25 后，将后启动的皮带先停，先启动

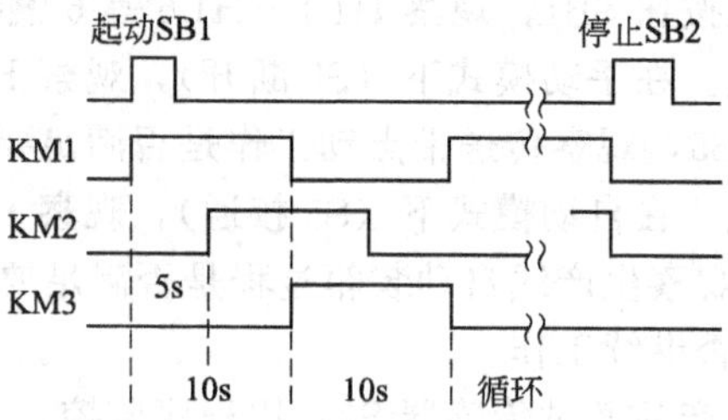

题图 2-2

的皮带后停的原则停车。为了安全要求，应有必要的保护措施，还要求有必要的运行信号指示灯和报警指示。请设计出PLC控制的顺序功能图。

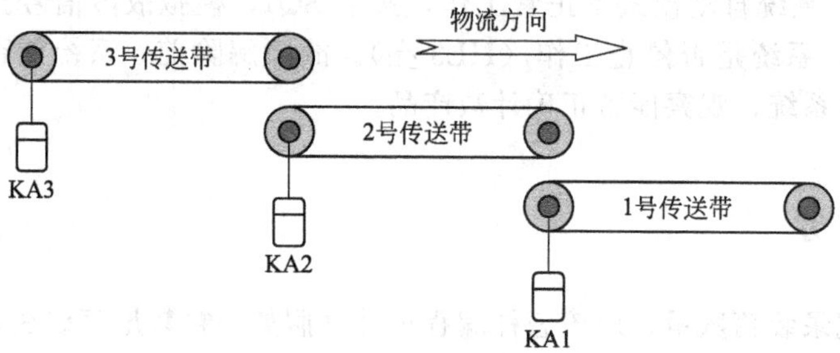

题图 2-3

项目3

实现信号灯系统的PLC控制

任务3.1 循环彩灯PLC控制

知识目标

① 熟悉移位指令SFTR、SFTL的使用方法；
② 熟悉循环移位指令ROR、ROL的使用方法；
③ 熟悉带进位的循环移位指令RCR、RCL的使用方法；
④ 熟悉多方式控制程序的设计方法；
⑤ 了解仿真软件GX Simulator6-C的使用方法。

能力目标

① 会分析循环彩灯控制电路的I/O信号并分配PLC地址；
② 能绘制循环彩灯控制电路的I/O接线图并完成接线；
③ 能设计多方式彩灯循环控制程序；
④ 能根据现场状态判断彩灯循环控制电路是否满足要求；
⑤ 能编写多方式工作控制系统的调试卡片。

3.1.1 知识准备

1. 移位指令

1）位右移指令SFTR

SFTR（P）指令（FNC 34）把n1位［D.］所指定的位元件右移n2位，空出的高位用［S.］所指定的n2个位元件填充，要求n2≤n1≤1024。［S.］可指定X、Y、M、S、D□.b，［D.］可指定Y、M、S。非脉冲式时，每个扫描周期都执行移位。

位右移指令SFTR如图3-1-1所示。图中，当X10由OFF→ON时，［D.］内（M0～M15）的16位数据连同［S.］内（X0～X3）的4位数据向右移4位。

2）位左移指令SFTL

SFTL（P）指令（FNC 35）把n1位［D.］所指定的位元件左移n2位，空出的低位用［S.］所指定的n2个位元件填充，要求n2≤n1≤1024。［S.］可指定X、Y、M、S、D□.b，［D.］可指定Y、M、S。非脉冲式时，每个扫描周期都执行移位。

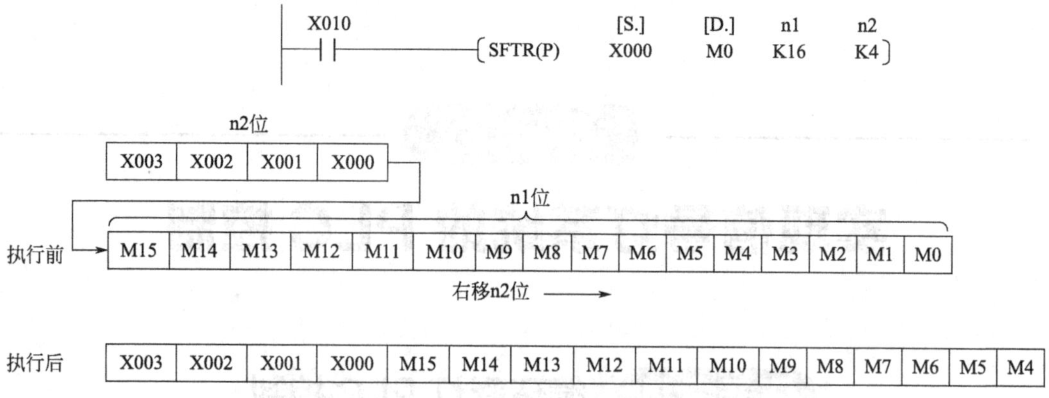

图 3-1-1　位右移指令 SFTR

位左移指令 SFTL 如图 3-1-2 所示。图中，当 X10 由 OFF→ON 时，［D.］内（M0～M15）的 16 位数据连同［S.］内（X0～X3）的 4 位数据向左移 4 位。

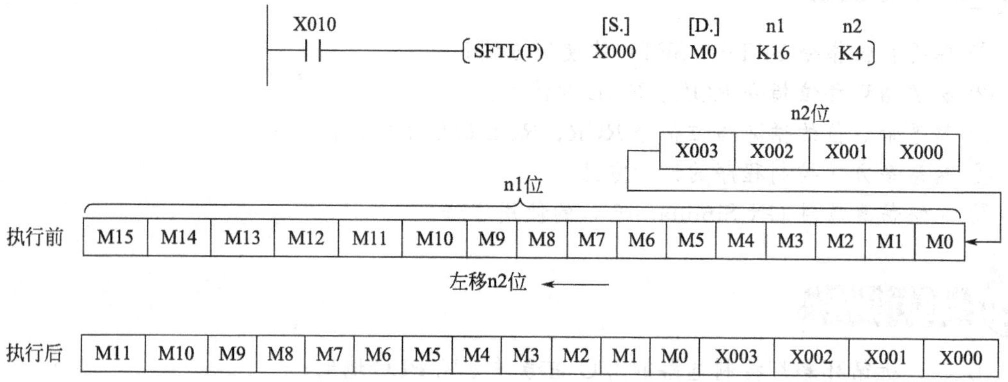

图 3-1-2　位左移指令 SFTL

2. 循环移位指令

1）循环右移指令 ROR

（D）ROR（P）指令（FNC 30）使 16 位数据或 32 位数据［D.］向右循环移动 n 位。［D.］可指定 KnY、KnM、KnS、T、C、D。n≤16（32），不能设定成负值。非脉冲式时，每个扫描周期都执行移位。

循环右移指令 ROR 如图 3-1-3 所示。图中，当 X4 由 OFF→ON 时，［D.］内的 16 位数据循环向右移 3 位，最后从最低位移出的位数据存放到进位标志 M8022 中。

2）循环左移指令 ROL

（D）ROL（P）指令（FNC 31）使 16 位数据或 32 位数据［D.］向左循环移动 n 位。［D.］可指定 KnY、KnM、KnS、T、C、D。n≤16（32），不能设定成负值。非脉冲式时，每个扫描周期都执行移位。

循环左移指令 ROL 如图 3-1-4 所示。图中，当 X1 由 OFF→ON 时，［D.］内的 16 位数据循环向左移 3 位，最后从最高位移出的位数据存放到进位标志 M8022 中。

3. 带进位的循环移位指令

1）带进位循环右移指令 RCR

（D）RCR（P）指令（FNC 32）使 16 位数据或 32 位数据［D.］与进位位 M8022 一起

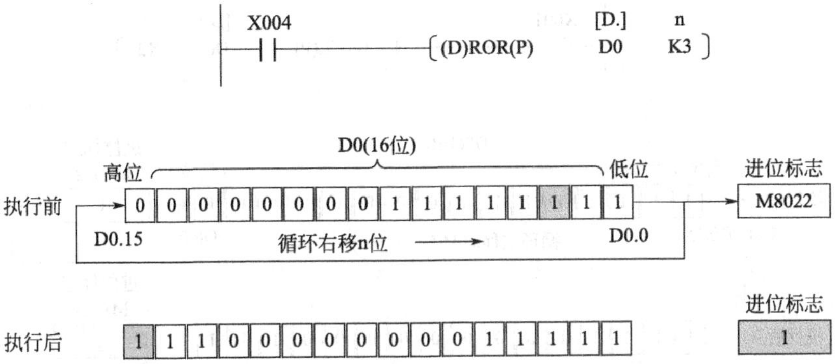

图 3-1-3　循环右移指令 ROR

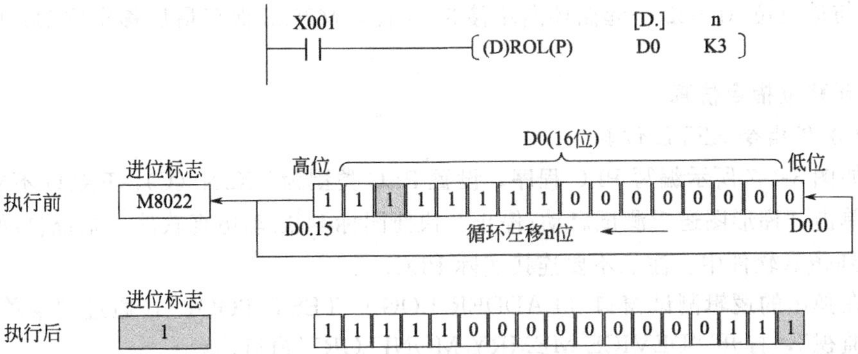

图 3-1-4　循环左移指令 ROL

向右循环移动 n+1 位。[D.] 可指定 KnY、KnM、KnS、T、C、D。n≤16 (32)，不能设定成负值。循环移动非脉冲式时，每个扫描周期都执行移位。

带进位循环右移指令 RCR 如图 3-1-5 所示。图中，当 X4 由 OFF→ON 时，[D.] 内的 16 位数据与进位位 M8022 一起循环向右移 3+1 位，M8022 保存最后移出位 D0.2（n－1 位）的值。

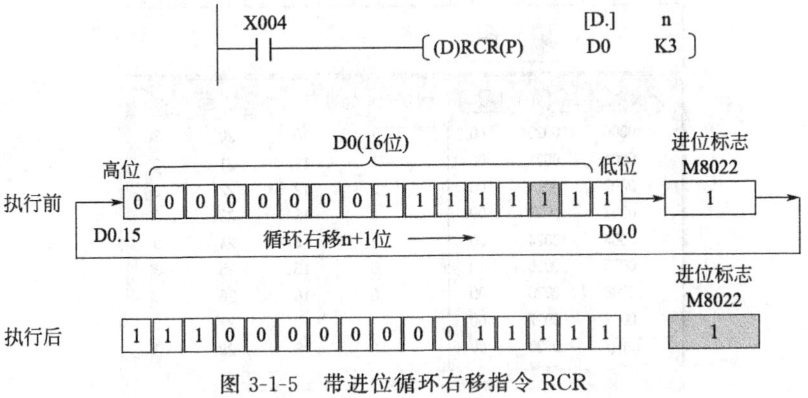

图 3-1-5　带进位循环右移指令 RCR

2) 带进位循环左移指令 RCL

(D) RCL (P) 指令 (FNC 33) 使 16 位数据或 32 位数据 [D.] 与进位位 M8022 一起向左循环移动 n+1 位。[D.] 可指定 KnY、KnM、KnS、T、C、D。n≤16 (32)，不能设定成负值。循环移动非脉冲式时，每个扫描周期都执行移位。

带进位循环左移指令 RCL 如图 3-1-6 所示。图中，当 X1 由 OFF→ON 时，[D.] 内的

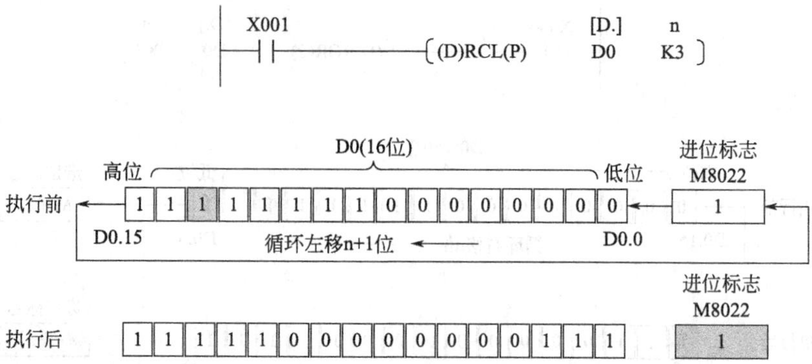

图 3-1-6　带进位循环左移指令 RCL

16 位数据与进位位 M8022 一起循环向左移 3+1 位，M8022 保存最后移出位 D0.13（16－n 位）的值。

4. 循环移位指令仿真

1）位左移指令 SFTL 仿真

（1）如图 3-1-7 所示编写 PLC 程序，设置 PLC 类型为 FX2N（C）。FX3U 不支持仿真。

（2）单击“梯形图逻辑测试启动/停止”快捷图标启动仿真软件，系统自动下载当前 PLC 程序到仿真软件中。注意不要连接实际 PLC。

（3）在弹出的逻辑测试窗口（LADDER LOGIC TEST TOOL），通过“菜单启动→继电器内存监视”，打开“DEVICE MEMRY MONITOR”窗口。

（4）通过路径“软元件→位软元件窗口→X”和“位软元件窗口→M”，分别打开 X 位软元件窗口和 M 位软元件窗口，如图 3-1-8 所示。

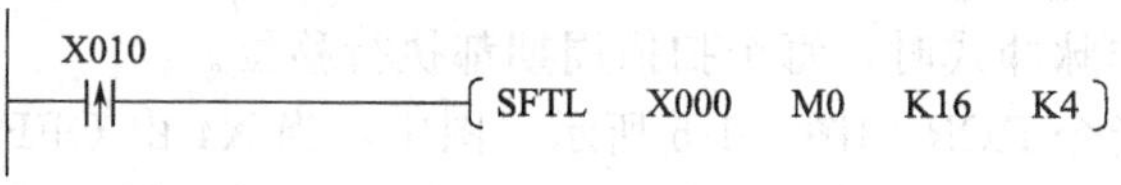

图 3-1-7　SFTL 指令仿真程序

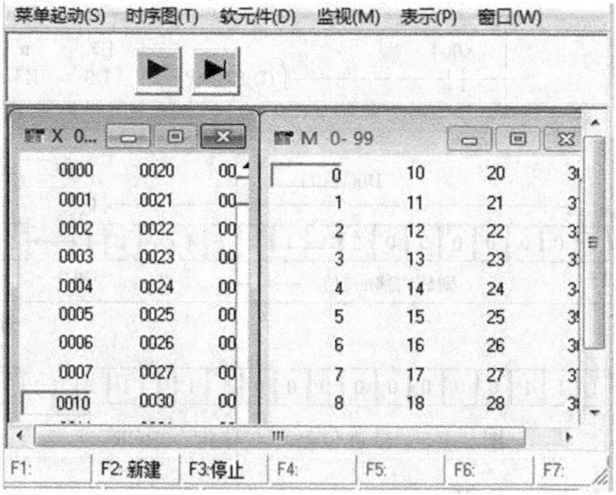

图 3-1-8　SFTL 指令仿真窗口

（5）双击 X0 和 X2，使之接通，即设置 K1X000=0101，如图 3-1-8 所示。

（6）双击 X10 接通 1 次，观察：K4M0（M15～M0）的输出值是多少？再次接通 X10，观察：K4M0（M15～M0）的输出值是多少？

2）带进位循环右移指令 RCRP 仿真

（1）如图 3-1-9 所示编写 PLC 程序，设置 PLC 类型为 FX2N（C）。

（2）启动仿真软件，下载当前 PLC 程序到仿真软件中。通过“菜单启动→继电器内存监视”，打开“DEVICE MEMRY MONITOR”窗口。

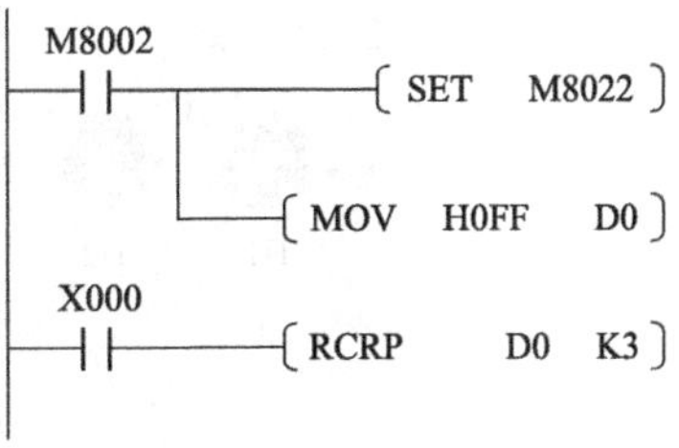

图 3-1-9　RCR 指令仿真程序

（3）通过路径“软元件→位软元件窗口→X”和“字软元件窗口→D”，分别打开 X 位软元件窗口和 D 字软元件窗口（D 的值选择 Hex，即十六进制），如图 3-1-10 所示。D0 的初始值应该为 H00FF。

（4）双击 X000 接通 1 次，观察：D0 的输出值是否为 HE01F（图 3-1-5 执行后显示的值）？要使 D0＝HFC03，X000 至少应接通几次？

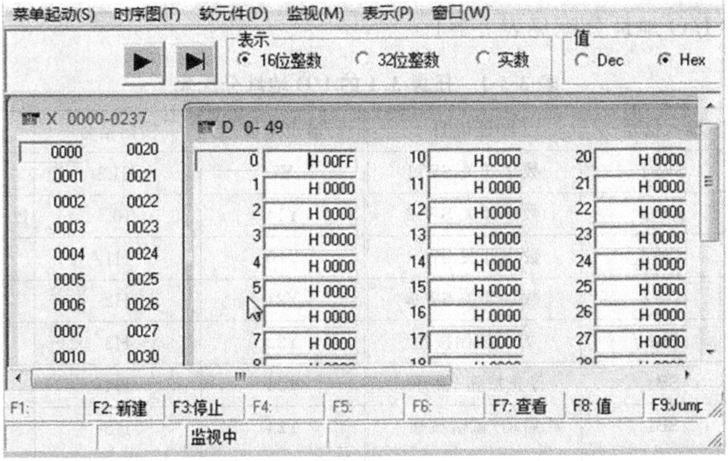

图 3-1-10　RCR 指令仿真窗口

3.1.2　基本任务

1. 任务要求

1）系统功能

循环彩灯 PLC 控制，利用附录 B 描述的装置实现。8 盏彩灯 H1～H8，可以向左或向右循环点亮，点亮间隔时间为 1s。

2）操作要求

操作面板布局如图 3-1-11 所示。

（1）按钮 SB1 用于启动系统，并给 H1～H4 赋初始值，初始值由数字开关 SW 输入。

（2）按钮 SB2 用于改变循环方向。按 1 次向右循环，再按 1 次向左循环。

（3）按钮 SB3 用于停止输出。

2. 分析控制对象并确定 I/O 地址分配表

1）分析控制对象

输入信号共 7 个。主令信号有启动/赋值、方向控制、停止按钮，共 3 个；初始值数字开关 BCD 输入 4 个。

输出信号共 10 个。运行指示 HL2，数字开关片选信号 1 个，彩灯驱动信号 H1～H8。

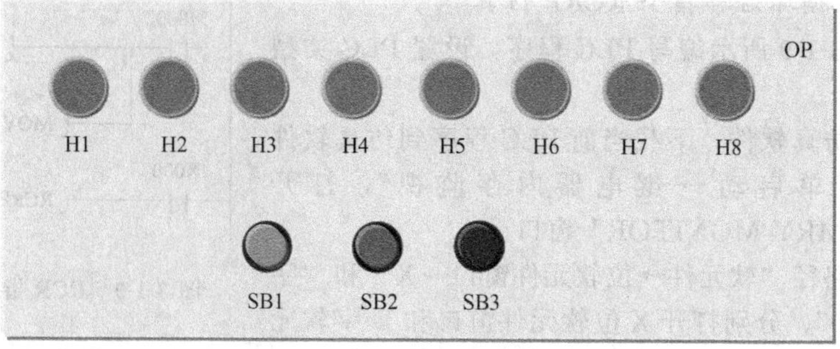

图 3-1-11 操作面板布局

选择 FX3U-48MT/ES-A 型 PLC。

2）I/O 地址分配

任务 3.1 的 I/O 地址分配见表 3-1-1。

表 3-1-1 任务 3.1 的 I/O 地址分配表

输入地址	输入信号	功能说明	输出地址	输出信号	功能说明
X20	SW-1	数字开关 SW-1	Y7	HL2	运行指示
X21	SW-2	数字开关 SW-2	Y14	10^0	数字开关片选信号个位
X22	SW-4	数字开关 SW-4	Y20	H1	彩灯 1
X23	SW-8	数字开关 SW-8	Y21	H2	彩灯 2
X24	SB2	方向控制按钮	Y22	H3	彩灯 3
X25	SB3	停止按钮(常开)	Y23	H4	彩灯 4
X26	SB1	启动/赋值按钮	Y24	H5	彩灯 5
—	—	—	Y25	H6	彩灯 6
—	—	—	Y26	H7	彩灯 7
—	—	—	Y27	H8	彩灯 8

3. 硬件设计

I/O 接线原理图如图 3-1-12 所示。

本任务的接线及接线说明见附录 B。所有电源线和控制线建议选用 1.5 多股铜导线。接 24V 端选用棕色导线，信号线选用灰色或白色。

4. 软件设计

创建一个新工程，选择 PLC 所属系列为 FXCPU，型号为 FX3U（C）。选择编程语言的类型为梯形图，按要求设置工程名称，例如“14JD313-3T1”。

彩灯循环控制程序如图 3-1-13 所示。

第 0 步逻辑行，用于赋初值。将数字开关选定的值送 K2M10 的低 4 位。例如，数字开关=3 时，$(K2M10)_B=00000011$。

第 7 步逻辑行，用于产生秒脉冲。秒脉冲信号从 T0 触点输出。

第 11～14 逻辑行，是一个二分频电路。M1 得电，彩灯向右循环（高位到低位）；M1 断电，彩灯向左循环（低位到高位）。

第 20～28 逻辑行是启停控制电路。M8034 得电，封锁输出。

第 30 逻辑行，M1 得电，彩灯右循环。因为 ROR 指令是 16 位的右循环指令，因此用

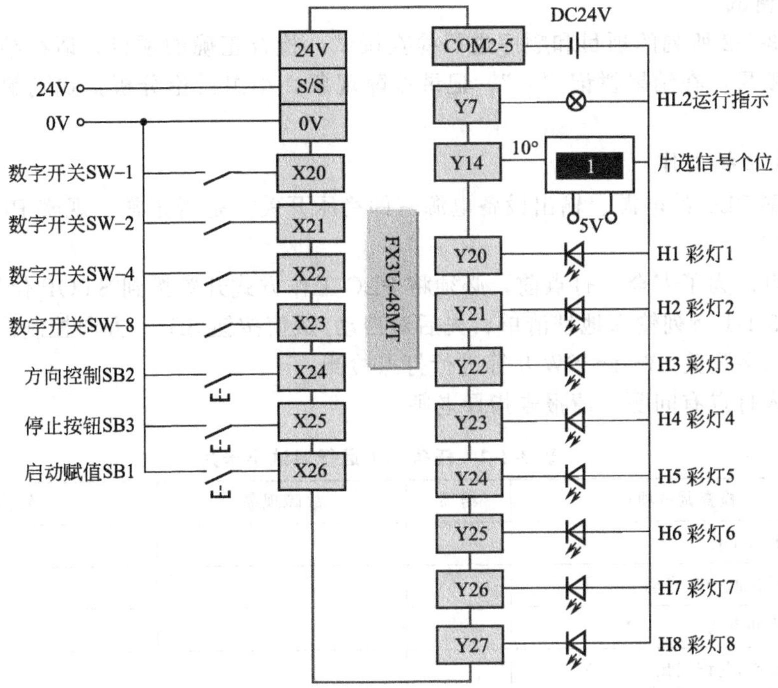

图 3-1-12　I/O 接线原理图

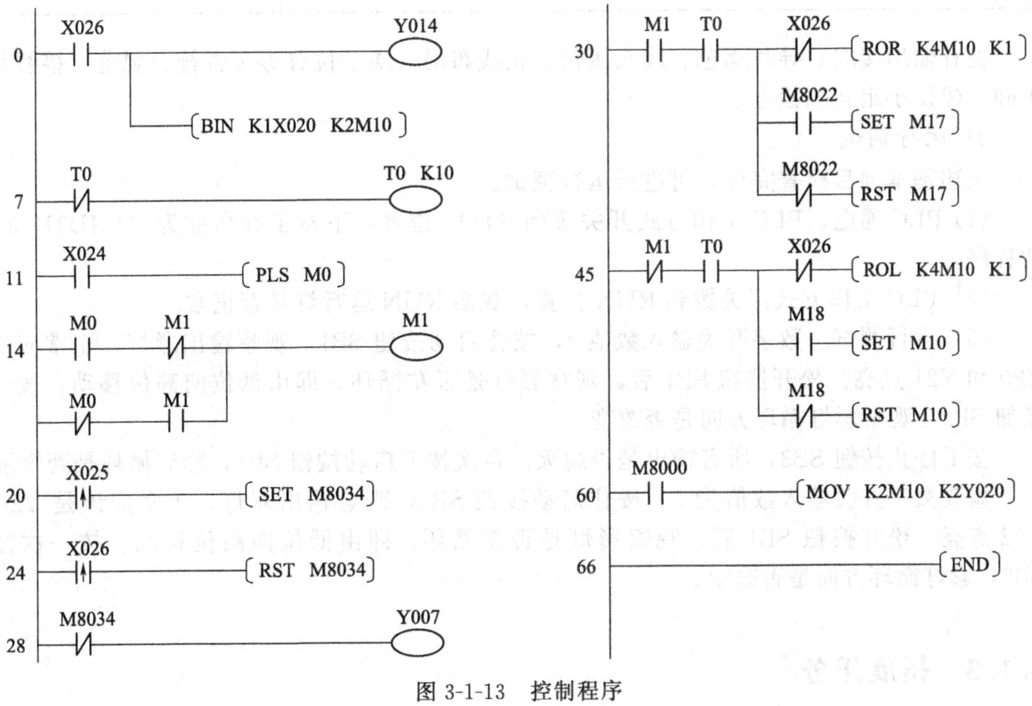

图 3-1-13　控制程序

最低位溢出位 M8022 赋值给 8 位的最高位 M17 来实现 8 位的右循环。

第 45 逻辑行，M1 断电，彩灯左循环。因为 ROL 指令是 16 位的左循环指令，因此用最高位溢出位 M18 赋值给 8 位的最低位 M10 来实现 8 位的左循环。

第 60 步逻辑行，将 8 位值送 K2Y20 显示。

5. 运行调试

按照表3-1-2所列的项目和顺序进行检查调试。检查正确的项目，请在结果栏记“√”；出现异常的项目，在结果栏记“×”，记录故障现象，小组讨论分析，找到解决办法，并排除故障。

1）调试准备工作

包括观察PLC的电源、输出设备电源（即稳压开关）是否正常。观察PLC工作状态指示灯是否正常。

输入打点。为了安全，打点前，必须将PLC工作方式开关拨到STOP位置。

按照表3-1-1所列输入地址清单，先后对启动/赋值按钮SB1、方向控制按钮SB2、停止按钮SB3、数字开关SW-1～SW-8等进行打点检测。

如果输入打点有问题，请报告指导老师。

表3-1-2 任务3.1运行调试小卡片

序号	检查调试项目	结果	故障现象	解决措施
1	调试准备工作			
2	数字开关值=3,启动			
3	改变循环方向			
4	禁止输出,允许输出			
5	数字开关值=5,启动			
6	改变循环方向			

检查输出接线，导线颜色、线头压接、走线布局、端子位置等是否符合规范，接线是否正确。建议小组互相检查。

2）运行调试

上述基本项目检查完后，可进行运行调试。

(1) PLC通电，PLC工作方式开关拨到STOP位置，下载工程名称为“14JD313-3T1”的程序。

(2) PLC工作方式开关拨到RUN位置，观察RUN运行灯是否正常。

(3) 运行测试。数字开关输入数值3，按住启动按钮SB1，观察输出彩灯，正常应该是Y20和Y21点亮。松开按钮SB1后，观察彩灯是否左循环，即由低位向高位移动。按一次按钮SB2，观察彩灯循环方向是否改变。

按下停止按钮SB3，所有输出是否熄灭。再次按下启动按钮SB1，彩灯循环是否继续。

修改数字开关输入数值为5，按住启动按钮SB1，观察输出彩灯，正常应该是Y20和Y22点亮。松开按钮SB1后，观察彩灯是否左循环，即由低位向高位移动。按一次按钮SB2，彩灯循环方向是否改变。

3.1.3 拓展任务

(1) 8盏彩灯H1～H8，可以向左或向右循环点亮，点亮间隔时间为1s。按钮SB2用于启动系统及给H1～H4赋初始值，初始值由数字开关SW输入。按钮SB3用于停止输出。向右循环3次后自动向左循环，向左循环3次后自动向右循环。请编写控制程序。

【提示】8盏灯循环完3次，需要23个脉冲。

（2）某广场需安装 6 盏霓虹灯 H0～H5，要求 H0～H5 以正序每隔 1s 依次轮流点亮，然后全亮保持 5s，再循环。按钮 SB2 用于启动及给 H0 赋初始值。按钮 SB3 用于停止输出。

【提示】将霓虹灯 H0～H5 接于 Y20～Y25，用移位指令 SFTL、ROL 实现控制功能，也可以用乘 2 的方法实现，用移位字的 bit6 位控制移位和全亮灯。请编程满足其控制要求。

任务 3.2　数码管的控制

知识目标

① 熟悉加 1 指令 INC 和减 1 指令 DEC 的使用方法；
② 熟悉比较指令 CMP 和区间比较指令 ZCP 的使用方法；
③ 熟悉反转传送指令 CML 的使用方法；
④ 掌握 BCD 转换指令的使用方法；
⑤ 了解七段数码管及分时显示指令 SEGL 的使用方法；
⑥ 了解字节单位的数据分离指令 WTOB 的使用方法。

能力目标

① 会数码管电路的 PLC 接线；
② 能绘制 2 位数码管电路的 I/O 接线图并完成接线；
③ 能编制多方式数码管控制程序；
④ 能根据现场动作分析判断数码管控制电路是否满足要求。

3.2.1　知识准备

1. 加减 1 指令

1）加 1 指令 INC

(D)INC(P) 指令（FNC 24）将指定的软元件［D.］数据加 1。软元件可以是 16 位或 32 位。目标操作数［D.］可以使用的元件有 KnY、KnM、KnS、T、C、D、V 和 Z。非脉冲式时，每个扫描周期都执行移位。

INC 指令的使用如图 3-2-1 所示。图中，16 位的运算时，表达式为（D10）+1→(D10)；32 位的运算时，表达式为（D11，D10）+1→(D11，D10)。

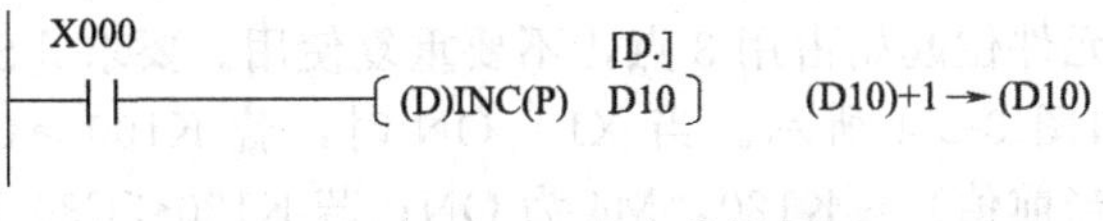

图 3-2-1　INC 指令的使用

2）减 1 指令 DEC

(D)DEC(P) 指令（FNC 25）将指定的软元件［D.］数据减 1。软元件可以是 16 位或 32 位。目标操作数［D.］可以使用的元件有 KnY、KnM、KnS、T、C、D、V 和 Z。非脉冲式时，每个扫描周期都执行移位。

DEC指令的使用如图3-2-2所示。图中，16位的运算时，表达式为（D10）－1→(D10)；32位的运算时，表达式为（D11，D10）－1→(D11，D10)。

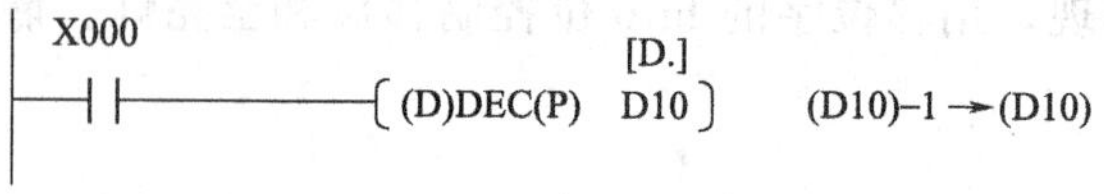

图3-2-2 DEC指令的使用

2. 比较指令和区间比较指令

1）比较指令CMP

(D)CMP(P) 指令（FNC 10）是比较两个源操作数［S1.］和［S2.］的代数值（带符号）大小，将结果送到目标操作数［D.］～［D. ＋2］中。源操作数可以是所有16位或32位字软元件，［D.］为Y、M、S、D□.b。要清除比较结果，应采用复位指令RST。注意，［D.］指定的软元件位起始占用3点，不要重复使用。

CMP指令的使用如图3-2-3所示。当X1＝ON时，若K3＞C20（当前值），M0为ON；若K3＝C20（当前值），M1为ON；若K3＜C20（当前值），M2为ON。不执行比较指令时，可用ZRST指令清除比较结果。

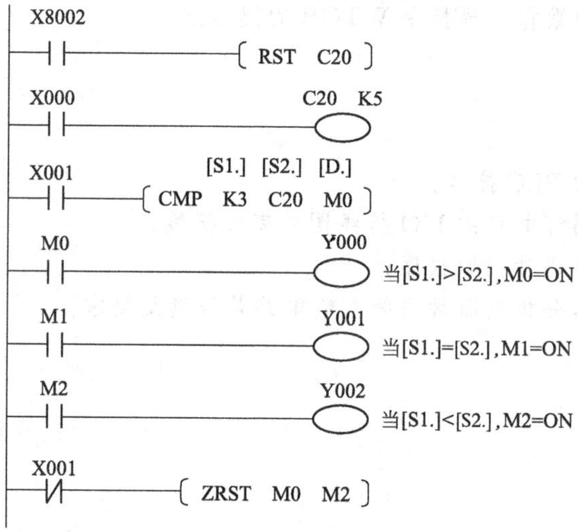

图3-2-3 CMP指令的使用

2）区间比较指令ZCP

(D)ZCP(P) 指令（FNC 11）针对2个数据［S1.］和［S2.］的值（区间），与比较源［S.］的值比较大小，将结果送到目标操作数［D.］～［D. ＋2］中。源操作数可以是所有16位或32位字软元件，［D.］为Y、M、S、D□.b。要清除比较结果，应采用复位指令RST。注意，［D.］指定的软元件位起始占用3点，不要重复使用。要求［S1.］≤［S2.］。

ZCP指令的使用如图3-2-4所示。当X1＝ON时，若K100＞C30（当前值），M3为ON；若K100≤C30（当前值）≤K120，M4为ON；若K120＜C30（当前值），M5为ON。不执行比较指令时，可用ZRST指令清除比较结果。

3. 反转传送指令CML

(D)CML(P) 指令（FNC 14）源数据［S.］（含符号位）按位取反后传送给目标元件［D.］。［S.］可以是所有16位或32位字软元件，［D.］可以使用的元件有KnY、KnM、

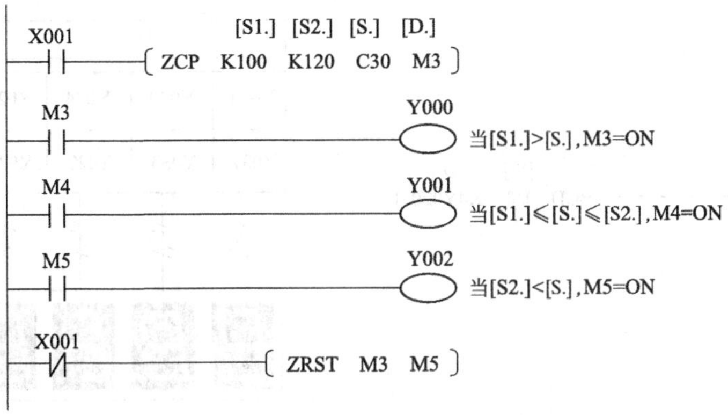

图 3-2-4 ZCP 指令的使用

KnS、T、C、D、V 和 Z。

CML 指令的使用如图 3-2-5 所示。当 PLC 运行时，D0 中的值按位取反后，送 D1 中。如果［D.］指定的位数为 4 位时，则［S.］的低 4 位数值反转。

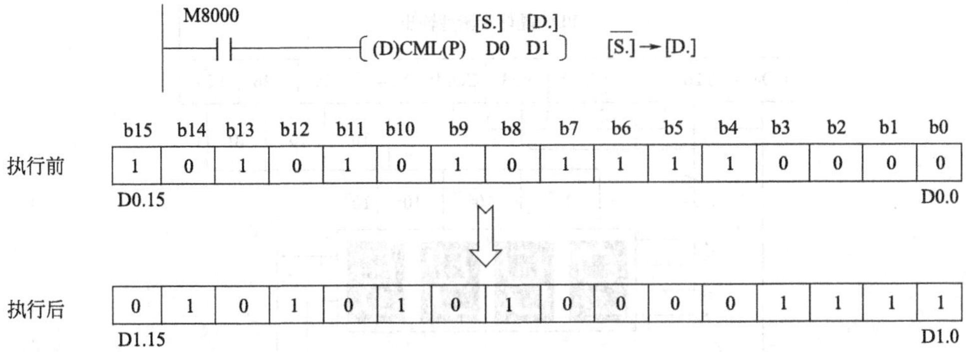

图 3-2-5 CML 指令的使用

4. BCD 转换指令

(D)BCD(P) 指令（FNC 18）将源操作数［S.］的二进制数转换为 BCD 码（10 进制数）后，送到目标软元件［D.］中。运算按照 BIN 数据进行处理，在带 BCD 译码的 7 段码显示器中显示数据时，可使用本指令。32 位运算时，将［S.＋1，S.］的 BIN 数转换成 BCD 码。

16 位 BCD 指令如图 3-2-6 所示。当 X0＝ON 时，将 D0 中的二进制数据转换为 4 位 BCD 码（数据范围 0000～9999）数据后送 K4Y20。若转换 D0 的低 4 位，数据范围 0～9，则目标元件可为 K1Y20；若转换的数据范围 00～99，则目标元件可为 K2Y20；若转换的数据范围 000～999，则目标元件可为 K3Y20。

5. 七段码分时显示指令 SEGL

SEGL 指令（图 3-2-7）（FNC 74）是控制 1 组或 2 组 4 位数带锁存的 7 段数码管显示的指令。源操作数［S.］可以使用 BIN16 位字元件。目标操作数［D.］可以使用的元件为 Y。n 参数编号范围：K0～K7。K0——输出、输入、选通信号均为负逻辑或均为正逻辑。K1——输出、输入、选通分别为负（漏型输出）、负、正或正（源型输出）、正、负。

图 3-2-7 是 4 位数 1 组（n＝K0～K3）运算的例子，连接 7 段数码管。将 D0 中的 4 位数据（0～9999）由 BIN 转换为 BCD 码后，采用分时方式，从 Y23～Y20 依次对每一位数

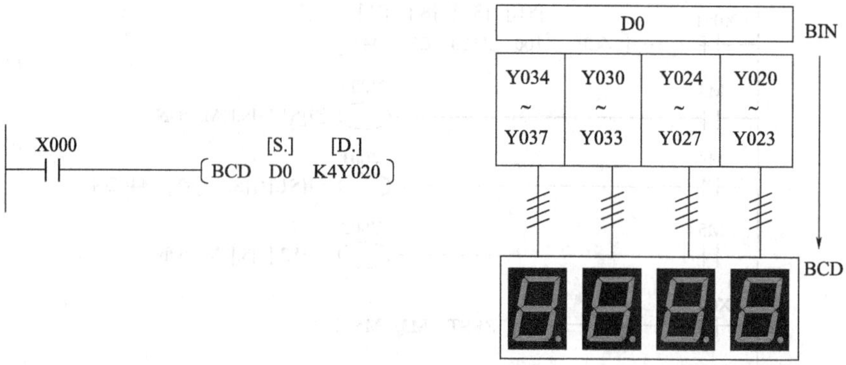

图 3-2-6　16 位 BCD 指令

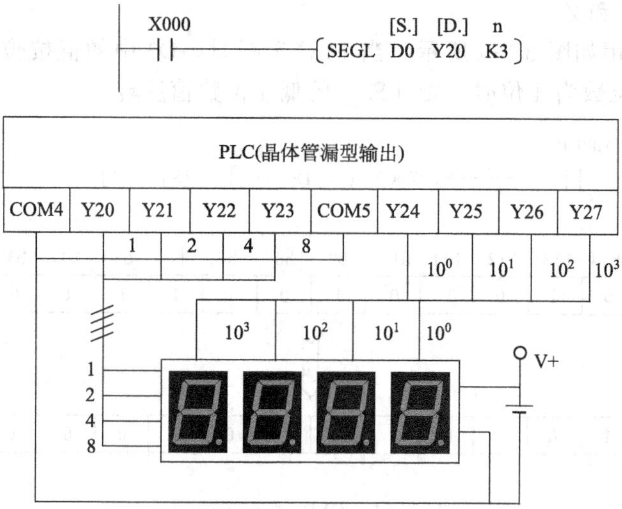

图 3-2-7　SEGL 指令

输出，选通信号从 Y27～Y24 也依次分时输出。n＝K3，PLC 输出负逻辑，数据输入正逻辑，选通信号正逻辑。

6. 字节单位的数据分离指令 WTOB

WTOB(P) 指令（FNC 141）将连续的 16 位数据按照字节（8 位）单位进行分离。将［S.］开始的 $n/2$ 个软元件中保存的 16 位数据分离成 n 个字节，保存到以［D.］开始的 n 个软元件中。［S.］和［D.］均为 BIN16 位数据。分离后［D.］的高字节中保存 00H。n 为奇数时，分离［S.］－［S.＋$\frac{n+1}{2}$］。

图 3-2-8 是 WTOB 指令使用的例子。当 X0＝ON 时，将［D0］开始的 3 个软元件中的 16 位数据分离成 5 个字节，保存到以［D10］开始的 5 个软元件中，D10～D14 的高字节为 00H。

7. 数码管

七段数码管的外观示意和管脚排列如图 3-2-9(a) 所示。它有两种接法：图 3-2-9(b) 是共阳接法，图 3-2-9(c) 是共阴接法。显然数码管与晶体管漏型输出（负逻辑）PLC 接连时，应该选择共阳接法。

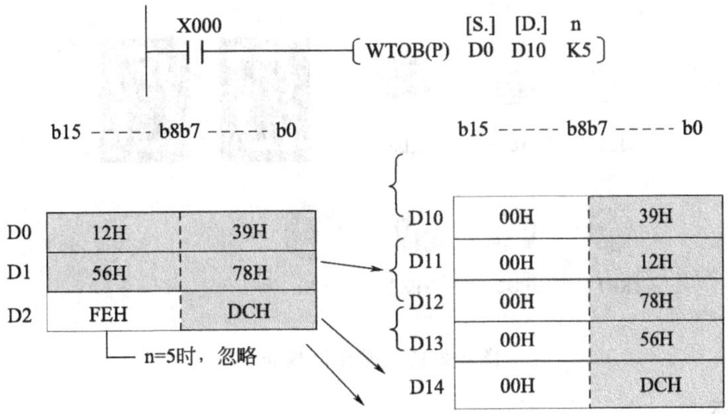

图 3-2-8 WTOB 指令使用举例

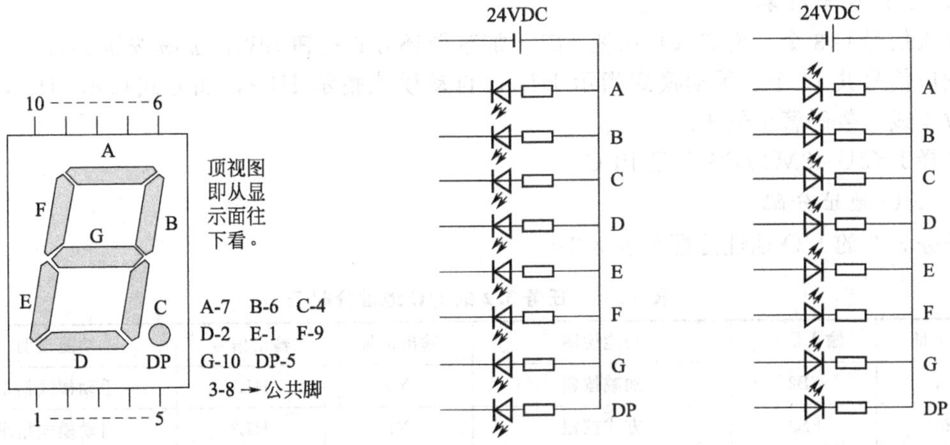

(a) 外观与管脚排列　　(b) 共阳接法　　(c) 共阴接法

图 3-2-9 数码管

3.2.2 基本任务

1. 任务要求

1）系统功能

数码管的 PLC 控制，利用附录 B 描述的装置实现。设计一个用 PLC 来控制数码管循环显示数字 0、1、2、…、19 的控制系统。

2）操作要求

操作面板布局如图 3-2-10 所示。

（1）有手动和自动两种工作模式。SB1 按 1 次为自动模式，再按 1 次为手动模式。

（2）手动模式时，指示灯 HL1 亮。自动模式，指示灯 HL2 亮。

（3）有加和减两种循环方式。SB3 按 1 次为加 1 方式（指示灯 HL3 点亮），再按 1 次为减 1 方式（指示灯 HL3 熄灭）。

（4）手动模式下，每按 1 次按钮 SB2，数码管加 1（或减 1），由 0～19（或 19～0）依次点亮，并实现循环。

（5）自动模式下，每隔 1s 数码管显示值自动加 1（或减 1），由 0～19（或 19～0）依次

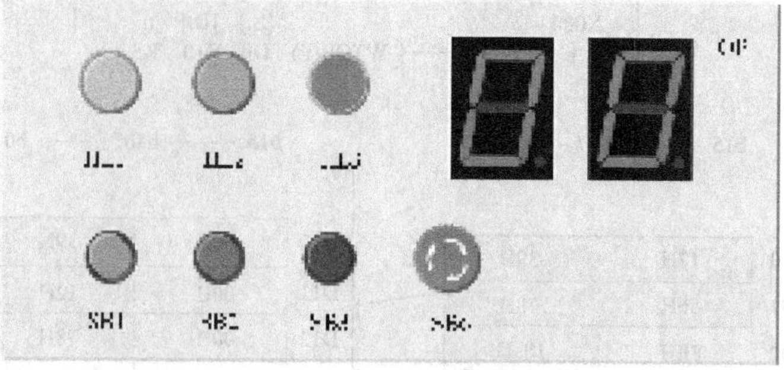

图 3-2-10　操作面板布局

点亮，并实现循环。

2. 分析控制对象并确定 I/O 地址分配表

1）分析控制对象

输入信号共 3 个。模式选择按钮 SB1，加减循环方式按钮 SB3，加减按钮 SB2。

输出信号共 11 个。手动模式指示 HL1，自动模式指示 HL2，加方式指示 HL3，数码管个位 4 线，数码管十位 4 线。

选择 FX3U-48MT/ES-A 型 PLC。

2）I/O 地址分配

任务 3.2 的 I/O 地址分配见表 3-2-1。

表 3-2-1　任务 3.2 的 I/O 地址分配表

输入地址	输入信号	功能说明	输出地址	输出信号	功能说明
X24	SB2	加减按钮	Y6	HL1	手动模式指示
X25	SB3	方式按钮	Y7	HL2	自动模式指示
X26	SB1	模式按钮	Y10	HL3	加方式指示
—	—	—	Y20	BCD0-1	个位－1
—	—	—	Y21	BCD0-2	个位－2
—	—	—	Y22	BCD0-4	个位－4
—	—	—	Y23	BCD0-8	个位－8
—	—	—	Y24	BCD1-1	十位－1
—	—	—	Y25	BCD1-2	十位－2
—	—	—	Y26	BCD1-4	十位－4
—	—	—	Y27	BCD1-8	十位－8

3. 硬件设计

I/O 接线原理图如图 3-2-11 所示。

本任务的接线及接线说明见附录 B。所有电源线和控制线建议选用 1.5 多股铜导线。接 24V 端选用棕色导线，信号线选用灰色或白色。

4. 软件设计

创建一个新工程，选择 PLC 所属系列为 FXCPU，型号为 FX3U（C）。选择编程语言的类型为梯形图，按要求设置工程名称，例如“14JD313-3T2”。

数码管控制程序设计如图 3-2-12 所示。

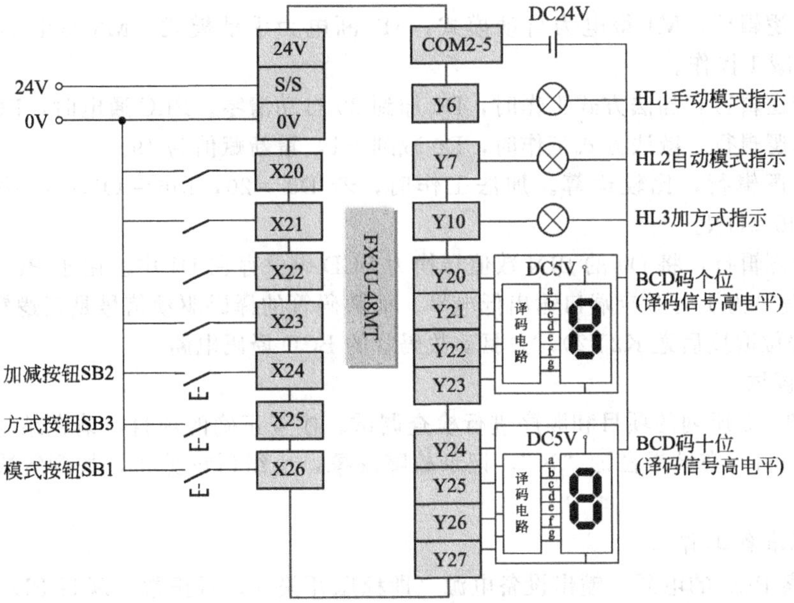

图 3-2-11 I/O 接线原理图

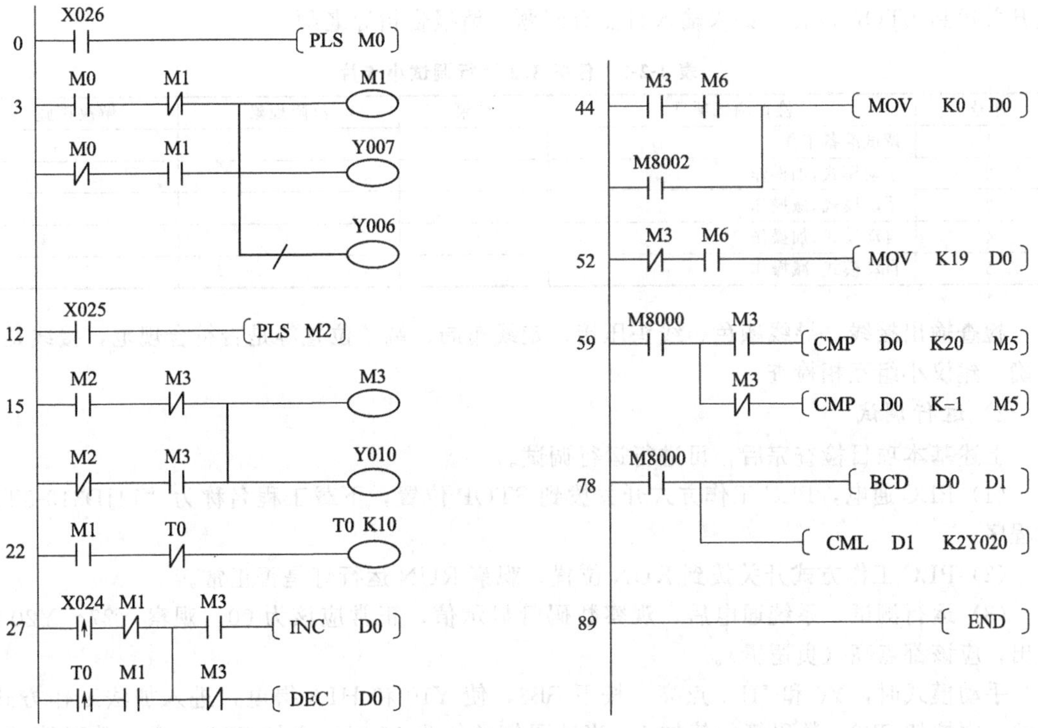

图 3-2-12 数码管控制程序设计

第 0 步和第 3 步逻辑行，实现模式选择功能。SB1 按一次，M1 和 Y7 得电，为自动模式；再按 SB1 一次，M1 断电，Y6 得电，为手动模式。

第 12 步和第 15 步逻辑行，实现加/减方式选择功能。SB3 按一次，M3 和 Y10 得电，为加法方式；再按 SB3 一次，M3 和 Y10 断电，为减法方式。

第22步逻辑行，自动模式下，T0产生秒脉冲。

第27步逻辑行，M1得电为自动模式，M1断电为手动模式；M3得电D0加1操作，M3断电D0减1操作。

第44步逻辑行，加法方式工作时，D0加到20自动清零。PLC通电时，D0也清零。

第52步逻辑行，减法方式工作时，D0减到－1，重新赋值为19。

第59步逻辑行，比较运算。加法工作时，若D0＝20，M6＝ON；减法工作时，若D0＝－1，M6＝ON。

第78步逻辑行，将D0的BIN数值转换为BCD码保存在D1中。由于PLC是负逻辑输出，即内部信号为1时对应端口输出低电平。而数码管的译码驱动信号是正逻辑。所以需要将D1的值按位取反后送K2Y20，去驱动数码管的BCD译码电路。

5. 运行调试

按照表3-2-2所列的项目和顺序进行检查调试。检查正确的项目，请在结果栏记“√”；出现异常的项目，在结果栏记“×”，记录故障现象，小组讨论分析，找到解决办法，并排除故障。

1）调试准备工作

包括观察PLC的电源、输出设备电源（即稳压开关）是否正常。观察PLC工作状态指示灯是否正常。

按照表3-2-1所列输入地址清单进行输入打点。为了安全，打点前，必须将PLC工作方式开关拨到STOP位置。如果输入打点有问题，请报告指导老师。

表3-2-2　任务3.2运行调试小卡片

序号	检查调试项目	结果	故障现象	解决措施
1	调试准备工作			
2	手动模式，加操作			
3	手动模式，减操作			
4	自动模式，加操作			
5	自动模式，减操作			

检查输出接线，导线颜色、线头压接、走线布局、端子位置等是否符合规范，接线是否正确。建议小组互相检查。

2）运行调试

上述基本项目检查完后，可进行运行调试。

（1）PLC通电，PLC工作方式开关拨到STOP位置，下载工程名称为“14JD313-3T2”的程序。

（2）PLC工作方式开关拨到RUN位置，观察RUN运行灯是否正常。

（3）运行测试。系统通电后，观察数码管显示值，正常应该为00。观察Y27～Y20的输出，应该都点亮（负逻辑）。

手动模式时，Y6和HL1点亮。按下SB3，使Y10和HL3得电，进入加法工作方式。每按一次按钮SB2，数码管的值加1。当数码管的值为19时，再按SB2一次，数码管的值是否变为0。

手动模式下。再次按下SB3，使Y10和HL3断电，进入减法工作方式。每按一次按钮SB2，数码管的值减1。当数码管的值为0时，再按SB2一次，数码管的值是否变为19。

按下SB1一次，进入自动模式时，Y7和HL2点亮。Y10和HL3断电，减法工作方式下。观察数码管的显示，是否从当前值开始，每隔1s减1，当减到0后，又从19开始自动减 1 操作。

自动模式下。按下 SB3，使 Y10 和 HL3 得电，进入加法工作方式。观察数码管的值，是否从当前值开始，每隔 1s 加 1，当加到 19 后，又从 0 开始自动加 1 操作。

3.2.3 拓展任务

一百以内的加法计算。加数由 4 位数字开关从 X20～X23 输入到 D0 中，低 8 位为加数，高 8 位为被加数。和存放到 D2 中，用 2 位数码管显示。要求：输入数据后，按 SB2，开始运算。运算完毕，绿灯 HL2 亮。若结果超过 99，则黄灯 HL1 亮。

提示，一百以内加法运算机理如图 3-2-13 所示。

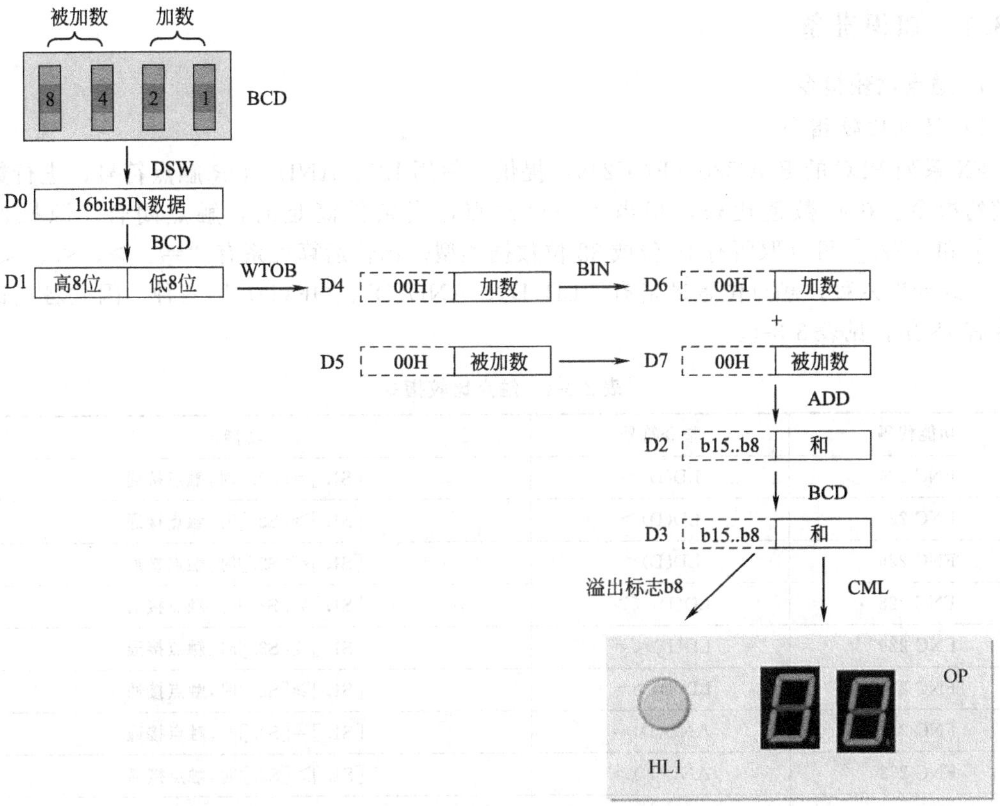

图 3-2-13 一百以内加法运算机理

任务 3.3 十字路口交通灯 PLC 控制

知识目标

① 掌握触点比较指令的使用方法；

② 熟悉跳转指令的使用方法；

③ 了解倒计时功能的算法；

④ 进一步熟悉数码管显示电路的控制方法。

能力目标

① 能绘制十字路口交通灯控制电路的I/O接线图并完成接线；

② 能实现多方式十字路口交通灯控制；

③ 会编制倒计时显示控制程序；

④ 会设计十字路口交通灯控制系统的调试卡片。

3.3.1 知识准备

1. 触点比较指令

1）触点比较指令

FX系列PLC的FNC220～FNC249，提供了使用LD、AND、OR触点符号，进行数据比较的指令。执行数值比较，相当于一个触点，当条件满足时，触点闭合。源操作数［S1.］和［S2.］可以取所有16位或32位数据类型。比较运算关系有“＝、＞、＜、＜＞、＜＝、＞＝”六种，触点位置逻辑有“LD(D)、AND(D)、OR(D)”三种，因此触点比较指令有18条，见表3-3-1。

表3-3-1　触点比较指令

功能代码	指令符号	功能
FNC 224	LD(D)＝	[S1.]＝[S2.]时，触点接通
FNC 225	LD(D)＞	[S1.]＞[S2.]时，触点接通
FNC 226	LD(D)＜	[S1.]＜[S2.]时，触点接通
FNC 228	LD(D)＜＞	[S1.]≠[S2.]时，触点接通
FNC 229	LD(D)＜＝	[S1.]≤[S2.]时，触点接通
FNC 230	LD(D)＞＝	[S1.]≥[S2.]时，触点接通
FNC 232	AND(D)＝	[S1.]＝[S2.]时，触点接通
FNC 233	AND(D)＞	[S1.]＞[S2.]时，触点接通
FNC 234	AND(D)＜	[S1.]＜[S2.]时，触点接通
FNC 236	AND(D)＜＞	[S1.]≠[S2.]时，触点接通
FNC 237	AND(D)＜＝	[S1.]≤[S2.]时，触点接通
FNC 238	AND(D)＞＝	[S1.]≥[S2.]时，触点接通
FNC 240	OR(D)＝	[S1.]＝[S2.]时，触点接通
FNC241	OR(D)＞	[S1.]＞[S2.]时，触点接通
FNC 242	OR(D)＜	[S1.]＜[S2.]时，触点接通
FNC 244	OR(D)＜＞	[S1.]≠[S2.]时，触点接通
FNC 245	OR(D)＜＝	[S1.]≤[S2.]时，触点接通
FNC 246	OR(D)＞＝	[S1.]≥[S2.]时，触点接通

图 3-3-1 是触点比较指令的使用方法。

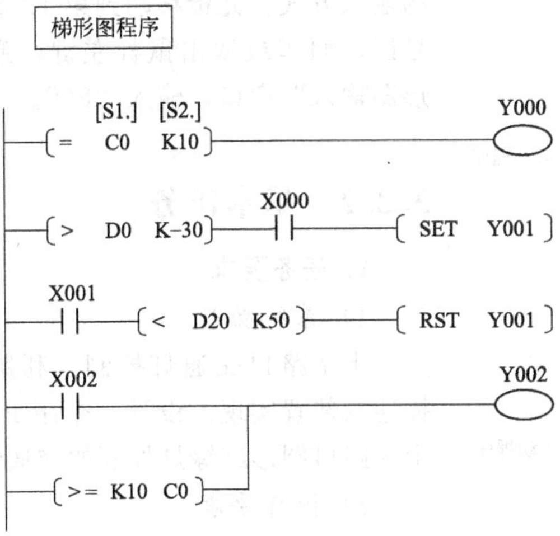

指令表程序

0	LD=	C0	K10
5	OUT	Y000	
6	LD>	D0	K-30
11	AND	X000	
12	SET	X001	
13	LD	X001	
14	AND<	D20	K50
19	RST	Y001	
20	LD	X002	
21	OR>=	K10	C0
26	OUT	Y002	
27	END		

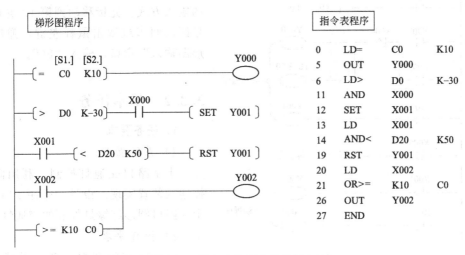

图 3-3-1 触点比较指令的使用方法

2) 触点比较指令应用举例

如图 3-3-2 所示，12 盏彩灯接在 Y0～Y13 点，当 X0 接通后系统开始工作。当 X0 为 OFF 时彩灯全部熄灭。小于等于 2s 时，第 1～6 盏灯点亮；2～4s 之间，第 7～12 盏灯点亮；大于等于 4s 时，12 盏灯全亮，保持到 2s，然后再循环。

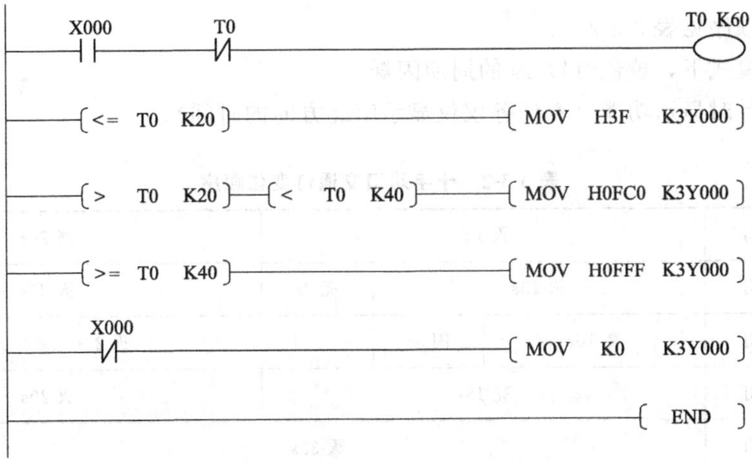

图 3-3-2 触点比较指令应用举例

2. 跳转指令 CJ

跳转指令 CJ（P）（FNC 141）用来选择执行指定的程序段，跳过暂时不需要执行的程序段。指针编号：P0～P4095（P63 表示跳转到 END），可以向前跳，或者向后跳，也可以多个 CJ 指向同一目标号。P63 不用编程。

图 3-3-3 是跳转指令应用举例。当 X0＝ON 时，指令“CJ P0”满足执行条件，程序跳转到第 17 步逻辑行，然后顺序执行。当 X0＝OFF 时，程序顺序执行到第 13 步逻辑行，指令“CJ P63”满足执行条件，程序跳转到 END（P63）结束本次扫描运算。即当 X0＝ON 时，跳过自动程序，执行手动程序；当 X0＝OFF 时，只执行自动程序，不执行手动程序。X0 是手动模式和自动模式的选择开关。

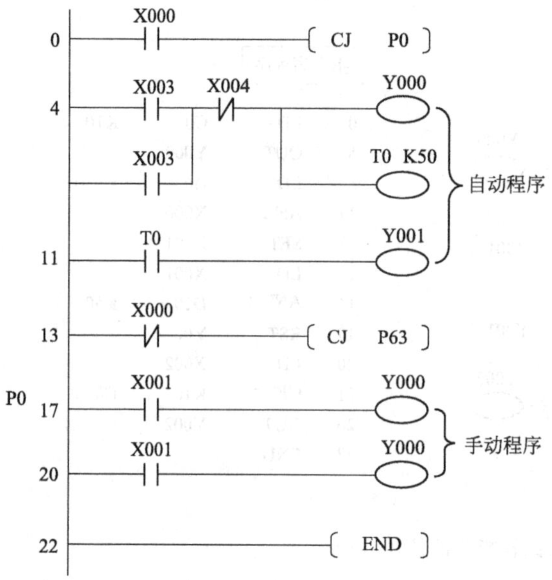

图 3-3-3 CJ 指令应用举例

编辑程序时，跳转标号（比如 P0）的输入方式：光标移动到第 17 逻辑行标号区，回车或双击鼠标左键，弹出“梯形图输入”窗口，输入“P0”。

3.3.2 基本任务

1. 任务要求

1）系统功能

十字路口交通灯控制，利用附录 B 描述的装置实现。设计一个用 PLC 实现十字路口圆形红绿灯控制的交通灯系统。

2）操作要求

（1）有夜间和白天两种模式。SB1 按 1 次为白天模式，快速按 2 次为夜间模式。

（2）白天模式时，指示灯 L2 亮。夜间模式，指示灯 L1 亮。

（3）白天模式下，交通灯按以下方案工作：首先南北方向绿灯亮，东西方向红灯亮。红绿灯工作变化顺序见表 3-3-2。

（4）夜间模式下，黄色灯以 1s 的周期闪烁。

（5）有倒计时显示功能（本任务仅仅显示南北方向的时间）。

表 3-3-2 十字路口交通灯变化顺序

<table>
<tr><td rowspan="3">南北方向</td><td>红灯</td><td colspan="3">灭 15s</td><td colspan="3">亮 20s</td></tr>
<tr><td>黄灯</td><td colspan="2">灭 13s</td><td>亮 2s</td><td colspan="3">灭 20s</td></tr>
<tr><td>绿灯</td><td>亮 10s</td><td>闪 3s</td><td colspan="4">灭 22s</td></tr>
<tr><td rowspan="3">东西方向</td><td>红灯</td><td colspan="3">亮 15s</td><td colspan="3">灭 20s</td></tr>
<tr><td>黄灯</td><td colspan="5">灭 33s</td><td>亮 2s</td></tr>
<tr><td>绿灯</td><td colspan="3">灭 15s</td><td>亮 15s</td><td>闪 3s</td><td>灭 2s</td></tr>
</table>

2. 分析控制对象并确定 I/O 地址分配表

1）分析控制对象

输入信号共 1 个。模式选择按钮 SB1。

输出信号共 16 个。夜间模式指示 L1，白天模式指示 L2，南北方向红、黄、绿灯各 1 个，东西方向红、黄、绿灯各 1 个，数码管个位 4 线，数码管十位 4 线。

选择 FX3U-48MT/ES-A 型 PLC。

2）I/O 地址分配

任务 3.3 的 I/O 地址分配见表 3-3-3。

表 3-3-3 任务 3.3 的 I/O 地址分配表

输入地址	输入信号	功能说明	输出地址	输出信号	功能说明
X26	SB1	模式按钮	Y20	BCD0－1	个位－1
输出地址	输出信号	功能说明	Y21	BCD0－2	个位－2
Y4	L1	夜间模式指示	Y22	BCD0－4	个位－4
Y5	L2	白天模式指示	Y23	BCD0－8	个位－8
Y6	SNY	南北黄灯	Y24	BCD1－1	十位－1
Y7	SNG	南北绿灯	Y25	BCD1－2	十位－2
Y10	SNR	南北红灯	Y26	BCD1－4	十位－4
Y15	EWR	东西红灯	Y27	BCD1－8	十位－8
Y16	EWY	东西黄灯	—	—	—
Y17	EWG	东西绿灯	—	—	—

3. 硬件设计

输入信号只有模式选择按钮 1 个，其接线原理参考图 3-2-11。输出接线原理如图 3-3-4 所示。

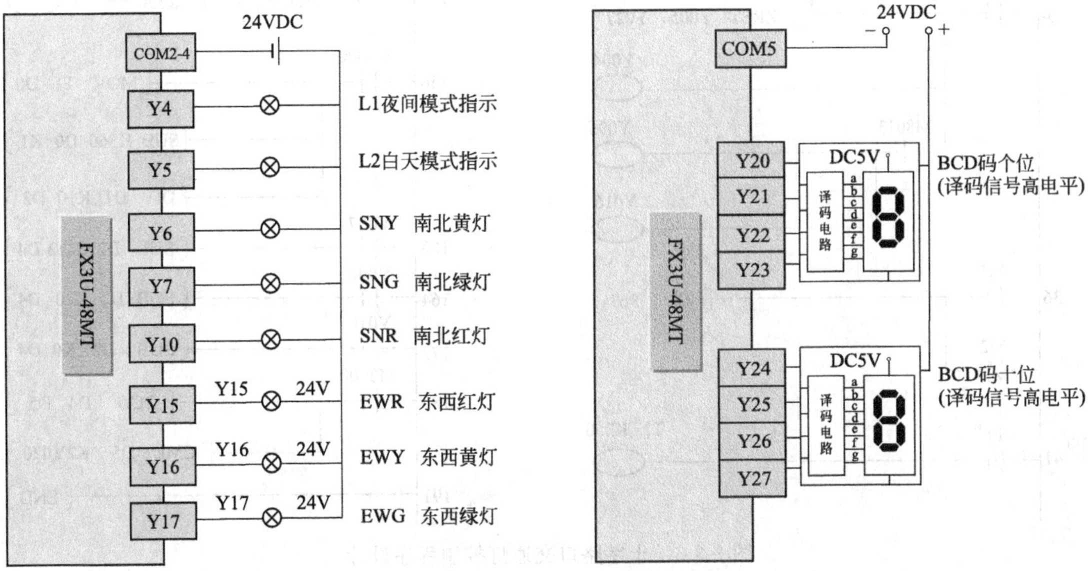

图 3-3-4 输出接线原理图

本任务需要接线东西方向信号灯，其余的接线及接线说明见附录 B。所有电源线和控制线建议选用 1.5 多股铜导线。接 24V 端选用棕色导线，信号线选用灰色或白色。

4. 软件设计

创建一个新工程，选择 PLC 所属系列为 FXCPU，型号为 FX3U(C)。选择编程语言的类型为梯形图，按要求设置工程名称，例如“14JD313-3T3”。

十字路口交通灯控制程序设计如图 3-3-5 所示。

第 0 和第 6 逻辑行，SB1(X026) 在 1s 内按 1 次，C0 值为 1，M2 接通，设置为白天模式；在 1s 内连按 2 次，C0 值为 2，M1 接通，设置为夜间模式。SB1 按后延时 1s 到，复位 M0 和 C0，可以重新设置工作模式。

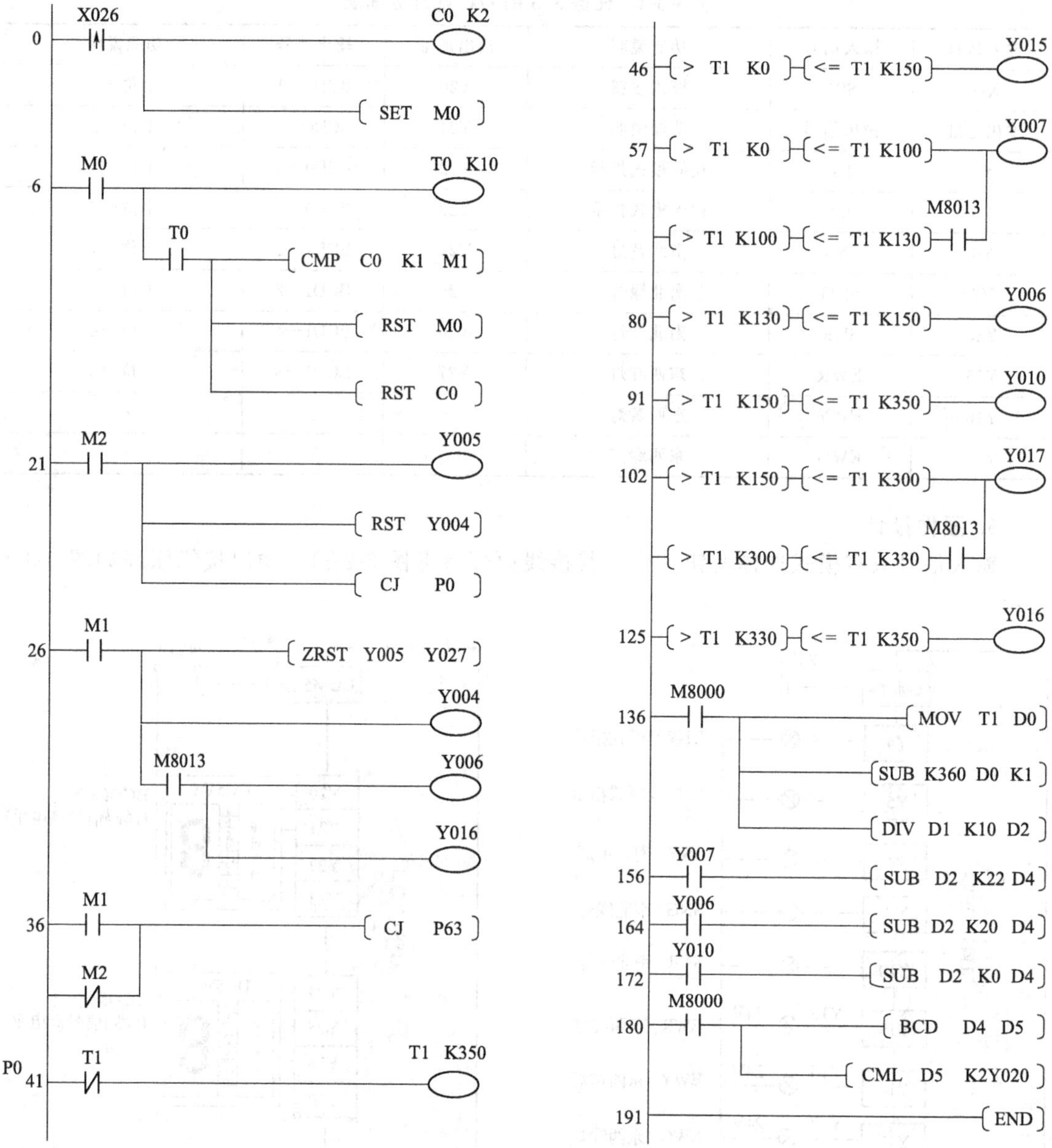

图 3-3-5　十字路口交通灯控制程序设计

第 21 逻辑行，M2 接通，选择了白天模式，白天模式指示 Y5 亮，同时复位夜间指示 Y4。程序跳转到 P0，即跳过第 26 和第 26 步逻辑行，执行白天控制程序。

第 26 逻辑行，M1 接通，选择了夜间模式，先复位所有信号灯的输出。夜间模式指示 Y4 亮，同时黄色灯 Y6 和 Y16 闪烁。

第 36 步逻辑行，夜间模式或非白天模式，程序跳过白天控制程序，跳转到 END(P63) 结束本次扫描运算。

第 41 步逻辑行，白天模式，设置信号灯循环工作一周的时间，循环一周需要 35s。

第 46 步、第 57 步和第 80 步逻辑行，控制东西方向红灯和南北方向绿灯、黄灯点亮。

第 91 步、第 102 步和第 125 步逻辑行，控制南北方向红灯和东西方向绿灯、黄灯点亮。

第 136 步逻辑行，剩余时间的秒数保存到 D2 中。

第 156 步、164 步和 172 步逻辑行，分别计算南北方向之绿灯、黄灯和红灯的剩余时间，保存到 D4 中。

第 180 步逻辑行，将剩余时间转换为 BCD 码，用负逻辑从 K2Y020（晶体管漏型）输出，驱动数码管的译码电路。

5. 运行调试

按照表 3-3-4 所列的项目和顺序进行检查调试。检查正确的项目，请在结果栏记“√”；出现异常的项目，在结果栏记“×”，记录故障现象，小组讨论分析，找到解决办法，并排除故障。

1）调试准备工作

观察 PLC 的电源、输出设备电源（即稳压开关）是否正常，观察 PLC 工作状态指示灯是否正常。

表 3-3-4 任务 3.3 运行调试小卡片

序号	检查调试项目	结果	故障现象	解决措施
1	调试准备工作			
2	夜间模式			
3	白天模式与夜间模式切换			
4	白天模式，红绿灯工作			
5	白天模式，倒计时工作			

检查输出接线，导线颜色、线头压接、走线布局、端子位置等是否符合规范，接线是否正确。建议小组互相检查。

2）运行调试

上述基本项目检查完后，可进行运行调试。

（1）PLC 通电，PLC 工作方式开关拨到 STOP 位置，下载工程名称为“14JD313-3T2”的程序。

（2）PLC 工作方式开关拨到 RUN 位置，观察 RUN 运行灯是否正常。

（3）运行测试。系统通电后，观察数码管显示值，正常应该为 00。观察 Y27～Y20 的输出，应该都点亮（负逻辑）。

快速按下按钮 SB1 两次，观察夜间模式工作是否正常。

按下 SB1 一次，观察系统能否进入白天模式。多次在白天和夜间模式之间切换，观察系统信号灯指示是否正常。

进入白天模式，观察南北方向和东西方向的红绿灯指示是否正常，需要观察 1 个周期以上。

进入白天模式，观察南北方向的倒计时指示是否正常，也需要观察 1 个周期以上。

3.3.3 拓展任务

（1）简易（无人值守）路口交通灯控制，如图 3-3-6 所示。

① 在一个无人值守的只有两个行车方向的车道上，分别用红灯、黄灯和绿灯指挥车的运行状态，同时在人行道上用红灯和绿灯表示允许或者禁止行人通过车道。系统工作示意如图 3-3-6(a) 所示。

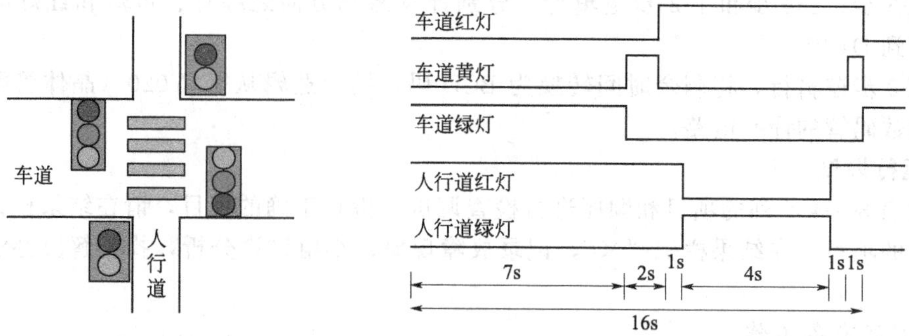

(a) 工作示意图　　(b) 白天工作时序图

图 3-3-6　简易路口交通灯控制

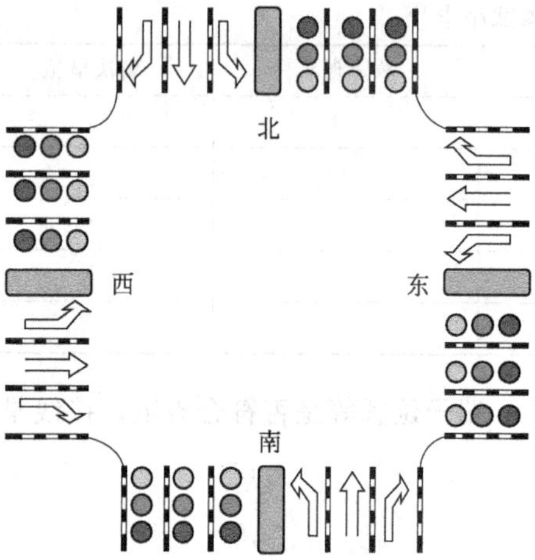

图 3-3-7　复杂十字路口交通灯信号灯

② 交通信号灯有两种运行方式，可以通过选择开关选择白天或者夜间两种运行方式。白天运行方式的时序图，如图 3-3-6(b) 所示。

③ 交通信号灯夜间的运行方式为：只有黄灯以 0.5Hz 的时钟频率闪烁，其他灯灭。

(2) 复杂十字路口交通灯控制。

① 复杂十字路口交通信号灯如图 3-3-7 所示，有白天和夜间两种工作方式。夜间工作方式，只有中间黄灯闪烁。

② 白天工作模式下，交通灯变化顺序（单循环周期 130s）见表 3-3-5。

③ 车辆信号灯：东方直行绿和西方右转 30s，东方左转绿 25s（延时 5s）；南方直行绿和北方右转 20s，东方左转绿 15s（延时 5s）；西方直行绿和东方右转 35s，西方左转绿 30s（延时 5s）；北方直行绿和南方右转 25s，北方左转绿 20s（延时 5s）。

④ 人行道均设有通行绿灯和禁行红灯。北人行道通行绿灯 35s，其他时间为红灯；东人行道通行绿灯 25s，其他时间为红灯；南人行道通行绿灯 40s，其他时间为红灯；西人行道通行绿灯 30s，其他时间为红灯。

表 3-3-5　复杂路口交通灯变化顺序

<table>
<tr><td>东方直行</td><td colspan="2">绿 30s</td><td>闪
3s</td><td>黄
2s</td><td colspan="4">红 95s</td></tr>
<tr><td>西方右转</td><td colspan="2">绿 30s</td><td>闪
3s</td><td>黄
2s</td><td colspan="4">红 95s</td></tr>
<tr><td>东方左转</td><td>红
5s</td><td>绿 25s</td><td>闪
3s</td><td>黄
2s</td><td colspan="4">红 95s</td></tr>
<tr><td>北人行道</td><td colspan="4">绿 35s</td><td colspan="4">红 95s</td></tr>
<tr><td>南方直行</td><td colspan="4">红 35s</td><td>绿 20s</td><td>闪
3s</td><td>黄
2s</td><td>红 70s</td></tr>
<tr><td>北方右转</td><td colspan="4">红 35s</td><td>绿 20s</td><td>闪
3s</td><td>黄
2s</td><td>红 70s</td></tr>
</table>

续表

南方左转	红 35s	红 5s	绿 15s	闪 3s	黄 2s	红 70s
东人行道	红 35s	绿 25s	红 70s			
西方直行	红 60s	绿 35s	闪 3s	黄 2s	红 30s	
东方右转	红 60s	绿 35s	闪 3s	黄 2s	红 30s	
西方左转	红 60s	红 5s	绿 30s	闪 3s	黄 2s	红 30s
南人行道	红 60s	绿 40s	红 30s			
北方直行	红 100s	绿 25s	闪 3s	黄 2s		
南方右转	红 100s	绿 25s	闪 3s	黄 2s		
北方左转	红 100s	红 5s	绿 20s	闪 3s	黄 2s	
西人行道	红 100s	绿 30s				

习题三

1. 设计一个花式喷泉装置 PLC 控制系统。题图 3-1 所示是某花式喷泉控制示意图，图(a) 中 4 为中间喷水管，3 为内环状喷水管，2 为中环形状喷水管，1 为外环形状喷水管。图(b) 中的选择开关可有 4 种选择，可分别用 4 个开关模拟实现；单步/连续开关为“1”＝单步，“0”＝连续，其他为单一功能开关。

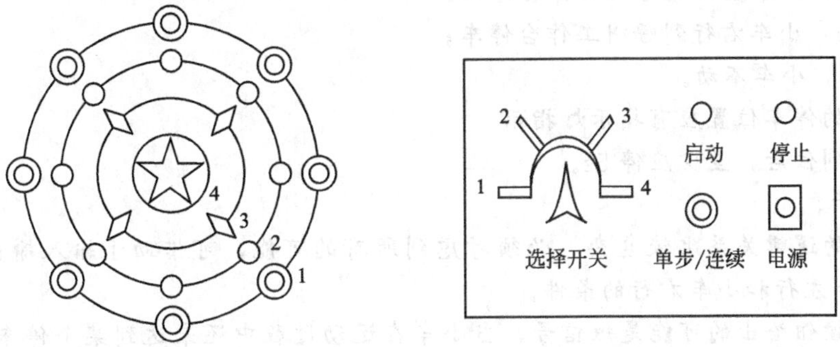

(a) 花式喷水池喷嘴布局示意图　　(b) 花式喷水池控制开关面板图

题图 3-1

控制要求如下。

(1) 控制器电源开关接通后，按下启动按钮，喷泉装置即开始工作；按下停止按钮，则停止喷水。工作方式由“选择开关”和“单步/连续”开关来决定。

(2)“单步/连续”开关在单步位置时，喷水池只运行一个循环；在连续位置时，喷泉反复循环运行。

(3) 方式选择开关用以选择喷泉的喷水花样，1～4 号喷水管的工作方式选择如下：

① 选择开关在位置“1”——按下启动按钮后，4 号喷水，延时 2s，3 号喷水，再延时 2s，2 号喷水，再延时 2s，1 号喷水，接着一起喷水 15s，为一个循环。

② 选择开关在位置“2”——按下启动按钮后，1 号喷水，延时 2s，2 号喷水，再延时 2s，3 号喷水，再延时 2s，4 号喷水，接着一起喷水 30s，为一个循环。

③ 选择开关在位置“3”——按下启动按钮后，1、3 号同时喷水，延时 3s 后，2、4 号同时喷水，1、3 号停止喷；交替运行 5 次后，再 1～4 号全部喷水 30s 为一个循环。

④ 选择开关在位置“4”——按下启动按钮后，喷水池 1～4 号水管的工作顺序为：1→2→3→4 按顺序延时 2s 喷水，然后一起喷水 30s 后，1、2、3 和 4 号水管分别延时 2s 停水，再等待 1s，由 4→3→2→1 反序分别延时 2s 喷水，然后再一起喷水 30s 为一个循环。

(4) 不论在什么工作方式，按下停止按钮，喷泉都立即停止工作，所有存储器复位。

2. 装卸料小车多方式运行的 PLC 控制。某车间有 5 个工作台，装卸料小车往返于各工作台之间，根据请求在某个工作台卸料。每个工作台有 1 个位置开关（分别为 SQ1～SQ5，小车压上时为 ON）和一个呼叫按钮（分别为 SB1～SB5）。装卸料小车有 3 种运行状态，左行（电动机正转）、右行（电动机反转）和停车。装卸料小车示意图如题图 3-2 所示。

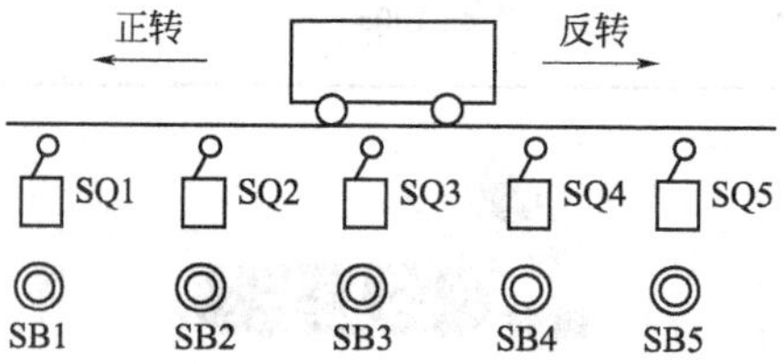

题图　3-2

(1) 控制要求如下。

① 假设小车的初始位置是停在 m(m=1～5) 号工作台，此时 SQ_m 为 ON。

② 假设 n(n=1～5) 号工作台呼叫，如果：

a. $m>n$，小车左行到呼叫工作台停车；

b. $m<n$，小车右行到呼叫工作台停车；

c. $m=n$，小车不动。

③ 小车的停车位置应有指示灯指示。

④ 小车到位后，至少应停 5s。

(2) 提示。

① 本题的逻辑关系比较复杂，必须考虑到所有的可能，可借助于输入输出的关系表，分别列出小车左行和小车右行的条件。

② 呼叫按钮给出的可能是短信号，当小车在运动过程中还未达到某个停车位置时，呼叫信号可能已消失，要对呼叫信号进行记忆。

③ 在实际应用中，如果工作台的数量较多，将出现所谓的指令“组合爆炸”现象，即指令条数与工作台的数量以阶乘的关系增加。这时，可以考虑结合传送指令、比较指令、编码指令和译码指令等，使程序简化。

项目 4

送料自动线的 PLC 控制

任务 4.1 上料系统的 PLC 控制

知识目标

① 熟悉气压驱动技术；

② 熟悉光电传感器和磁性开关的工作原理和使用；

③ 熟悉 HMI 触摸屏的基本使用方法；

④ 学习 MCGS 组态界面的规划设计。

能力目标

① 能使用 PLC 实现气压驱动控制；

② 会使用 HMI 实现上料控制系统的启停；

③ 会使用 HMI 监视上料控制系统的运行状态；

④ 会使用 HMI 监视工件的数量。

4.1.1 知识准备

1. 气动技术基础知识

1) 压力的基本常识

(1) 计量单位。国际单位制：帕斯卡（简称帕，Pa）；过去常用的单位：大气压（atm）或千克力每平方厘米（kgf/cm^2）；实际应用单位：兆帕（MPa）、巴（bar）或磅/平方英寸（psi 或 b/in^2）。各个压力单位之间的关系：

$1Pa=1N/m^2$，$1MPa=10^6Pa$，$1atm=1.033kgf/cm^2=1.0133bar=101330Pa$；

$1bar=14.5psi=10^5Pa=1.02kgf/cm^2=0.1MPa=0.987atm$。

(2) 表压力、绝对压力和真空度。表压力指相对于大气压的压力差。表压力为 0 时，绝对压力即为大气压。绝对压力是指介质所受的实际压力。以大气压力为参考 0 点，大于大气压力的压力为正压力，小于大气压力的压力则为负压力。负压力也称为真空度。在工程领域中，压力均指表压力或真空度。它们之间的关系如图 4-1-1 所示。

2) 压力控制回路

一次压力控制回路用于控制储气罐的压力，使之不超过规定的压力值。二次压力控制回路，指对一次设备进行控制、指示、测量（计量）、监视和保护的回路，其主要任务是对一

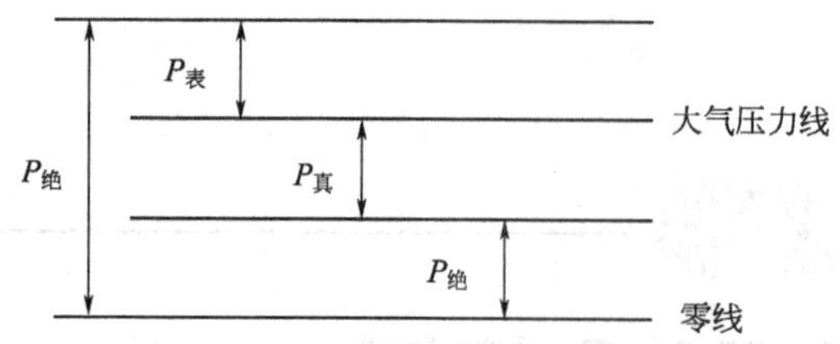

图 4-1-1　绝对压力、表压力和真空度的关系（一）

次回路的运行状态、运行参数等进行监控，保证回路的正常运行。与其相连的设备称为二次设备或控制设备，也叫控制电器。

如图 4-1-2 所示，是一次压力控制回路和二次压力控制回路的示意图。压缩空气经单向阀进入气罐，为使气罐送出的气体压力不超过规定值，在气罐上安装一只安全阀（也叫溢流阀），一旦罐内压力超过规定值，就会通过安全阀向大气放气，称为一次压力控制。为保证气动系统使用的气体压力为一稳定值，经过一次压力控制的压缩气体再经由过滤器、减压阀、油雾器，进行二次压力控制。

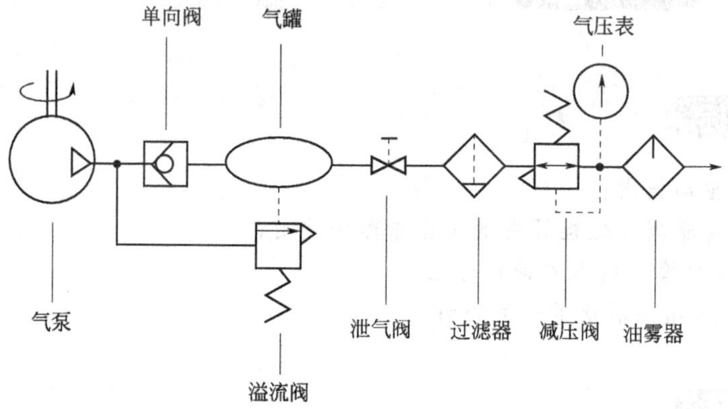

图 4-1-2　绝对压力、表压力和真空度的关系（二）

滑动泄气阀安装于气动三联件（FRL）前端，可作气源开关，并能排除系统残留压力所造成的事故，确保作业安全。图 4-1-3(a) 是滑动泄气阀实物图，滑到气动三联件端，开启气源；反之，关闭气源并迅速排除系统的残余气压力。通常将空气过滤器（F）、减压阀（R）和油雾器（L）三种气源处理元件组装在一起称为气动三联件，用于净化过滤进入气动仪表的气源，并将之减压至仪表额定压力，图 4-1-3(b) 是气动三联件的实物图。空气过滤器和减压阀组合在一起称为气动两联件，其与气源开关的连接如图 4-1-3(c)。

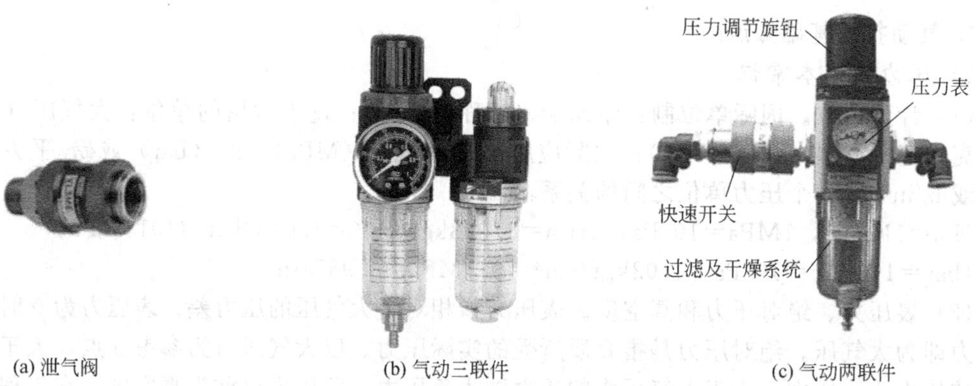

(a) 泄气阀　　(b) 气动三联件　　(c) 气动两联件

图 4-1-3　滑动泄气阀和气动组件

【动手做一做 1】

（1）参照图 4-1-2，认知实训装置气动压力控制回路的各组件，了解各组件的作用。

（2）动手调节压力值，使表压力值在 0.4～0.6bar 之间。

3）气动执行元件

气动执行元件（气缸和气马达）的作用是利用压缩空气的能量，实现各种机械运动（直线往复运动、摆动、转动）的装置。其中气缸用于实现往复直线运动，气马达用于实现回转运动或摆动。

气动元件具有运动速度快、输出调节方便、结构简单、制造成本低、维修方便，以及环境适应性强等特点。

做往复直线运动的气缸又可分为单作用、双作用、膜片式和冲击气缸四种。活塞式气缸分类如图 4-1-4 所示。

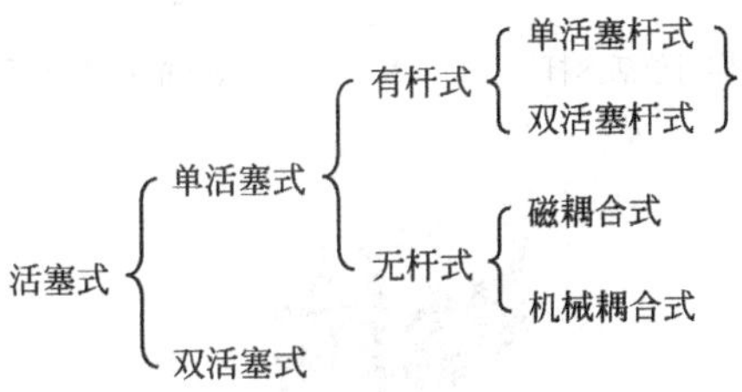

图 4-1-4　活塞式气缸的分类

（1）单作用气缸。仅一端有活塞杆，从活塞一侧供气聚能产生气压，气压推动活塞产生推力伸出，靠弹簧或自重返回，有预缩型和预伸型两种。如图 4-1-5(a) 所示是预缩型单作用气缸。

（2）双作用气缸。从活塞两侧交替供气，在一个或两个方向输出力，如图 4-1-5(b) 所示。

（3）膜片式气缸。用膜片代替活塞，在一个方向输出力，用弹簧复位。密封性能好，但行程短。

（4）冲击气缸。把压缩空气的压力能转换为活塞高速（10～20m/s）运动的动能，借以做功。

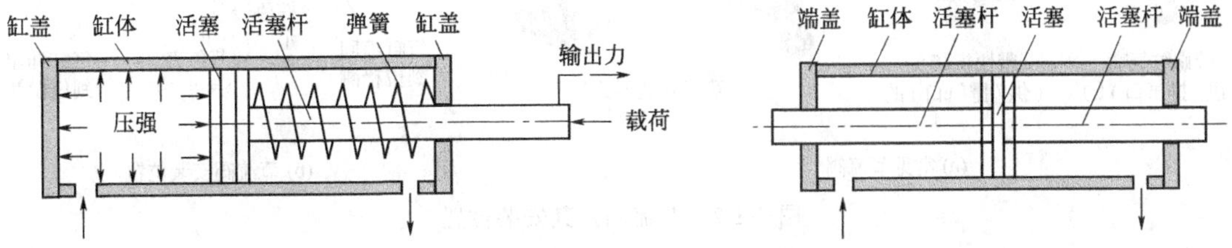

(a) 单作用气缸　　(b) 双作用气缸

图 4-1-5　单作用和双作用气缸工作原理图

常见气缸的外形如图 4-1-6 所示。

4）流量控制阀

控制压缩空气流量的控制阀，是通过调节进入执行元件的压缩空气流量，来达到控制执行元件的运动速度的控制元件。

用于调节流量的控制阀有：节流阀、单向节流阀、排气节流阀等。几种常用形式的节流阀及其安装位置如图 4-1-7 所示。

常见节流阀的图形符号如图 4-1-8 所示。

5）方向控制阀

用于控制压缩空气流动方向的控制阀即为方向控制阀。方向控制阀的种类最多，分类也较为复杂。

按照阀的控制方式的不同，可分为：气控阀、电磁阀、机控阀和人控阀。

按照 P 口（输入口）、A 口（输出口）和 R 口（排气口）的数目之和进行分类，可以分为二通阀、三通阀、四通阀、五通阀等。

(a) 单（双）作用单活塞杆

(b) 单（双）作用双活塞杆

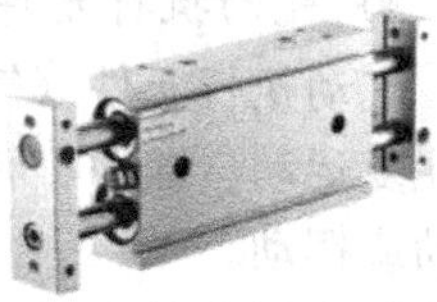

(c) 双作用双活塞杆

(d) 旋转气缸

(e) 气爪

图 4-1-6　常见气缸的外形

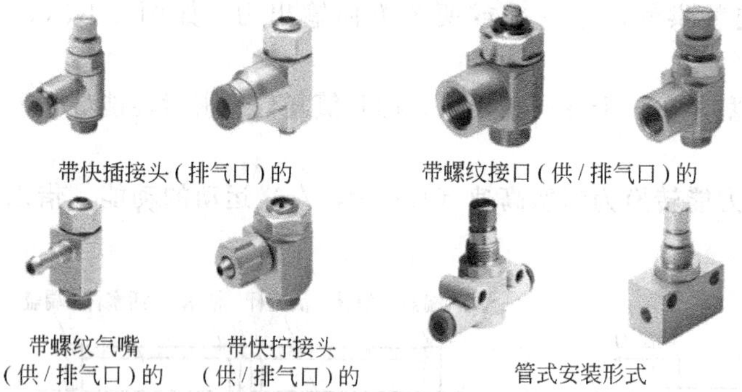

(a) 常见节流阀

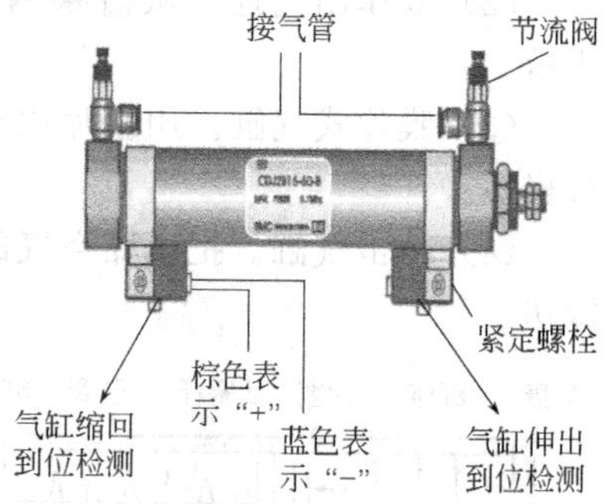

(b) 节流阀安装位置

图 4-1-7　节流阀及其安装位置

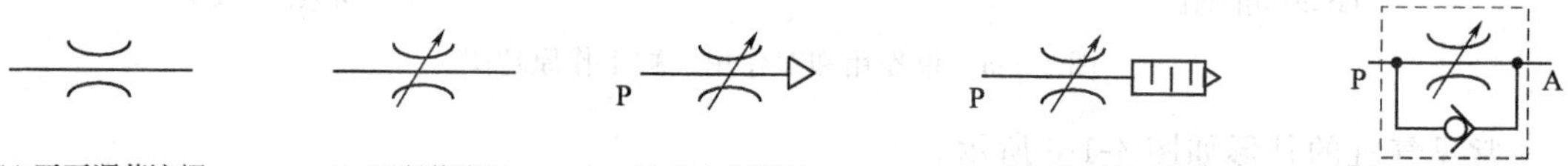

(a) 不可调节流阀　(b) 可调节流阀　(c) 排气节流阀　(d) 带消声器的节流阀　(e) 单向节流阀

图 4-1-8　常见节流阀图形符号

按阀芯的工作位置数量，可分为二位阀和三位阀。

常用方向控制阀的图形如图 4-1-9 所示。

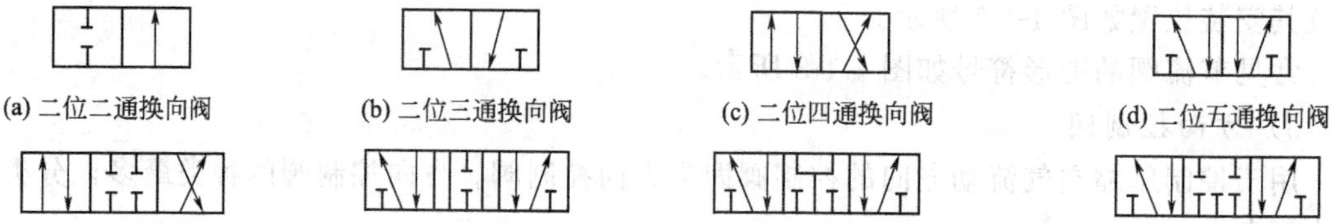

(a) 二位二通换向阀　(b) 二位三通换向阀　(c) 二位四通换向阀　(d) 二位五通换向阀

(e) 三位四通换向阀　(f) 三位五通换向阀（中间卸压型）　(g) 三位五通换向阀（中间加压型）　(h) 三位五通换向阀（中间封闭型）

图 4-1-9　常用方向控制阀的图形

电磁阀应用举例如图 4-1-10 所示。如图 4-1-10(a) 所示，电磁线圈断电时，弹簧使阀芯复位，左位接通，气流从 A 口经 O 口接大气，而接气源的 P 口封闭，气缸活塞复位，为常断型。如图 4-1-10(b) 所示，电磁线圈断电时，弹簧使阀芯复位，左位接通，气流从 P 口经 A 口驱动活塞动作，为常通型。

(a) 二位三通电磁阀（常断型）　(b) 二位三通电磁阀（常通型）

图 4-1-10　电磁阀应用举例

电磁换向阀是利用电磁力的作用来实现阀的切换，以控制气流的流动方向。将多个电磁与消声器、汇流板，甚至电子逻辑器件等集成在一起，构成一组控制阀，称为阀岛（也叫阀组）。常见电磁换向阀如图 4-1-11 所示，线圈旁是手动按钮。

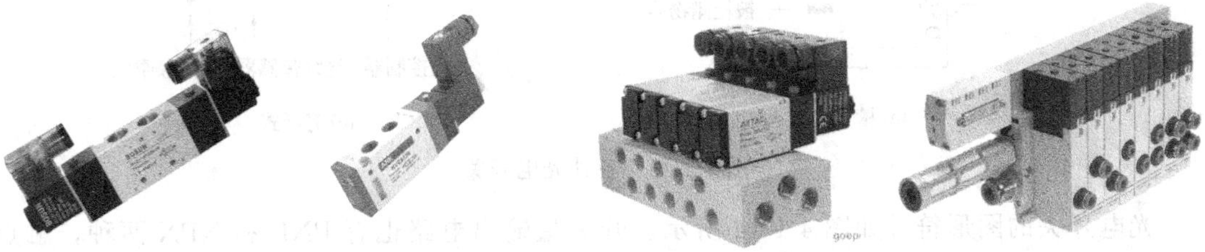

(a) 双线圈电磁阀　(b) 单线圈电磁阀　(c) 普通阀岛　(d) 带消声器通信口的阀岛

图 4-1-11　常见电磁阀换向阀

【动手做一做 2】

（1）参照图 4-1-6，认知实训装置中用到的各种气缸及其用途。

（2）参照图 4-1-7，认知实训装置中用到的各种节流阀。调节节流阀，使气缸驱动机构运动均匀。

（3）参照图 4-1-9 和图 4-1-11，认知实训装置中用到的电磁换向阀。操作各电磁换向阀的手动按钮，熟悉电磁换向阀与执行机构之间的对应关系和动作逻辑关系（即得电执行何种动作）。

2. 光电式传感器和磁性开关

1）光电式传感器

光电式传感器，也叫光电开关，主要由发射器、接收器和检测电路等组成，其结构和工作原理如图 4-1-12 所示。红外线光电开关对所有能反射光线的物体均可检测，其检测距离

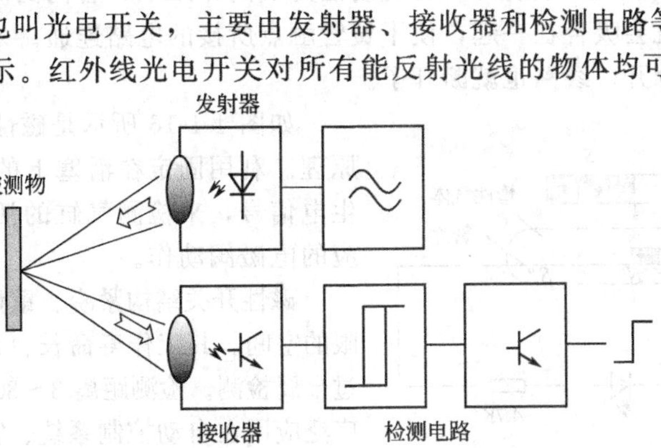

图 4-1-12　光电开关工作原理图

为 0.1～30m。

按照接收器接收光的方式不同，光电开关可以分为漫反射式、镜反射式、对射式、槽式和光纤式等几种，如图 4-1-13 所示。发射器和接收器也有一体式和分体式两种。按输出形式分为 NPN 二线、NPN 三线、NPN 四线、PNP 二线、PNP 三线、PNP 四线、AC 二线、AC 五线（自带继电器）等几种。

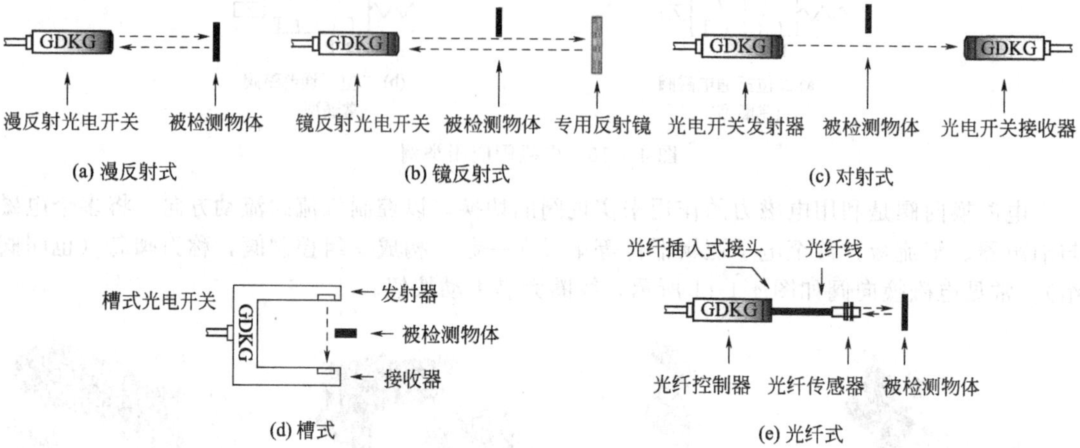

图 4-1-13　各种光电开关

光电开关的图形符号如图 4-1-14 所示。开关量输出电路也有 PNP 和 NPN 两种，触点类型有常开和常闭两种，负载的接线方式同电感式接近开关的一样。

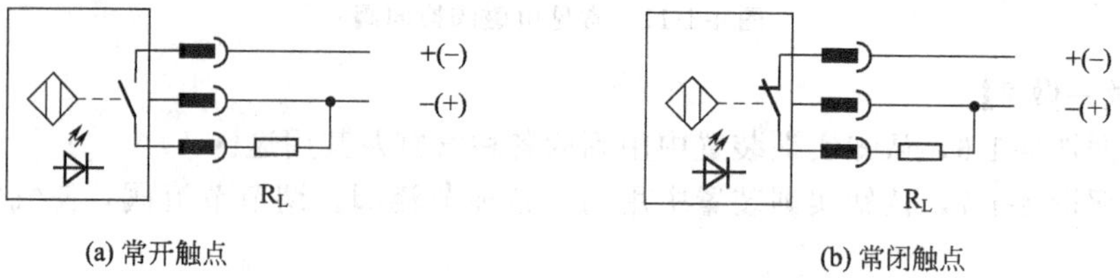

图 4-1-14　光电开关的图形符号

2）磁性开关

磁性开关又称磁簧开关，是一种有触点的无源电子开关元件，主要组成元件为干簧管（干式舌簧管）。干簧管的工作原理图如图 4-1-15 所示。平时，玻璃管中的两个磁簧片是分开的，当有磁性物质靠近玻璃管时，在磁场磁力线的作用下，管内的两个簧片被磁化而互相吸引接触，磁簧片就会吸合在一起，使干簧管触点所接的电路连通。外磁力消失后，磁簧片由于本身的弹性而分开，线路也就断开了。

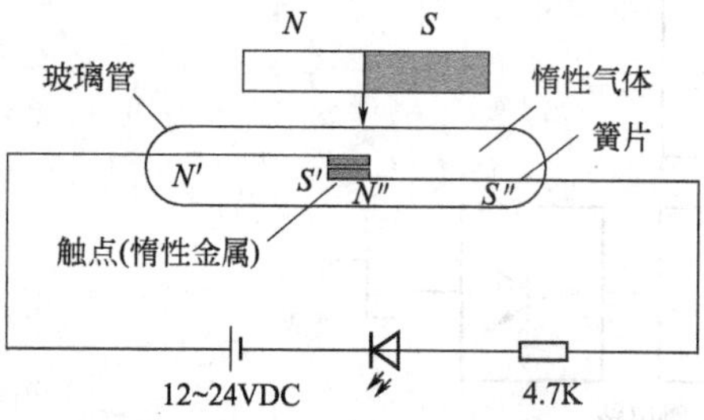

图 4-1-15　干簧管工作原理图

如图 4-1-16 所示是磁性开关检测活塞位置的原理。利用固定在活塞上的磁环触发磁性开关产生电信号，来检测气缸的活塞位置，从而控制相应的电磁阀动作。

磁性开关结构紧凑、重量轻，能够安装在极有限的空间。其工作寿命长、无金属疲劳现象、可穿过金属检测。检测距离 3～30mm。因此，磁性开关广泛应用在自动控制系统、安防系统（主要用于门磁、窗磁的制作）和各种通信设备中。

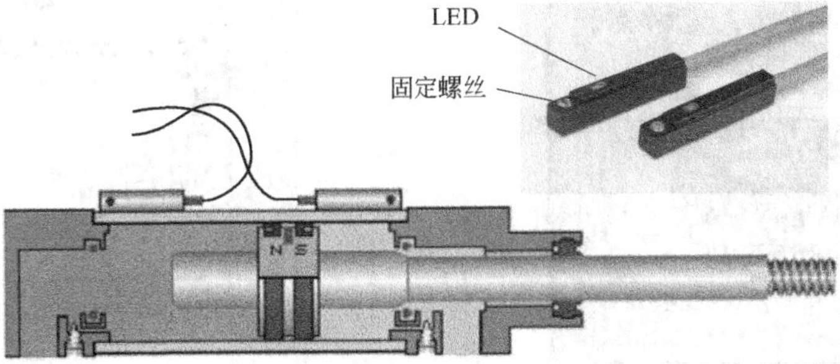

图 4-1-16 磁性开关检测活塞位置的原理

3. HMI 基础知识

1）HMI 简介

HMI 是 Human Machine Interface 的缩写，称为“人机接口”，也叫人机界面。HMI 是连接 PLC、变频器、直流调速器、仪表等工业控制设备，利用显示屏显示，通过输入单元（如触摸屏、键盘、鼠标等）写入工作参数或输入操作命令，实现人与机器信息交互的数字设备，由硬件和软件两部分组成。

人机界面产品是为了解决 PLC 的人机交互问题而产生的，但随着计算机技术和数字电路技术的发展，很多工业控制设备都具备了串口通信能力，所以只要有串口通信能力的工业控制设备，如变频器、直流调速器、温控仪表、数采模块等都可以连接人机界面产品，来实现人机交互功能。

人机界面有文本显示器（Text Display）、操作面板（Operator Panel）和触摸屏（Touch Panel）3 种类型。按键式面板（Key Panel）属于操作面板的一种。

HMI 的接口种类很多，有 RS232、RS485、RJ45 网线接口等。

2）TPC7062Ti 触摸屏

TPC7062Ti 是北京昆仑通泰自动化软件科技有限公司生产的，以先进的 Cortex-A 8 CPU 为核心（主频 600MHz）的，高性能嵌入式一体化触摸屏。该产品设计采用了 7 英寸高亮度 TFT 液晶显示屏（分辨率为 800×480），四线电阻式触摸屏。同时还预装了 MCGS 嵌入式组态软件（运行版），具备强大的图像显示和数据处理功能。

如图 4-1-17 所示是 TPC7062Ti 触摸屏的外观结构。面板尺寸 226.6mm×163mm，开孔尺寸 215mm×152mm，内存 128M，存储空间 128M，支持 U 盘备份、恢复，支持 RS232/RS485/RJ45 以太网通信接口。符合国家工业三级抗干扰标准，防护等级：IP65（前面板）。

TPC7062Ti 触摸屏提供了 LAN、USB 及 COM 接口，如图 4-1-18 所示。它采用 24V 直流电源供电，额定功率 5W，电源插口的上引脚为正，下引脚为负。

TPC 触摸屏与三菱 FX 系列 PLC 用 RS232（DP9）/RS422（MD8）电缆连接，采用 FX 编程口专有协议，如图 4-1-19 所示。TPC 与 PC 的连接采用 USB 连接方式，如图 4-1-20 所示。

TPC 的启动：使用 DC24V 给 TPC 供电，将 TPC 与 PC 连接后，即可开机运行。启动后屏幕出现“正在启动”提示进度条，此时无须任何操作，系统即可自动进入启动界面。

【动手做一做 3】

（1）查看 TPC 的 IP 地址。TPC 通电，单击进度条，打开启动属性对话框，在系统信息中可以查看 IP 地址，还可查看产品配置、产品编号、软件版本。

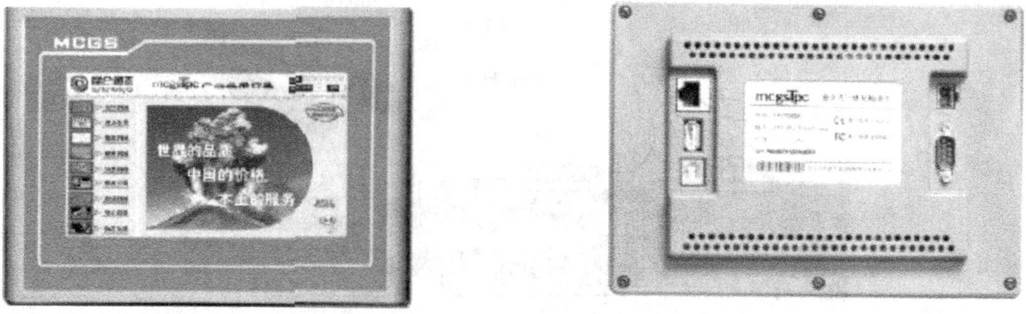

(a) 正面　　　　　　　　(b) 背面

图 4-1-17　TPC7062Ti 触摸屏的外观结构

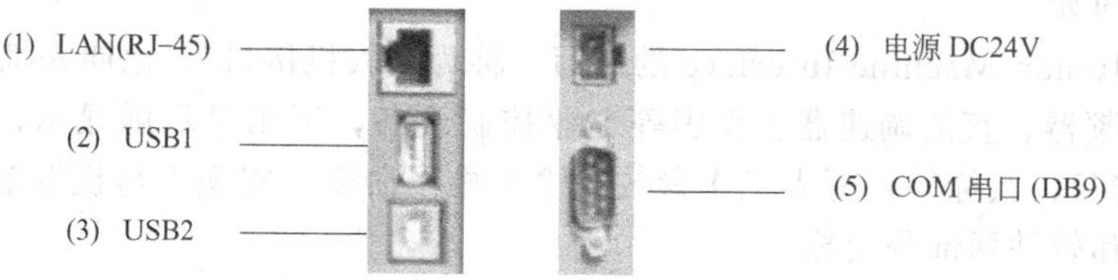

图 4-1-18　TPC7062Ti 触摸屏的接口

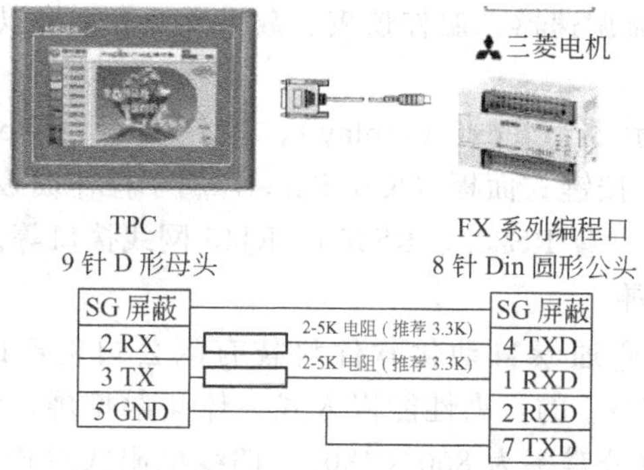

图 4-1-19　TPC 与 FX 系列 PLC 连接

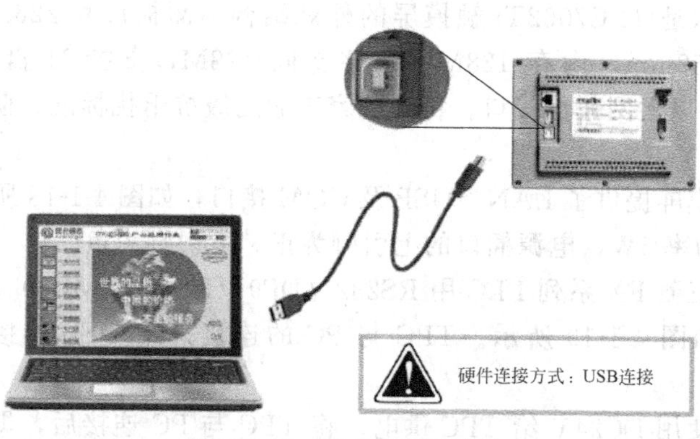

图 4-1-20　TPC 与 PC 连接

（2）对 TPC 进行触摸校准。TPC 通电，单击启动进度条，进入启动属性窗口，不要进行任何操作，30s 后系统自动进入触摸屏校准程序，再根据提示进行相应的操作。

（3）确定 PC 机与 TPC 连接是否正常。参照图 4-1-15，确认 USB 接线可靠。单击 PC

"开始→运行"，输入 CMD 并回车，在 DOS 界面中输入"ping IP 地址"后回车。如果 LOST=0%，说明网络连接正常；如果 LOST 非 0，说明数据包有丢失，或网络连接断开。

（4）下载工程失败处理。首先确认 USB 通信是否正常。TPC 通电，单击进度条，打开启动属性对话框，单击"系统维护→恢复出厂设置→是→确认"，重新启动 TPC。

4. MCGS 组态软件

1）MCGS 组态软件简介

MCGS（Monitor and Control Generated System）是一套基于 Windows 平台的、用于快速构造和生成上位机监控系统的组态软件系统。MCGS 能够完成现场数据采集、实时和历史数据处理、报警和安全机制、流程控制、动画显示、趋势曲线和报表输出，以及企业监控网络等功能。MCGS 具有操作简便、可视性好、可维护性强、高性能、高可靠性等突出特点。

MCGS 组态软件有通用版、嵌入版和网络版 3 个版本，这里主要介绍嵌入版。MCGS 嵌入版是在 MCGS 通用版的基础上开发的，专门应用于嵌入式计算机监控系统的组态软件。

2）MCGS 嵌入版组态软件的整体结构

MCGS 嵌入式体系结构分为组态环境、模拟运行环境和运行环境三部分，其关系如图 4-1-21 所示。

组态环境和模拟运行环境相当于一套完整的工具软件，可以在 PC 机上运行。用户可根据实际需要裁减其中内容。它帮助用户设计和构造自己的组态工程并进行功能测试。

运行环境则是一个独立的运行系统，它按照组态工程中用户指定的方式进行各种处理，完成用户组态设计的目标和功能。运行环境本身没有任何意义，必须与组态工程一起作为一个整体，才能构成用户应用系统。组态工程就可以离开组态环境而独立运行在下位机上，从而实现了控制系统的可靠性、实时性、确定性和安全性。

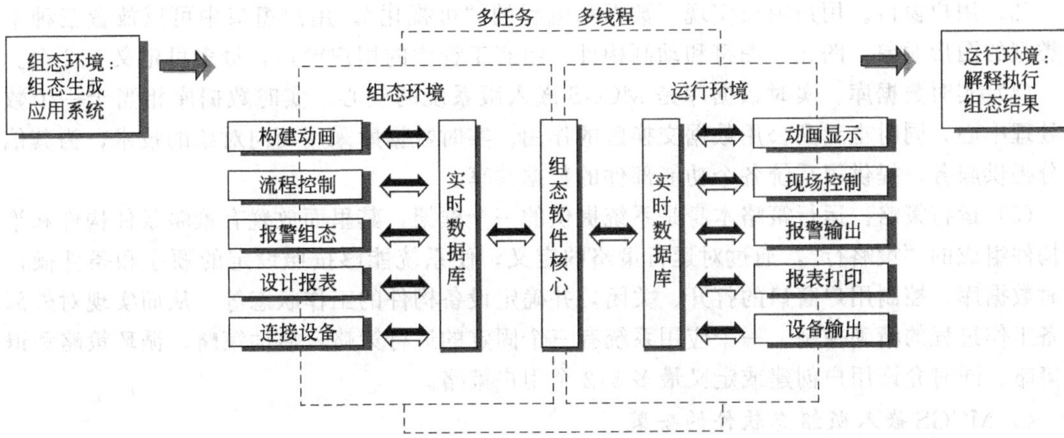

图 4-1-21 组态环境与运行环境的关系和功能

用户在 MCGS 组态环境中完成动画设计、设备连接、编写控制流程、编制工程打印报表等全部组态工作后，生成默认名为"新建工程 X. MCE"的工程文件，又称为组态结果数据库，默认存放于目录 MCGSE \ WORK。其与 MCGS 运行环境一起，构成了用户应用系统，统称为"工程"。创建一个工程就是创建一个新的用户应用系统。

3）MCGS 嵌入版组态软件的组成部分

MCGS 组态软件所建立的工程由主控窗口、设备窗口、用户窗口、实时数据库和运行策略五部分构成，如图 4-1-22 所示。每一部分分别进行组态操作，完成不同的工作，具有不同的特性。

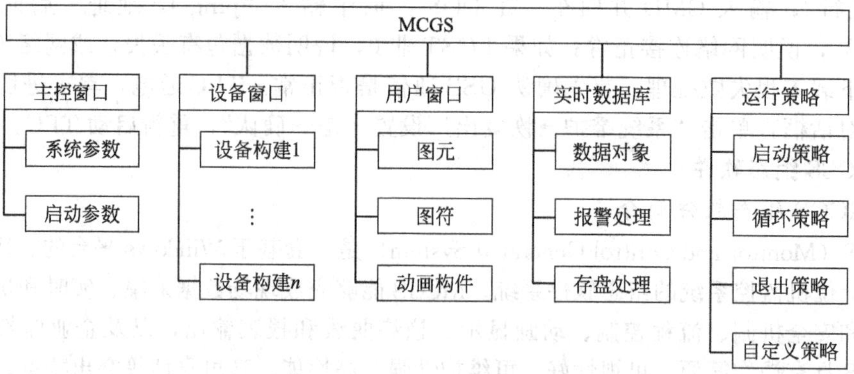

图 4-1-22　MCGS 嵌入式组态软件的组成部分

在 MCGS 嵌入版中，每个应用系统只能有一个主控窗口和一个设备窗口，但可以有多个用户窗口和多个运行策略，实时数据库中也可以有多个数据对象。MCGS 嵌入版用主控窗口、设备窗口和用户窗口，构成一个应用系统的人机交互图形界面，组态配置各种不同类型和功能的对象或构件，同时可以对实时数据进行可视化处理。

(1) 主控窗口。主控窗口确定了工业控制中工程作业的总体轮廓，以及运行流程、特性参数和启动特性等项内容，是应用系统的主框架。

(2) 设备窗口。设备窗口是 MCGS 嵌入版系统与外部设备联系的媒介。设备窗口专门用来放置不同类型和功能的设备构件，实现对外部设备的操作和控制。设备窗口通过设备构件把外部设备的数据采集进来，送入实时数据库，或把实时数据库中的数据输出到外部设备。一个应用系统只有一个设备窗口。

(3) 用户窗口。用户窗口实现了数据和流程的“可视化”。用户窗口中可以放置三种不同类型的图形对象：图元、图符和动画构件。组态工程中的用户窗口，最多可定义 512 个。

(4) 实时数据库。实时数据库是 MCGS 嵌入版系统的核心。实时数据库相当于一个数据处理中心，同时也起到公用数据交换区的作用。实时数据库采用面向对象的技术，为其他部分提供服务，提供了系统各个功能部件的数据共享。

(5) 运行策略。运行策略本身是系统提供的一个框架，其里面放置有策略条件构件和策略构件组成的“策略行”，通过对运行策略的定义，使系统能够按照设定的顺序和条件操作实时数据库、控制用户窗口的打开、关闭，并确定设备构件的工作状态等，从而实现对外部设备工作过程的精确控制。一个应用系统有三个固定的运行策略：启动策略、循环策略和退出策略，同时允许用户创建或定义最多 512 个用户策略。

4) MCGS 嵌入版组态软件的安装

MCGS 嵌入版只有一张安装光盘，具体安装步骤如下。

(1) 启动 Windows，在相应的驱动器中插入光盘。

(2) 插入光盘后会自动弹出 MCGS 组态软件安装界面（如果没有窗口弹出，则打开光盘，运行光盘中的安装文件 Setup. exe)，如图 4-1-23 所示。

(3) 单击“下一步”，安装程序将提示用户指定安装的目录，如果用户没有指定，系统默认安装到 D:\ MCGSE 目录下，建议使用默认安装目录。

(4) 安装过程完成后，系统将弹出“安装完成”对话框，上面有两种选择：“重新启动计算机”和“稍后重新启动计算机”，建议重新启动计算机后再运行组态软件。按下“结束”按钮，将结束安装。

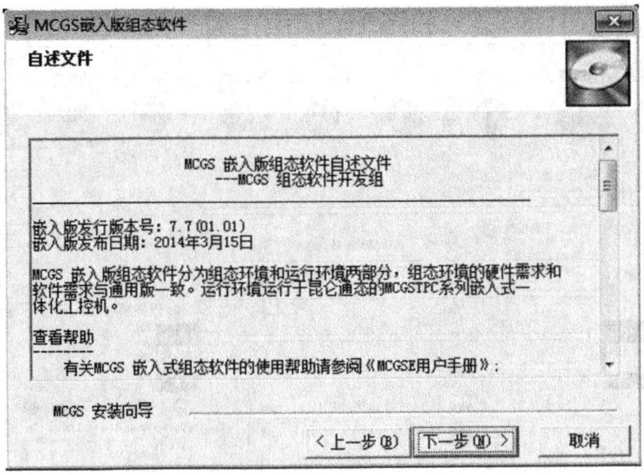

图 4-1-23　MCGS 嵌入式组态软件安装界面

（5）安装完成后，Windows 操作系统的桌面上添加了两个快捷方式图标，如图 4-1-24 所示，分别用于启动 MCGS 嵌入版组态环境和模拟运行环境。

图 4-1-24　桌面快捷方式图标

5）组态监控界面的规划

布局原理：使用空白起始画面，然后在其中规划 3 个画面区域，如图 4-1-25 所示。

（1）总览区。组态标志符、画面标题、时钟、当前报警行、公司标志符等。

（2）按钮区。固定按钮和显示按钮。

（3）现场画面区。各个设备的过程画面。

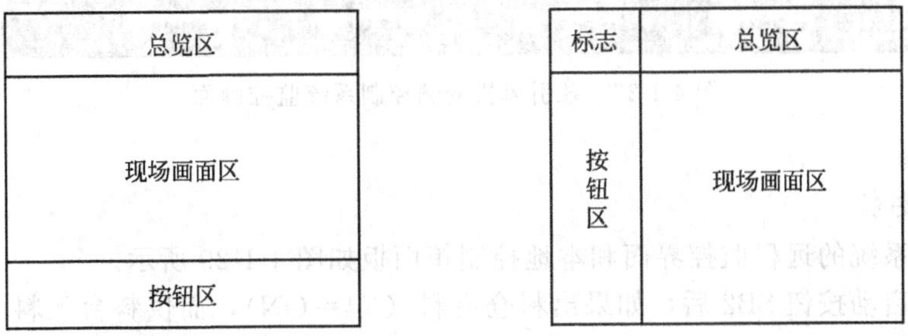

(a) 布局一　　(b) 布局二

图 4-1-25　组态界面的布局

图 4-1-25(a) 的布局应用较多，如图 4-1-26 和图 4-1-27 所示。

图 4-1-25(b) 的布局应用如图 4-1-28 所示。

4.1.2　子任务 1：实现上料系统的 PLC 控制

1. 任务要求

1）系统功能

上料控制系统，利用附录 B 描述的装置实现。设计一个基于 PLC 和组态软件的自动线

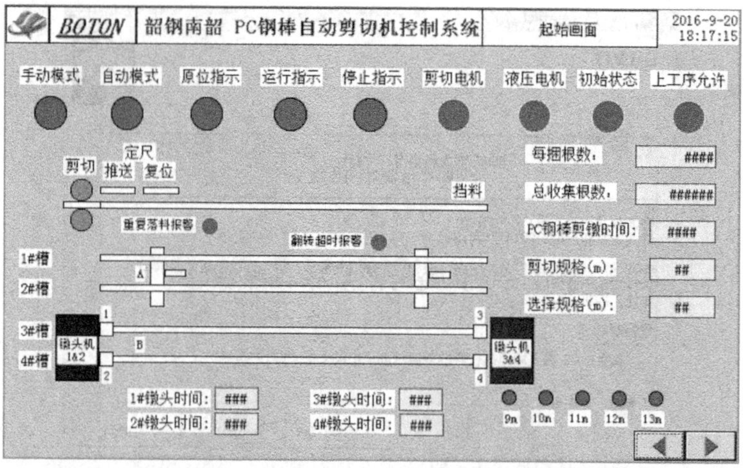

图 4-1-26　某钢棒自动剪切机监控画面

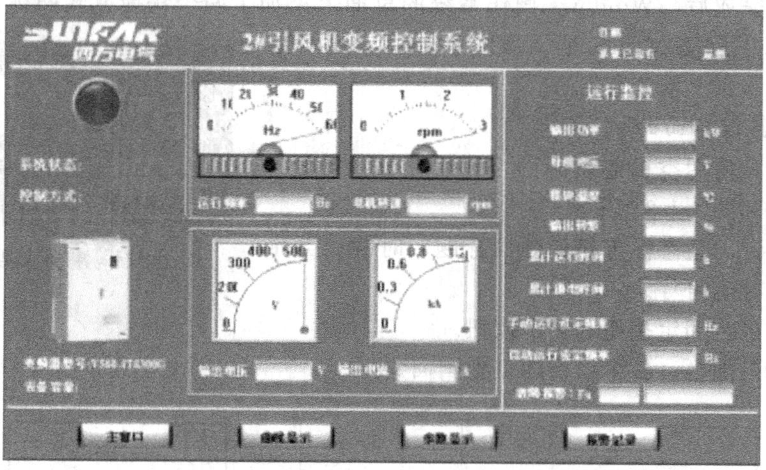

图 4-1-27　某引风机变频控制系统监控画面

上料监控系统。

2）操作要求

上料控制系统的远程监控界面和本地控制箱面板如图 4-1-29 所示。

(1) 按下启动按钮 SB2 后，如果出料仓有料（X4＝ON），而供料台无料（X5＝OFF），则上料气缸动作（Y5＝ON），进行推料。系统启动后，绿灯 HL2 亮。

(2) 按下停止按钮 SB3，停止上料。红灯 HL3 亮。

(3) HMI 能显示上料过程，也能控制启停操作。

一般触摸屏安装在中控室，远离控制对象，称为远程控制（Remote Control）。操作面板安装在控制对象上或旁边，称为本地控制（Local Control），也叫就地控制。

2. 分析控制对象并确定 I/O 地址分配表

1）分析控制对象

输入信号共 6 个。主令信号有启动和停止按钮共 2 个；现场检测信号有料仓有料检测光电开关、料台有料检测光电开关、推料前限位磁性开关和推料后限位磁性开关，共 4 个检测信号。

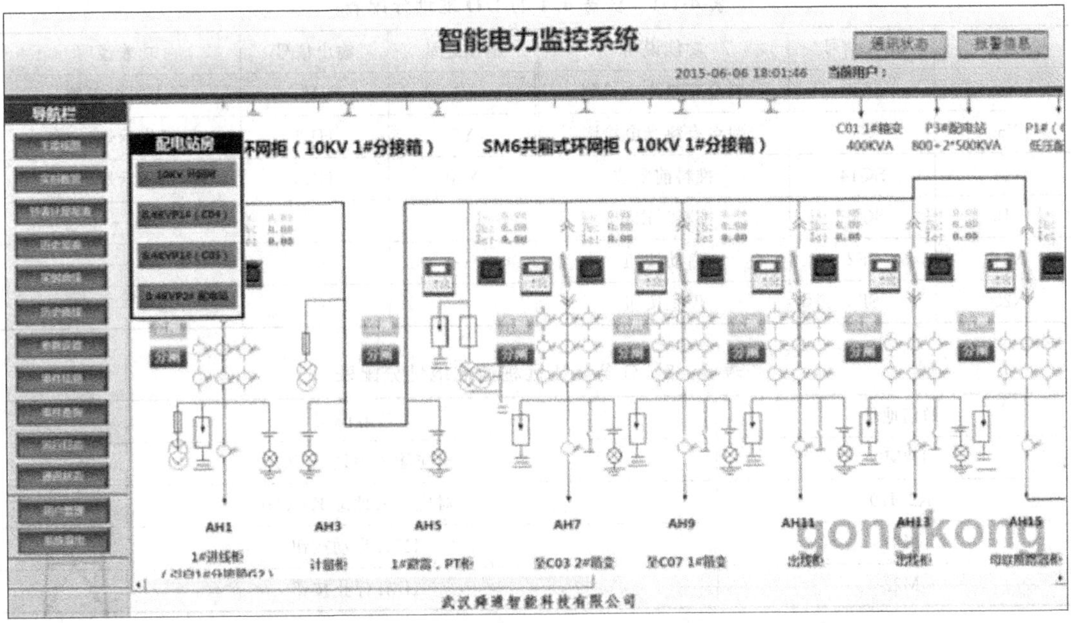

图 4-1-28 某智能电力监控系统

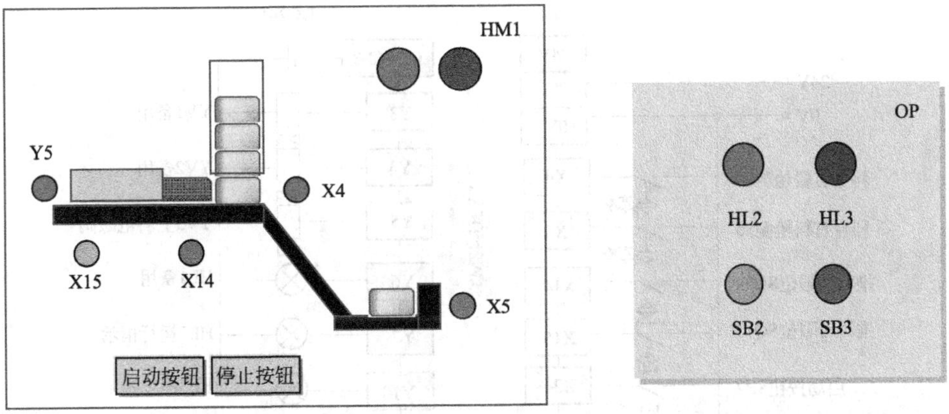

(a) 远程监控界面

(b) 本地控制面板

图 4-1-29 上料控制系统的远程监控和本地控制

输出信号共 3 个。指示类信号有运行指示 HL2 和停止指示 HL3，共 2 个；现场执行机构有单线圈上料电磁阀 1 个，DC24V。

选择 FX3U-48MT/ES-A 型 PLC。

2）I/O 地址分配与通信地址分配

(1) 任务 4.1 的 I/O 地址分配见表 4-1-1。

(2) 任务 4.1 涉及远程监控，需要分配远程启停控制地址和监视现场检测信号，其通信地址分配见表 4-1-2。

3. 硬件设计

I/O 接线原理如图 4-1-30 所示。料仓和料台的检测选用光纤式光电开关（OMRON E3X-NA），上料气缸前、后限位开关选用磁性开关（型号 D-C73）。上料气缸选用 DC24V 的单电控二位五通电磁阀（型号 4V110-06）驱动。电气元器件的图形符号和文字符号如图

表 4-1-1　任务 4.1 的 I/O 地址分配表

输入地址	输入信号	功能说明	输出地址	输出信号	功能说明
X4	S4	料仓有料光电检测	Y5	YV3	上料电磁阀
X5	S5	料台有料光电检测	Y7	HL2	运行指示灯(绿色)
X14	SQ14	推料前限位	Y10	HL3	停止指示灯(红色)
X15	SQ15	推料后限位	—	—	—
X24	SB2	启动按钮	—	—	—
X25	SB3	停止按钮	—	—	—

表 4-1-2　任务 4.1 远程通信地址分配表

通信地址	功能说明
K2M0	对应输入地址 K2X000
K2M10	对应输入地址 K2X010
M21	HMI 启动按钮
M22	HMI 停止按钮

4-1-30 所示。

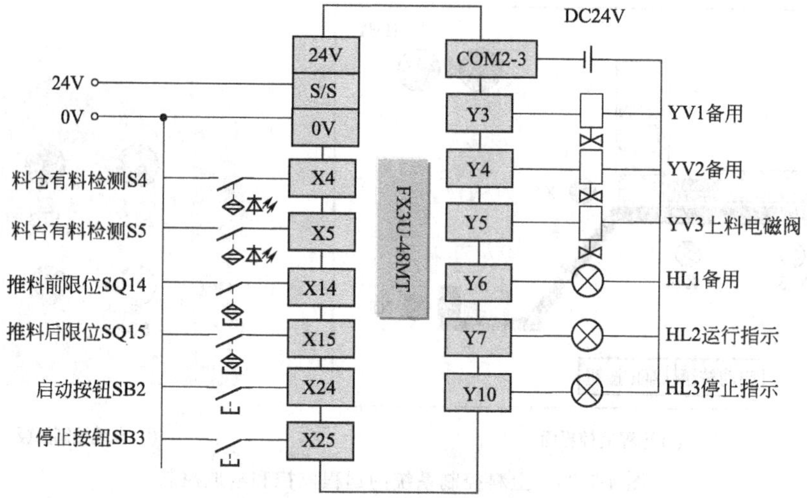

图 4-1-30　I/O 接线原理图

在附录 B 中设计的装置中，预先接好了按钮、输出指示灯和 DC24V 电源等线路。上料单元检测信号线路通过 DP25 针插口连接，执行机构的控制线路通过 DP15 针插口连接。因此，本任务不需要学员另外接线。

4. 软件设计

创建一个新工程，选择 PLC 所属系列为 FXCPU，型号为 FX3U(C)。选择编程语言的类型为梯形图，按要求设置工程名称，例如“14JD313-4T1”。

上料系统控制程序设计如图 4-1-31 所示。

第 0 步逻辑行和第 3 逻辑行，用于实现本地/远程的系统启停控制。

第 10 步逻辑行，实现上料气缸推料控制。

第 17 步逻辑行，PLC 与 HMI 通信数据区域。

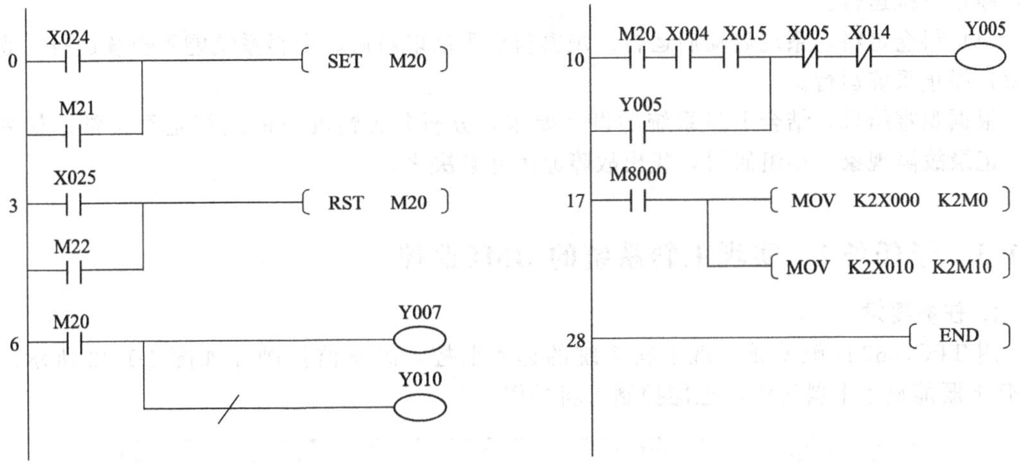

图 4-1-31　上料系统控制程序设计

5. 本地运行调试

按照表 4-1-3 所列的项目和顺序进行检查调试。检查正确的项目，请在结果栏记“√”；出现异常的项目，在结果栏记“×”，记录故障现象，小组讨论分析，找到解决办法，并排除故障。

1）调试准备工作

（1）电气准备工作。包括观察 PLC 的电源、输出设备电源（即稳压开关）、PLC 与 PC 连接等是否正常。观察 PLC 工作状态指示灯是否正常。

（2）机械准备工作。接通气源开关，调节压力值，使表压力值在 0.4～0.6bar 之间。操作上料气缸电气阀的手动按钮，观察推料杆是能否动作。调节节流阀，使推料杆能快速收回而不撞击缸底，迅速推料而不撞飞工件。

（3）下载程序。PLC 通电，PLC 工作方式开关拨到 STOP 位置，下载工程名称为“14JD313-4T1”的程序。PLC 工作方式开关拨到 RUN 位置，观察 RUN 运行灯是否正常。

表 4-1-3　任务 4.1 之本地运行调试小卡片

序号	检查调试项目	结果	故障现象	解决措施
1	电气准备工作			
2	机械准备工作			
3	料台、料仓均无料时，启动→停止			
4	料台无料、料仓有料时，启动→停止			
5	料台、料仓均有料时，启动→停止			
6	料仓足料，启动后，料台手动取料			

2）运行调试

（1）料台、料仓均无料时。按下启动按钮 SB2，系统运行，观察上料气缸是否动作。观察结束，按下停止按钮 SB3，停止系统运行。

（2）料台无料、料仓有料时。按下启动按钮 SB2，系统运行，观察上料过程是否满足要求。观察结束，按下停止按钮 SB3，停止系统运行。

（3）料台、料仓均有料时。按下启动按钮，系统运行，观察上料气缸是否动作。观察结束，停止系统运行。

（4）料仓足料，系统启动后运行。观察料台手动取料后，上料系统能否连续运行。观察结束，停止系统运行。

根据观察结果，结合上料系统的设计要求，分析各种情况下的运行是否正常。如果异常，记录故障现象，小组研讨，找出故障原因并解决之。

4.1.3　子任务 2：实现上料系统的 HMI 监控

1. 任务要求

用 TPC7062Ti 触摸屏实现上料系统的远程监控，组态监控画面如图 4-1-32 所示。在 HMI 上既能显示上料过程，也能控制上料操作。

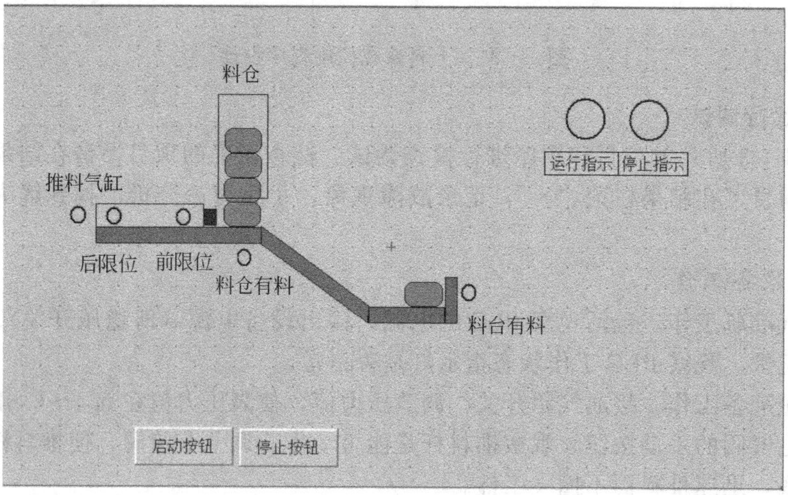

图 4-1-32　组态监控画面

2. 创建新工程

（1）打开 MCGSE 组态环境。有两种方法：一种是直接双击桌面快捷图标；另一种是通过路径："开始" >> "程序" >> "MCGS 组态软件" >> "MCGSE 组态环境"。

（2）创建新工程。有两种方法：一种是单击工具栏"新建按钮"图标；另一种是通过路径：执行菜单命令"文件" >> "新建工程"。

（3）选择 TPC 类型。如图 4-1-33(a) 所示，在弹出的新建工程设置窗口，选择 TPC 类型为 TPC7062Ti，其余参数默认。

（4）确定后，自动生成名为"新建工程 0"的 MCE 文件，如图 4-1-33(b) 所示。

3. 设备组态

1）添加设备 0

（1）打开"设备窗口"，如图 4-1-33(b) 所示。

（2）单击"设备组态"按钮或双击"设备窗口"图标，打开"设备组态：设备窗口"，如图 4-1-34(a) 所示。新工程的设备组态窗口内容是空白的。

（3）在设备组态窗口，右击空白处，弹出快捷菜单列表，如图 4-1-34(a) 中的小窗口。

（4）单击小窗口的"设备工具箱（X）"选项栏，弹出如图 4-1-34(b) 所示的"设备工具箱"窗口。

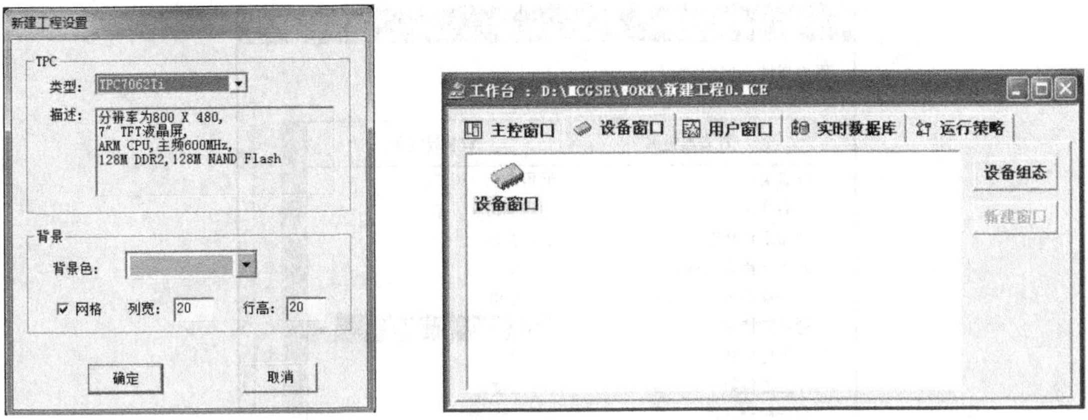

(a) 新建工程设置　　(b) 新建工程设备窗口

图 4-1-33　创建新建工程

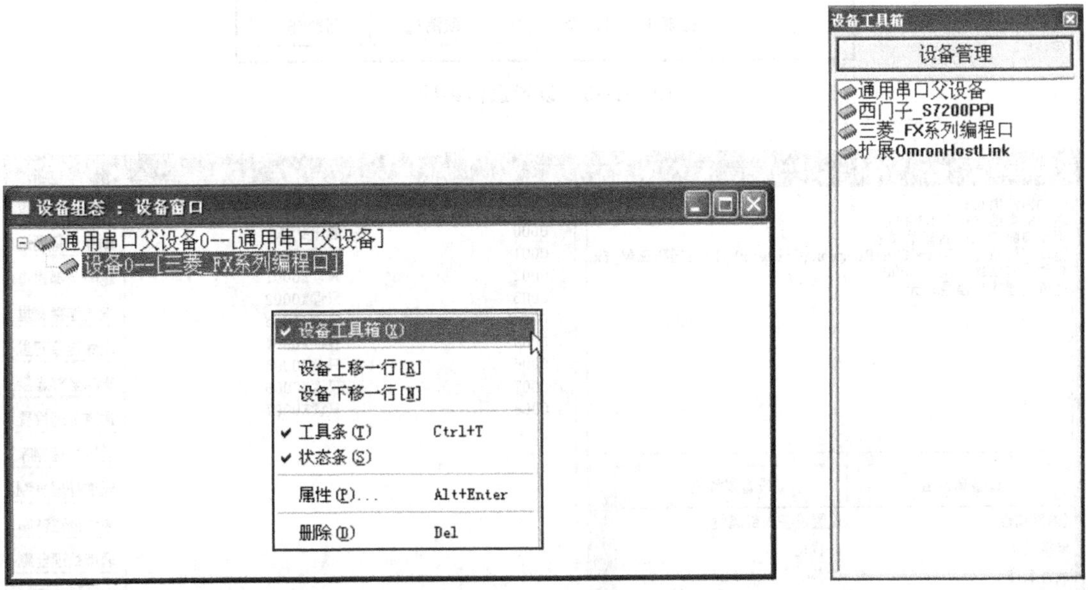

(a) 设备组态　　(b) 设备工具箱

图 4-1-34　添加设备 0

(5) 在设备工具箱窗口，首先双击“通用串口父设备”，在图 4-1-34(a) 中添加根目录“通用串口父设备 0--［通用串口父设备］”。

(6) 再双击“三菱 FX 系列编程口”，在图 4-1-34(a) 的根目录“通用串口父设备 0--［通用串口父设备］”下添加子目录“设备 0--［三菱 FX 系列编程口］”。

2) 设置硬件参数

(1) 设置通信参数。双击图 4-1-34(a) 中的根目录“通用串口父设备 0--［通用串口父设备］”，弹出“通用串口设备属性编辑”窗口，如图 4-1-35 所示。选择通信串口端口号为 COM1，选择通信波特率为 19200bps。确认后退出。

(2) 选择 PLC 类型。双击图 4-1-34(a) 中的子目录“设备 0--［三菱 _ FX 系列编程口］”，弹出“设备编辑窗口”，如图 4-1-36 所示。选择 CPU 类型为 4-FX3UCPU。

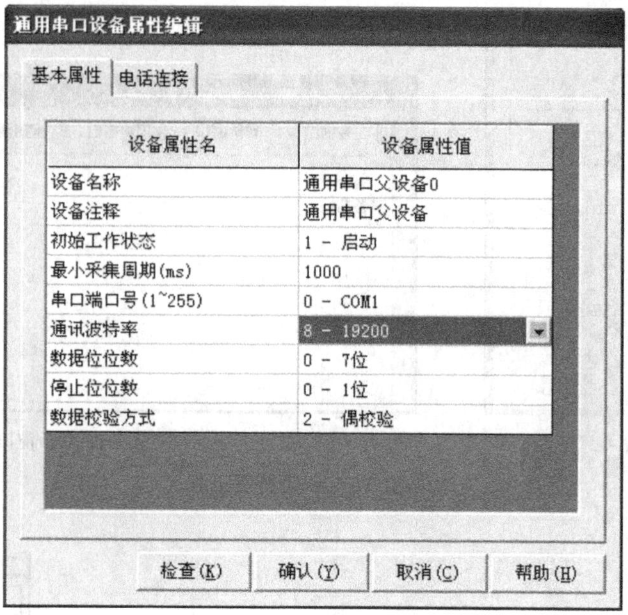

图 4-1-35　设置通信参数

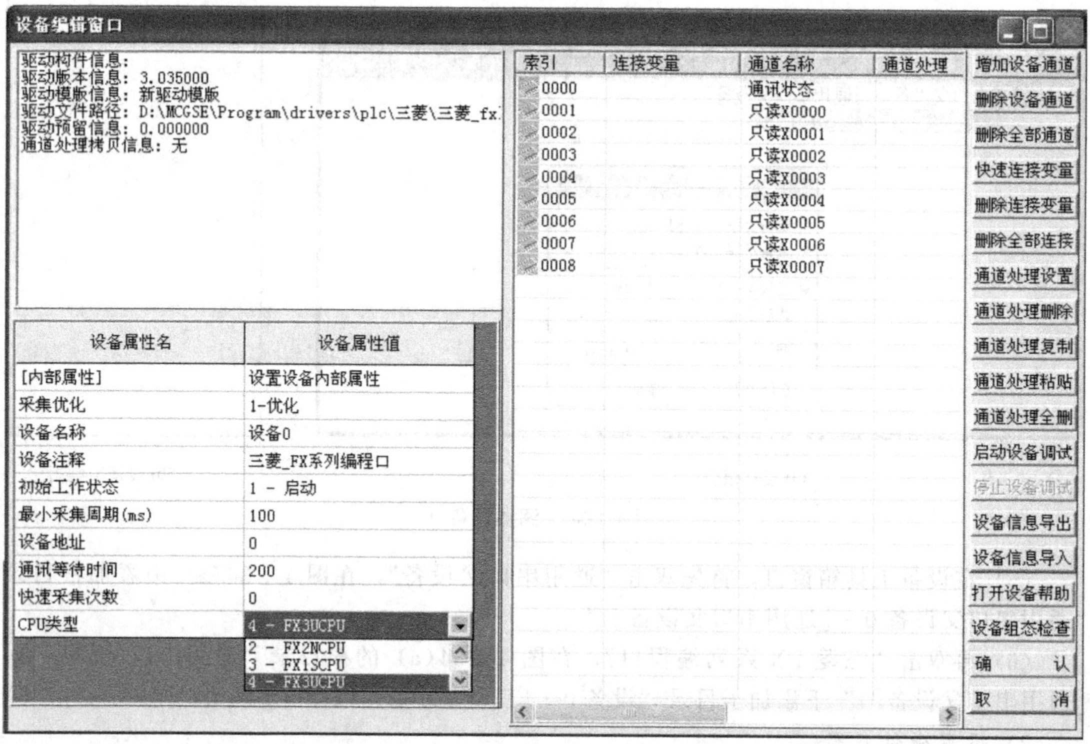

图 4-1-36　选择 PLC 类型

3）添加通信地址

（1）添加通信地址 Y5～Y10（共 4 个）。在图 4-1-36 中的右边栏目，单击“增加设备通道”，弹出“添加设备通道”窗口。通道类型选择“Y 输出寄存器”，通道地址输入“5”，通道个数输入“4”，读写方式选择“读写”，如图 4-1-37 所示，然后单击“确认”。我们实际只要监控 Y5、Y7 和 Y10 三个值，为了输入方便，进行上述批处理。

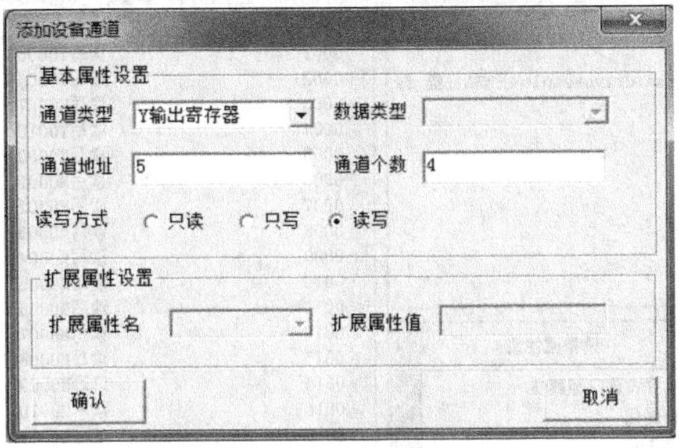

图 4-1-37　添加 Y 通道地址

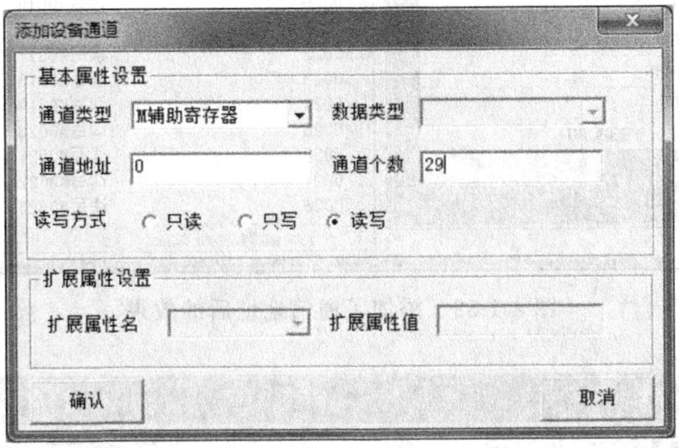

图 4-1-38　添加 M 通道地址

(2) 添加通信地址 M0～M28（共 29 个）。再次单击增加设备通道，在弹出的“添加设备通道”窗口中，通道类型选择“M 辅助寄存器”，通道地址输入“0”，通道个数输入“29”，读写方式选择“读写”，如图 4-1-38 所示。然后确认。实际只有 M4、M5、M14、M15、M21、M22、M24、M25 等 8 个位数据需要通信。

(3) 添加通信地址后的效果如图 4-1-39 所示。单击“确认”按钮后，退出设备编辑窗口。

4. 命名新建工程

(1) 单击工具栏快捷图标，保存设备组态。

(2) 通过路径“文件”＞＞“工程另存为…”，打开“保存为”窗口，如图 4-1-40 所示。将当前的“新建工程 0”取名为“上料控制系统”，保存。注意，默认保存路径是 D:\MCGSE\WORK\。

5. 动画设计

1) 新建窗口

(1) 打开“用户窗口”，新建“窗口 0”，如图 4-1-41 所示。

(2) 单击“动画组态”按钮或双击“窗口 0”图标，打开“动画组态窗口 0”，如图 4-1-42 所示。动画组态窗口的尺寸 H 为 40×20 像素，V 为 24×20 像素；即分辨率为 800×480 像素。

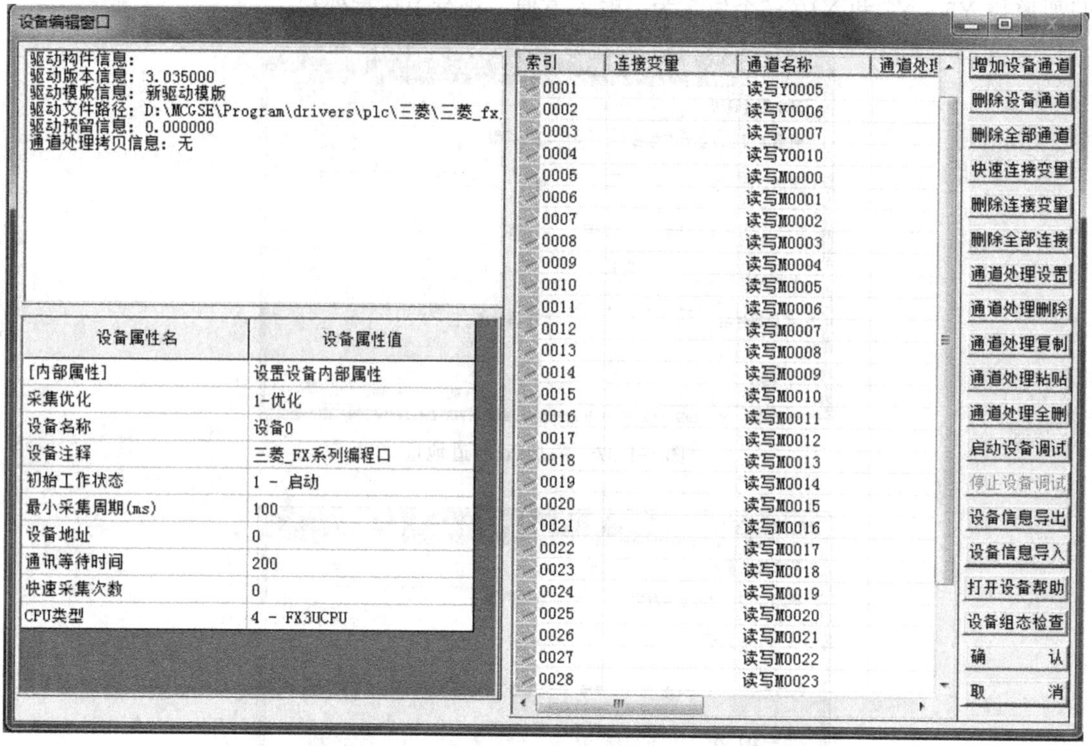

图 4-1-39　添加了通信地址后的效果

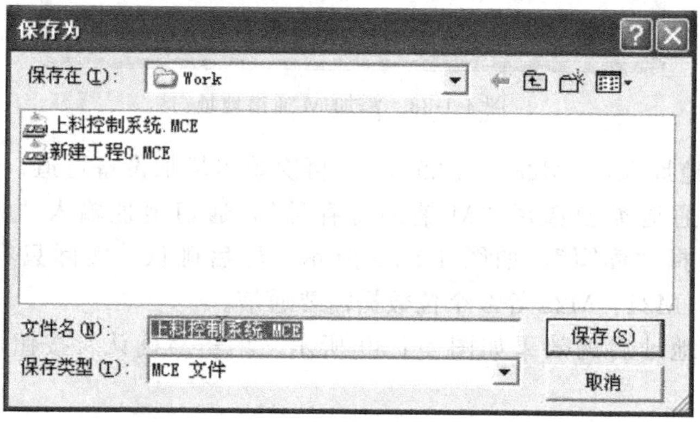

图 4-1-40　命名新建工程

动画组态窗口的坐标如图 4-1-42 所示，坐标原点在画布的左上角，水平正方向朝右，垂直正方向朝下。画布正中有一个“十”字符号，表示画布的中心点。

2）组态滑槽

(1) 在动画组态窗口 0 中，组态如图 4-1-43 所示的滑槽。

(2) 按下快捷按钮图标，打开工具箱，如图 4-1-44 所示。工具箱中位置［1，1］的图标按下，表示该工具处于激活状态；位置［1，5］的图标 abl 没被按下，表示该工具没有被激活。有且只能有一个工具被激活。

(3) 组态第 1 个矩形

① 绘制矩形。激活位置［1，2］“矩形”工具。光标移到动画组态窗口 0 的画布后，光

图 4-1-41　新建窗口 0

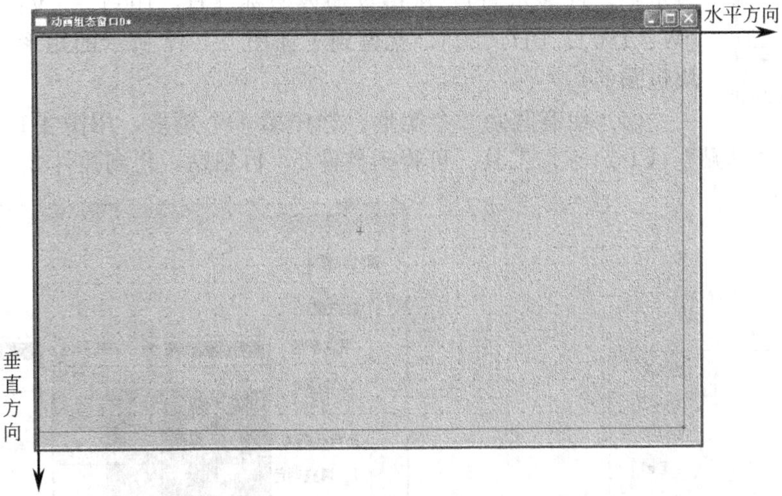

图 4-1-42　动画组态窗口 0

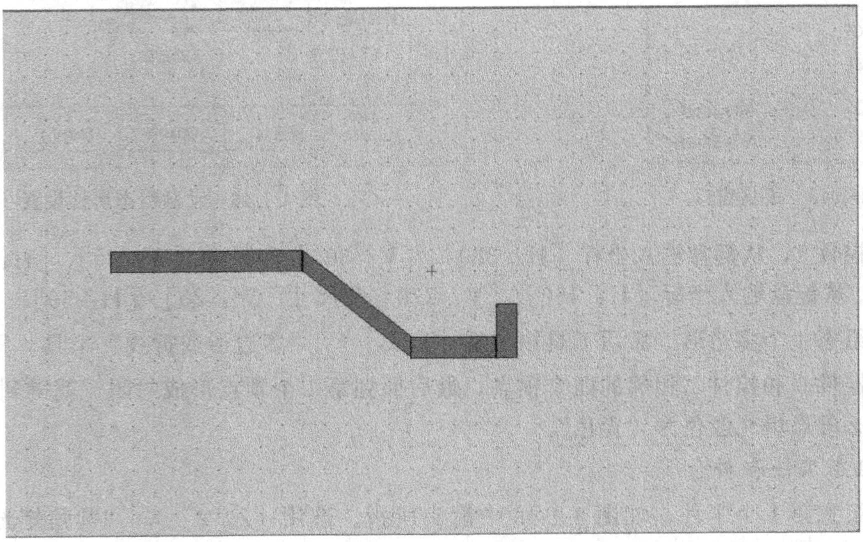

图 4-1-43　组态滑槽

图 4-1-44　工具箱

标自动变成一个粗“十”字。按下鼠标左键，向右下拖曳，既可绘制出一个矩形，系统自动命名为控件 0。此时，光标自动变为箭头形状。以后绘制的元件被依次自动命名为控件 1、控件 2、控件 3、……

② 组态静态填充颜色。选中该矩形（控件 0），右键打开弹出式工具窗口，如图 4-1-45 所示，选中“属性［P］…”栏，打开“动画组态属性设置”窗口，如图 4-1-46 所示。填充颜色选择“青色”，确定后退出。

③ 更改控件 0 的位置和尺寸。选中该矩形（控件 0）后，在组态环境窗口最下方的状态栏，从左到右，依次显示该矩形的类型、名称、位置和尺寸大小，如图 4-1-47 所示。表示控件左上角的坐标［H］、［V］（H 表示水平，V 表示垂直）。表示控件的尺寸［W］、［H］（W 表示宽，H 表示高）。从键盘输入坐标［H：100］、［V：220］和尺寸［W：180］、［H：20］，就得到了如图 4-1-47 所示的矩形（被 8 个小方块包围的）。

（4）组态其余 2 个矩形。选中第 1 个矩形，用图 4-1-45 的“拷贝”（Ctrl+C）和“粘贴”（Ctrl+V）工具，可得到控件 1，再粘贴，得到控件 2。

图 4-1-45　工具窗口

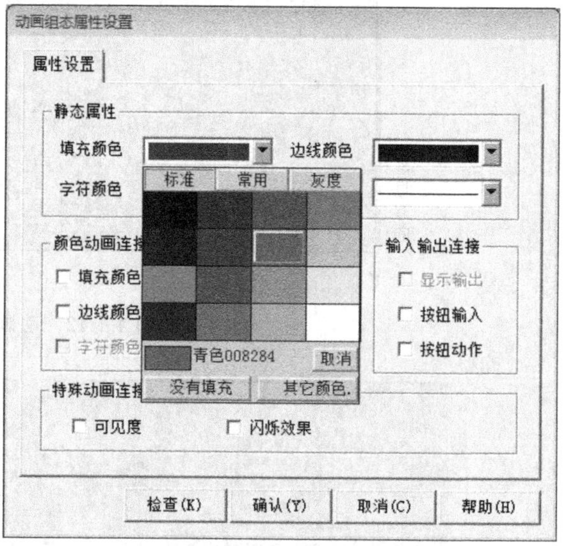

图 4-1-46　动画组态属性设置

选中控件 1，从键盘输入坐标［H：380］、［V：300］和尺寸［W：80］、［H：20］。选中控件 2，从键盘输入坐标［H：460］、［V：270］和尺寸［W：20］、［H：50］。

（5）组态 1 个多边形。激活工具箱位置［1，3］“多边形或折线”工具。移动鼠标，顺序单击控件 0 和控件 1 相邻的四个顶点，最后回到第 1 个顶点形成封闭，就得到了一个多边形。组态静态填充颜色为“青色”。

3）组态工件和料仓

（1）组态第 1 个工件，如图 4-1-48 中箭头所指。选用［2，2］“圆角矩形”工具，输入坐标［H：240］、［V：195］和尺寸［W：40］、［H：25］。

（2）“拷贝”第 1 个工件，“粘贴”得到第 2～第 4 个工件。

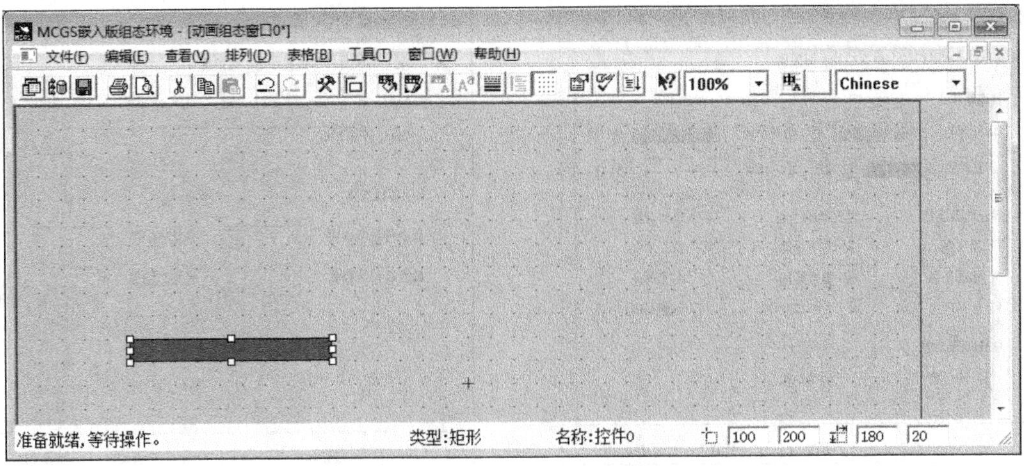

图 4-1-47　组态第 1 个矩形（控件 0）

（3）组态料仓。选用［1，2］“矩形”工具，输入坐标［H：235］、［V：90］和尺寸［W：50］、［H：100］，静态填充颜色为“没有填充”。选中料仓控件，激活快捷工具“编辑条”，单击快捷工具“置于最前面”，可以把料仓显示在工件的前面。

（4）添加标签“料仓”。选用［2，3］“标签”工具，位置位于料仓正上方；字符颜色为“蓝色”，宋体小四字体，没有填充，无边线；文本内容为“料仓”；水平居中，垂直居中。

（5）组态结果如图 4-1-48 所示。

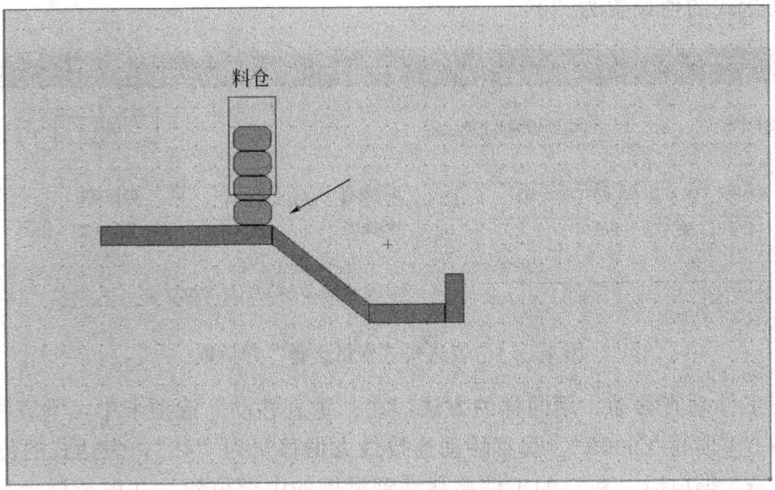

图 4-1-48　组态工件和料仓

4）组态出料口工件

出料口的工件如图 4-1-48 箭头所指。当推料气缸得电后，该工件能运动起来。

（1）生成三个动作选项卡。选中出料口工件，用右键打开弹出式工具窗口，如图 4-1-45 所示，选中“属性［P］…”栏，打开“动画组态属性设置”窗口，勾选位置动画，连接“水平移动”和“垂直移动”，特殊动画连接“可见度”，可得到三个选项卡，如图 4-1-49 所示。

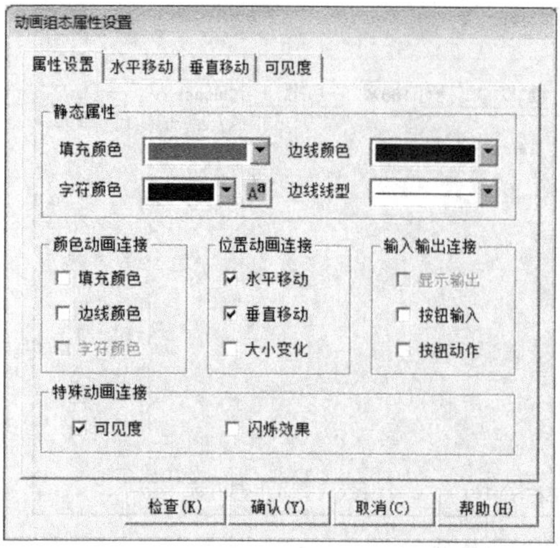

图 4-1-49 “动画组态属性设置”对话框

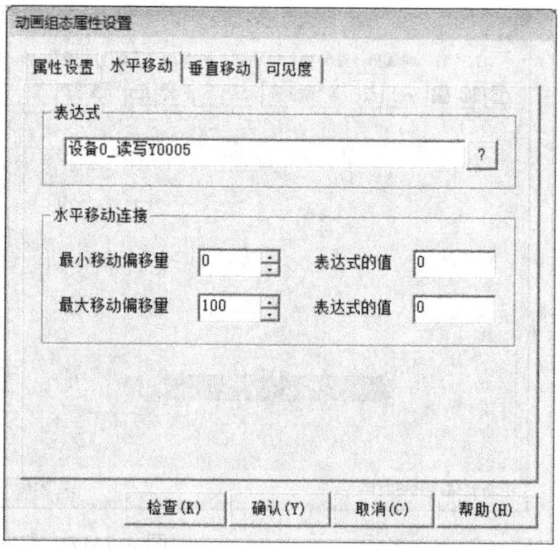

图 4-1-50 “水平移动”动态属性设置

（2）组态工件水平移动。选择“水平移动”选项卡，如图 4-1-50 所示。单击表达式栏目的按钮 ? ，弹出图 4-1-51 所示“变量选择”对话框。选中“根据采集信息生成”，选择通信端口的内容自动默认为“通用串口父设备 0［通用串口父设备］”，选择采集设备的内容自动默认为“设备 0［三菱 _ FX 系列编程口］”。选择通道类型为“Y 输出寄存器”，选择通道地址为“5”，读写类型为“读写”。确认后，图 4-1-50 所示的表达式就设置为“设备 0 _ 读写 Y0005”。Y5 是 PLC 驱动上料电磁阀动作的输出口。注意，表示式的变量一定要通过图 4-1-51 的窗口选择，不能用键盘录入。在图 4-1-50 中，水平移动连接最大偏移量设置为“100”，表达式的值设置为“0”。

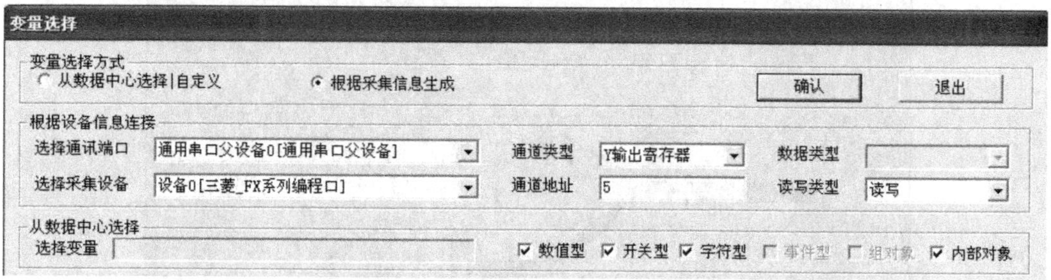

图 4-1-51 表达式“变量选择”对话框

（3）组态工件垂直移动。用同样的方法，在“垂直移动”选项卡中，垂直移动的表达式选择为“设备 0 _ 读写 Y0005”，垂直移动连接最大偏移量为“45”，表达式的值为“0”。

这样，当 Y5 得电时，料口的工件会移动到滑槽的中部位置，在触摸屏上可显示工件运动的一个动态过程。

（4）组态工件可见度。打开料口工件“动画组态属性设置”窗口的“可见度”选项卡，设置可见度的表达式为“设备 0 _ 读写 M0004 * 设备 0 _ 读写 M0015”，当表达式非零时，对应图符不可见。变量 M4 和变量 M15 需要通过“变量选择”对话框下的“根据采集信息生成”进行选择。“ * ”表示两个变量是“与”的关系，即，当料口检测信号有效（M4＝X4＝ON），同时推料气缸在后限位（M15＝X15＝ON）时，在触摸屏中料口的工件显示。

5）组态料台工件

从料仓选择一个工件（不选料口的，因为它有动态属性特征），通过“拷贝”、“粘贴”得到一个新的工件。修改坐标为［H：415］、［V：275］，得到料台工件，如图 4-1-52 箭头所指。

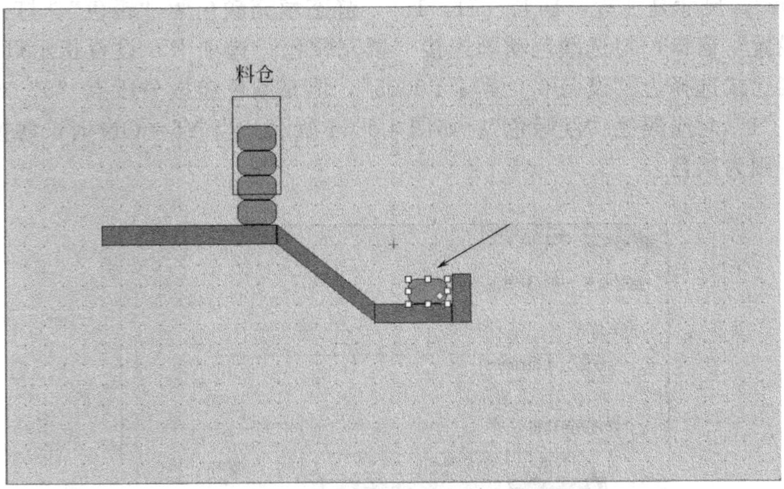

图 4-1-52　组态料台工件

组态工件可见度。打开料仓工件“动画组态属性设置”窗口的“可见度”选项卡，选择可见度的表达式为“设备 0 _ 读写 M0005”，当表达式非零时，对应图符不可见。变量 M5 通过“变量选择”对话框下的“根据采集信息生成”进行选择。当料仓检测信号有效（M5＝X5＝ON）时，在触摸屏中料台的工件显示。

6）组态推料气缸

如图 4-1-53 所示为组态推料气缸。

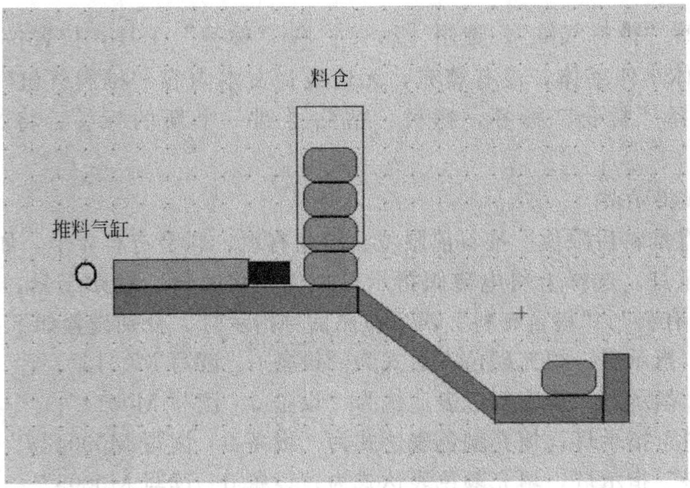

图 4-1-53　组态推料气缸

（1）绘制缸筒。用［1，2］“矩形”工具绘制 1 个矩形，坐标［H：100］、［V：200］和尺寸［W：100］、［H：20］，静态填充颜色为“灰色”。

（2）绘制及组态活塞。用［1，2］“矩形”工具绘制 1 个矩形，坐标［H：100］、［V：

202] 和尺寸 [W：130]、[H：17]，静态填充颜色为“藏青色”。设置活塞“水平移动”动画属性，表达式选择为“设备 0_读写 Y0005”，最大偏移量为“40”，表达式的值为“0”。用快捷工具“置于最后面”，把活塞放在缸筒的后面。

(3) 绘制及上料电磁阀指示灯。用 [3，2] “椭圆”工具绘制 1 个圆形，坐标为 [H：70]、[V：202]，尺寸是 [W：16]、[H：16]，静态填充颜色为“银色”。打开指示灯“动画组态属性设置”窗口，勾选颜色动画连接“填充颜色”选项卡，设置指示灯“填充颜色”动画属性，表达式选择为“设备 0_读写 Y0005”，填充颜色连接分段点“0”对应颜色“灰色”，分段点“1”对应颜色“浅绿色”。如图 4-1-54 所示。当 Y5＝ON 时，触摸屏的指示灯显示绿色，否则为灰色。

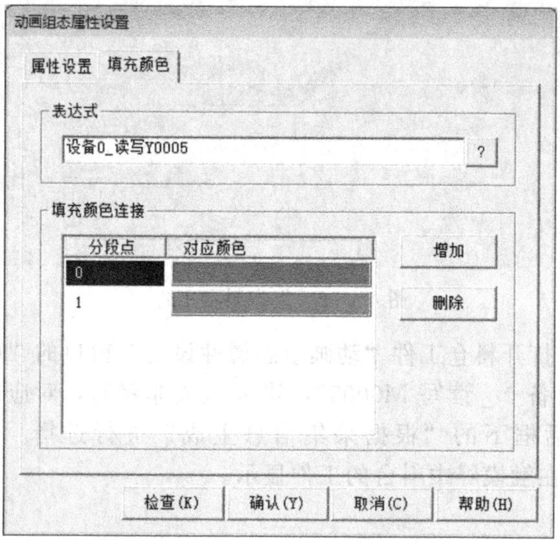

图 4-1-54　组态上料电磁阀指示灯

(4) 添加标签“推料气缸”。选用 [2，3] “标签”工具，位置位于上料电磁阀指示灯正上方；宋体小四字体，没有填充，无边线；文本内容“推料气缸”；水平居中，垂直居中。也可选择“料仓”标签，拷贝、粘贴得到一个新的标签，将文本内容修改为“推料气缸”。

7) 组态检测指示灯

检测指示灯有推料后限位、推料前限位、料仓有料、料台有料 4 个，如图 4-1-55 所示。

(1) 组态指示灯。选择上料电磁阀指示灯控件，用拷贝、粘贴工具，得到“后限位”、“前限位”、“料仓有料”、“料台有料”四个检测信号指示灯。分别设置如下：

①“后限位”指示灯，填充颜色表达式为“设备 0_读写 M0015”；

②“前限位”指示灯，填充颜色表达式为“设备 0_读写 M0014”；

③“料仓有料”指示灯，填充颜色表达式为“设备 0_读写 M0004”；

④“料台有料”指示灯，填充颜色表达式为“设备 0_读写 M0005”。

其余参数不变。

(2) 添加各指示灯的标签。选择“料仓”标签，拷贝、粘贴得到一个新的标签，用鼠标拖曳放在后限位指示灯的正下方，再将文本内容修改为“后限位”。用同样方法，添加“前限位”、“料仓有料”和“料台有料”3 个标签。

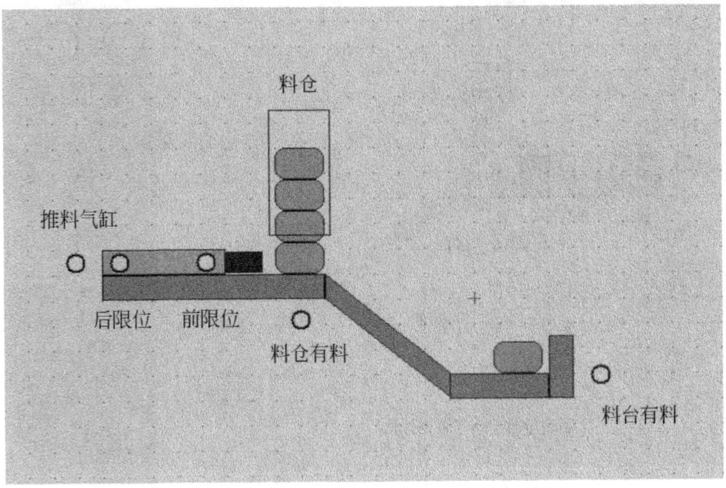

图 4-1-55 组态检测信号指示灯

8）组态系统工作指示灯

如图 4-1-56 所示为组态系统运行指示灯和停止指示灯。

（1）组态运行指示灯。用［3，2］“椭圆”工具绘制 1 个圆形，设定坐标［H：560］、［V：80］和尺寸［W：40］、［H：40］，静态填充颜色为“银色”。设置指示灯“填充颜色”表达式选择为“设备 0＿读写 Y0007”，填充颜色连接分段点“0”对应颜色“灰色”，分段点“1”对应颜色“浅绿色”。选用［2，3］A “标签”工具添加一个标签，坐标为［H：540］、［V：130］，尺寸是［W：70］、［H：25］，宋体小四字体，填充颜色“银色”，边线“黑色”；文本内容为“运行指示”；水平居中，垂直居中。

（2）组态停止指示灯。同时选中运行指示灯图符和标签，拷贝、粘贴，并拖曳到与标签框相连，如图 4-1-56 所示。修改指示灯“填充颜色”表达式，选择为“设备 0＿读写 Y0010”，修改填充颜色连接分段点“1”对应颜色“红色”。修改标签文本内容为“停止指示”。

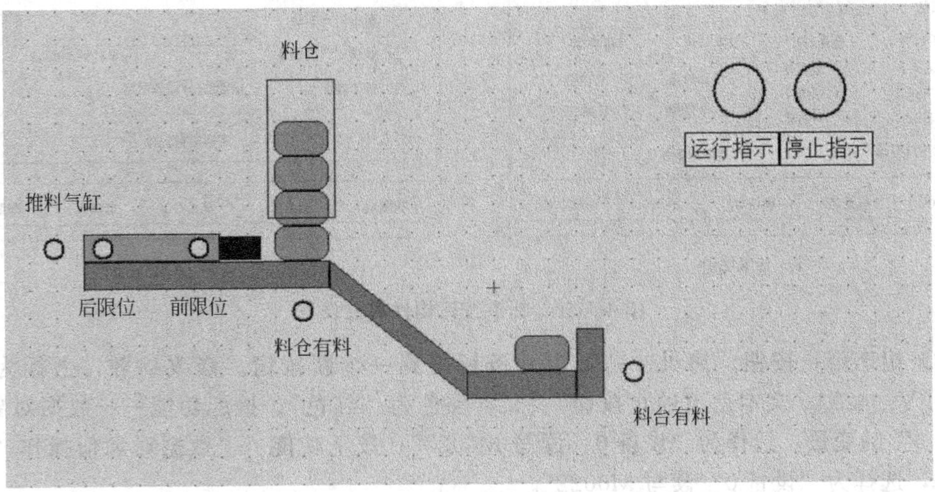

图 4-1-56 组态系统工作指示灯

9）组态系统启动和停止按钮

如图 4-1-57 所示，组态系统启停和停止按钮。

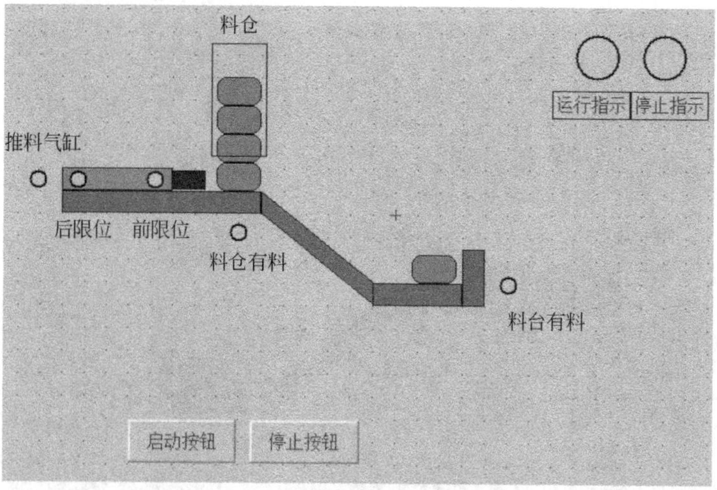

图 4-1-57　组态系统启动和停止按钮

（1）组态启动按钮。用［1，6］“标准按钮”工具绘制 1 个按钮，设定坐标［H：160］、［V：420］和尺寸［W：100］、［H：40］。组态基本属性，文本“启动按钮”；文本颜色“蓝色”；边线色“银色”，如图 4-1-58(a) 所示。设置组态操作属性和抬起功能——勾选“数据对象值操作”，“清 0”的变量选择为“设备 0 _ 读写 M0021”，如图 4-1-58（b）；按下功能——勾选“数据对象值操作”，“置 1”的变量选择为“设备 0 _ 读写 M0021”。

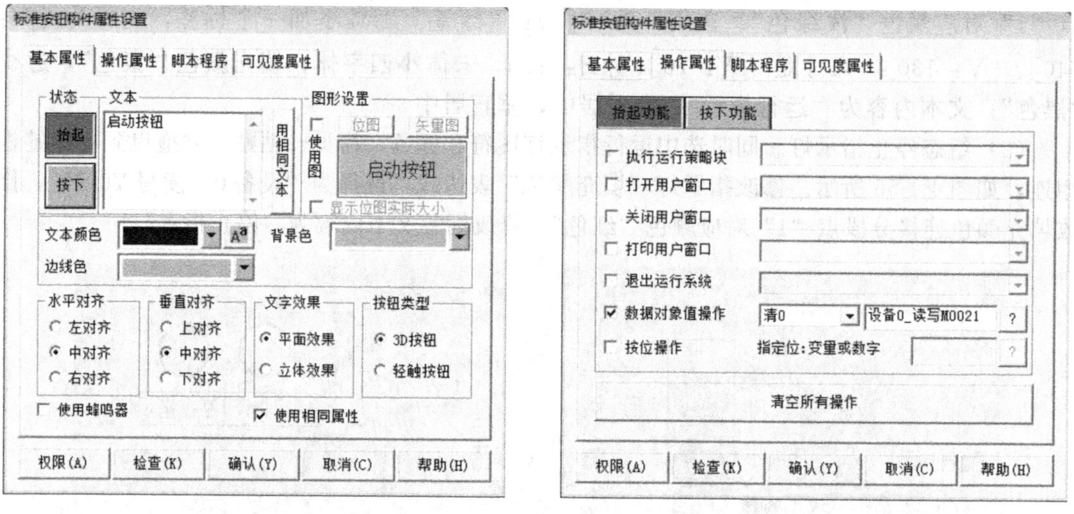

(a) 基本属性　　　　(b) 操作属性

图 4-1-58　标准按钮构件属性设置

（2）组态停止按钮。拷贝、粘贴启动按钮得到一个新按钮。修改参数，坐标为［H：270］、［V：420］；文本是“停止按钮”；文本颜色为“红色”；抬起功能——数据对象值操作“清 0”的变量，选择为“设备 0 _ 读写 M0022”；按下功能——数据对象值操作“置 1”的变量，选择为“设备 0 _ 读写 M0022”。

10）组态检查

单击快捷工具图标，检查组态。如果组态设置正确，没有错误，结果如图 4-1-59 所示。

6. 下载工程并进入运行环境

（1）通信连接。参照图 4-1-20 所示，用 USB 通信电缆连接 TPC 与 PC。参照图 4-1-19，用 RS232（DP9）/ RS422（MD8）通信电缆连接 TPC 与 PLC。

（2）TPC 通电。接通触摸屏上的电源开关。

（3）单击快捷工具图标，弹出如图 4-1-60 所示“下载配置”窗口。

（4）单击“连机运行”，连接方式选择“USB 通讯”，单击“通讯测试”。

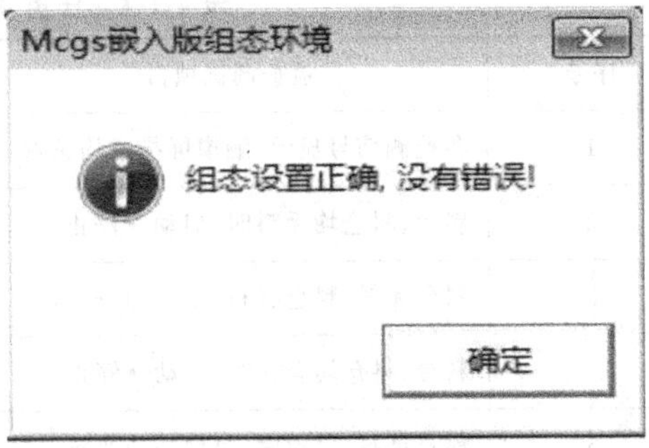

图 4-1-59 组态检查

（5）通信测试成功后，单击“工程下载”。下载工程“上料控制系统”。

（6）工程下载成功，提示如图 4-1-60 返回信息栏最后一行，单击“启动运行”。

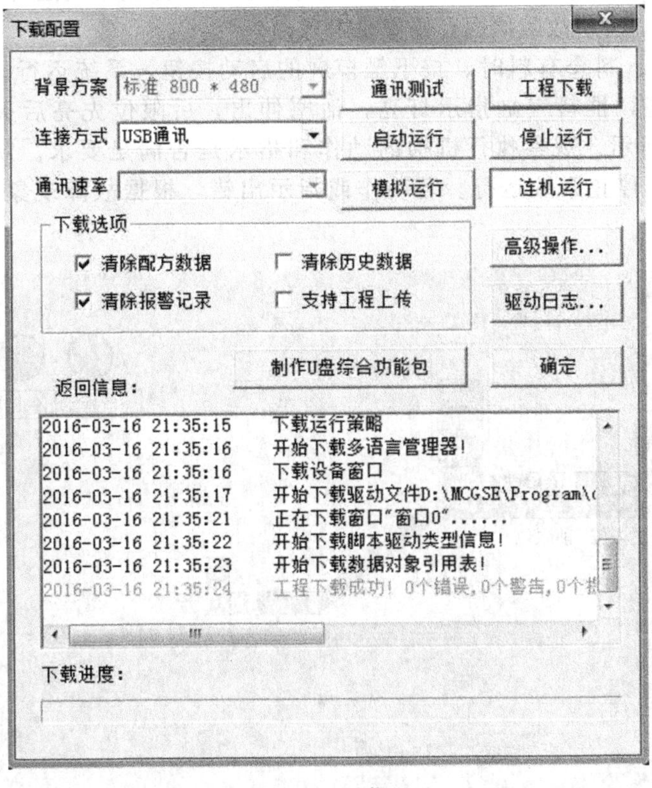

图 4-1-60 下载配置

7. 远程运行调试

1）调试准备工作

（1）按照子任务 1 的要求进行电气和机械方面的初步检测，确认电气和机械均无误。

（2）确认已经下载了 PLC 程序。

（3）检查各检测信号、触摸屏指示是否都正常。

按照表 4-1-4 所列的项目和顺序进行检查调试。检查正确的项目，请在结果栏记“√”；出现异常的项目，在结果栏记“×”，记录故障现象，小组讨论分析，找到解决办法，并排除故障。

表 4-1-4 任务 4.1 之远程运行调试小卡片

序号	检查调试项目	结果	故障现象	解决措施
1	各检测信号显示、触摸屏指示均正常			
2	料台、料仓均无料时，启动→停止			
3	料台无料、料仓有料时，启动→停止			
4	料台、料仓均有料时，启动→停止			
5	料仓足料，启动后，料台手动取料			

2）运行调试

（1）料台、料仓均无料时。按下触摸屏的启动按钮，系统运行。观察执行机构的动作和指示是否满足要求。观察结束，按下触摸屏的停止按钮，停止系统运行。若动作或指示出错，根据故障现象，分析故障原因，并修改组态。

（2）料台物料、料仓有料时。按下触摸屏的启动按钮，系统运行。此时，运行指示灯亮，料仓有料亮，推料气缸指示灯亮，活塞伸出，后限位先亮后灭，前限位先灭后亮，如图 4-1-61 所示。观察执行机构的动作和指示是否满足要求。观察结束，按下触摸屏的停止按钮，停止系统运行。若动作或指示出错，根据故障现象，分析故障原因，并修改组态。

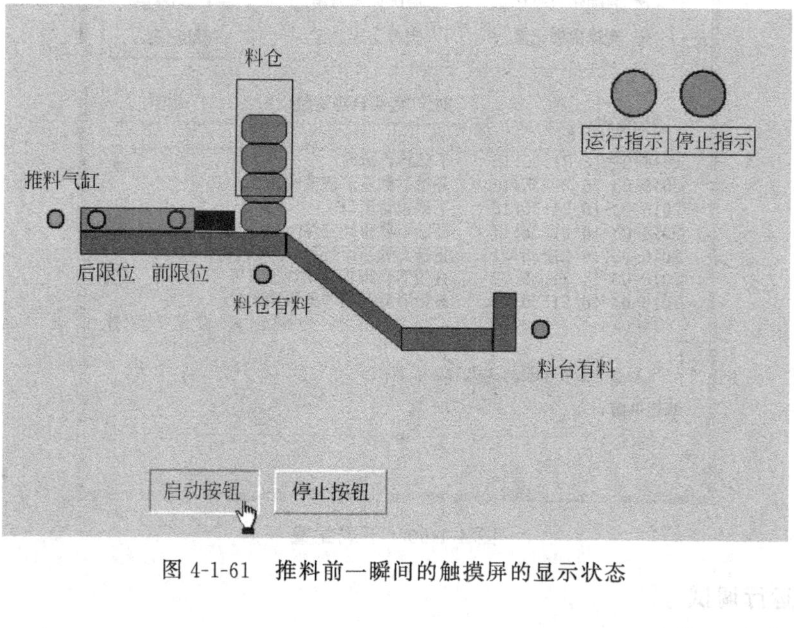

图 4-1-61 推料前一瞬间的触摸屏的显示状态

4.1.4 拓展任务

设计一个具有计数显示功能的自动线上料监控系统，其组态监控画面如图 4-1-62 所示。

（1）在原来上料 PLC 控制的基础上，增加上料工件的计数功能。计数值（D0）能在触摸屏上显示出来。

（2）能用触摸屏（通信地址 M26）或者复位按钮（输入地址 X26）清零计数值。

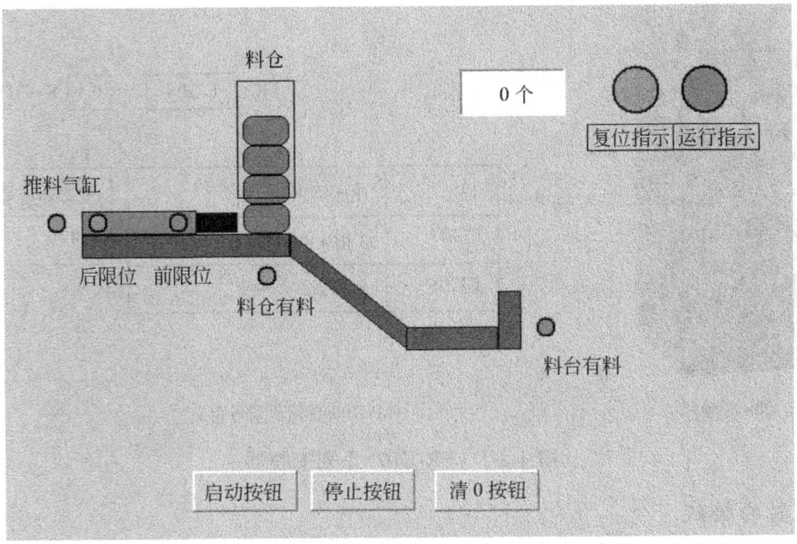

图 4-1-62　自动线上料监控系统的组态监控画面

任务 4.2　变频电机驱动皮带运输系统的控制

知识目标

① 熟悉变频驱动技术；
② 掌握昆仑通态 HMI 触摸屏的基本使用方法；
③ 掌握触摸屏窗口切换功能；
④ 了解 FR-E740 变频器的结构和使用。

能力目标

① 能用 FR-E740 驱动皮带运行；
② 会用 HMI 实现皮带启停控制；
③ 会用 HMI 监视皮带运行状态；
④ 会使用 HMI 监视运行时间。

4.2.1　知识准备

1. E700 变频器接线

1）外观和型号说明

FR-E700 系列变频器是三菱 FR-E500 系列变频器的升级产品，是一种小型、高性能通用变频器。FR-E700 系列变频器的外观和型号定义如图 4-2-1 所示。

三菱 FR-E720S-0.4K-CHT 型变频器，额定电压等级为单相 220V，适用于容量 0.4kW 及以下的电动机。

(a) E720S 变频器

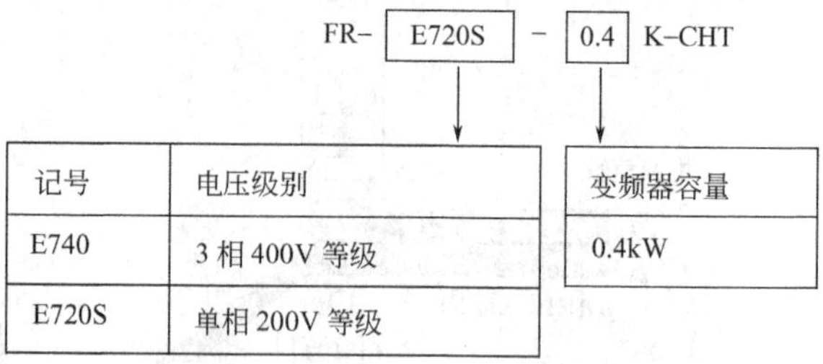

FR- E720S - 0.4 K-CHT
记号
电压级别
E740
3 相 400V 等级
E720S
单相 200V 等级
变频器容量
0.4kW

(b) E700 变频器型号定义

图 4-2-1　FR-E700 系列变频器

2）变频器的接线

（1）E740 变频器主电路的接线如图 4-2-2 所示。E720S 变频器主电路的接线见圆角矩形框内标示。

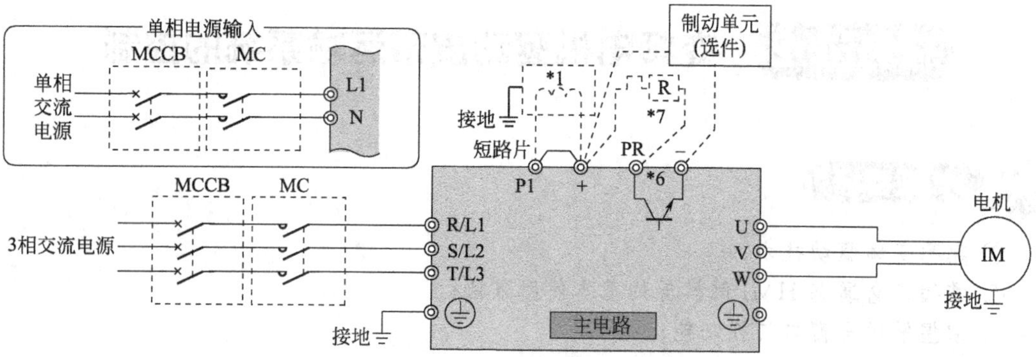

图 4-2-2　E740 变频器主电路接线

R、S、T（或 L1、L2、L3）是三相交流电源输入端；L1、N 是单相电源输入端。U、V、W 是变频器输出端，用于连接 3 相笼型电机。输入输出一定不能接错。

P1、＋间连接直流电抗器，此时需要取下 P1 和＋间的短路片。PR、＋间连接制动电阻器（FR-ABR），FR-E720S-0.1K、0.2K 没有内置制动晶体管，不能连接制动电阻器。＋、－间连接制动单元（FR-BU2）、共直流母线变流器（FR-CV），以及高功率因数变流器（FR-HC）。

变频器必须接地。接地线尽量用粗线，接地点尽量短，最好专用接地。共用接地时，必须在接地点共用。

（2）E700 变频器控制电路的接线如图 4-2-3 所示。

开关量输入信号有 7 个。STF 正转启动，ON 时正转，OFF 时停止。STR 反转启动，OF 时反转，OFF 时停止。STF 和 STR 同时 ON 时，为停止指令。

RH 为高速频率设定（默认 50Hz），RM 为中速频率设定（默认 30Hz），RL 为低速频率设定（默认 10Hz）。通过 RH、RM 和 RL 信号的组合，可以进行 4～7 段速度的频率设定。

SD 接点为内部 DC24V 电源公共端子。PC 接点为外部 DC24V 电源公共端子。

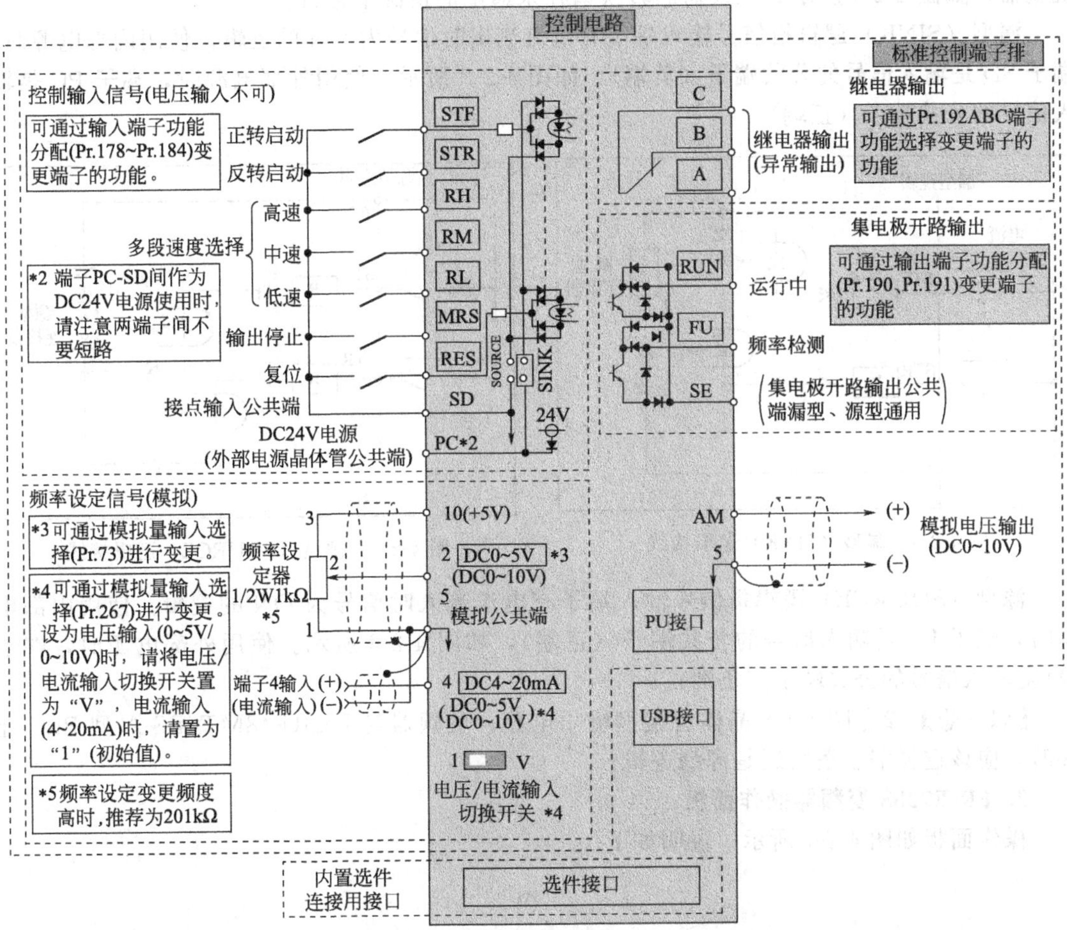

图 4-2-3　E700 变频器控制电路接线

模拟量输入信号 2 组。10 接点用于电位器的电源，5 接点是模拟公共端。2、5 接点用于频率设定（电压），如果输入 DC0～5V（10）。在 5V（10V）时为最大输出频率，输入输出成正比。4、5 接点用于频率设定（电流），如果输入 DC4～20mA。在 20mA 时为最大输出频率，输入输出成正比。4、5 接点用于电压输入时，请将电压/电流输入切换开关切换至“V”位置。

开关量输出信号 3 个。A、B、C 是变频器异常信号（继电器输出）；异常时，A-C 间接通，B-C 间断开。RUN 是变频器正在运行信号（集电极开路输出），变频器输出频率大于等于启动频率时为低电平，停止或直流制动时为高电平。FU 是频率检测信号（集电极开路输出），输出频率大于等于任意设定的检测频率时为低电平，未达到时为高电平。

模拟量输出信号 1 个。AM 端子模拟电压输出，可以从多种监视项目中选一种为输出。变频器复位中不输出。

3）控制逻辑的切换

输入信号出厂设定为漏型逻辑（SINK），为了切换控制逻辑，需要切换控制端子上方的

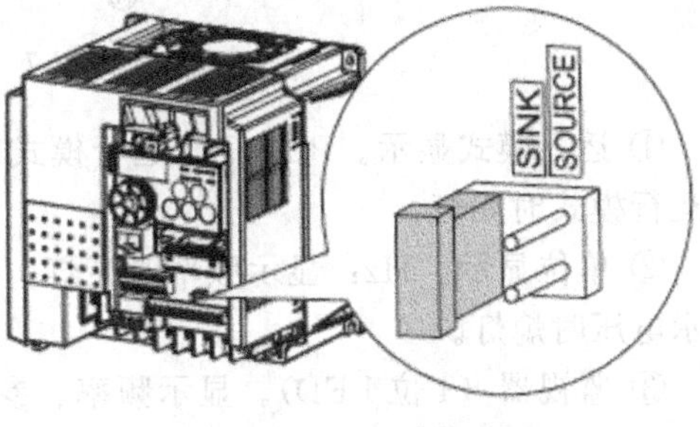

图 4-2-4　控制逻辑的切换

跳线器，如图 4-2-4 所示。跳线器的转换请在未通电的情况下进行。

漏型（SINK）逻辑指信号输入端子有电流流出时信号为 ON 的逻辑。使用内部电源时，端子 SD 是输入信号的公共端子（负端），如图 4-2-5 所示。使用外部电源时，端子 PC 是输入信号的公共端子（正端）。

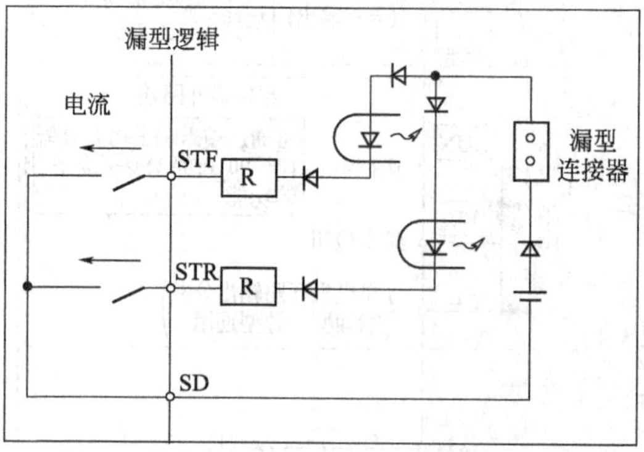

图 4-2-5　漏型（SINK）逻辑接线

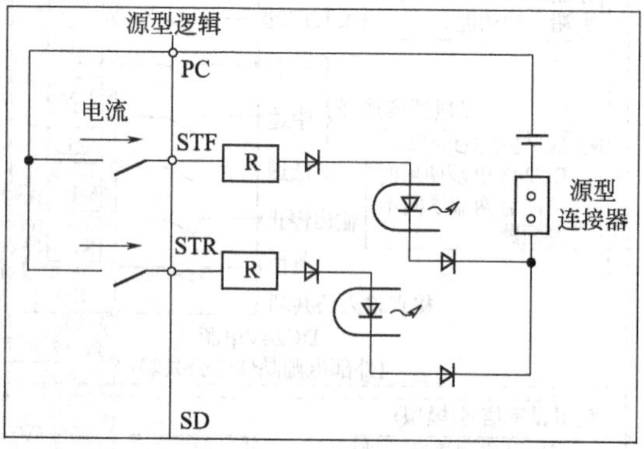

图 4-2-6　源型（SOURCE）逻辑接线

源型（SOURCE）逻辑指信号输入端子有电流流入时信号为 ON 的逻辑，使用内部电源时，端子 PC 是输入信号的公共端子（正端），如图 4-2-6 所示。使用外部电源时，端子 SD 是输入信号的公共端子（负端）。

【想一想】参考图 1-1-8 晶体管漏型输出电路，变频器与 FX3U-48MT/ES-A 型 PLC 连接时，应该选择漏型逻辑还是源型逻辑？

2. FR-E720S 变频器操作面板

操作面板如图 4-2-7 所示，说明如下。

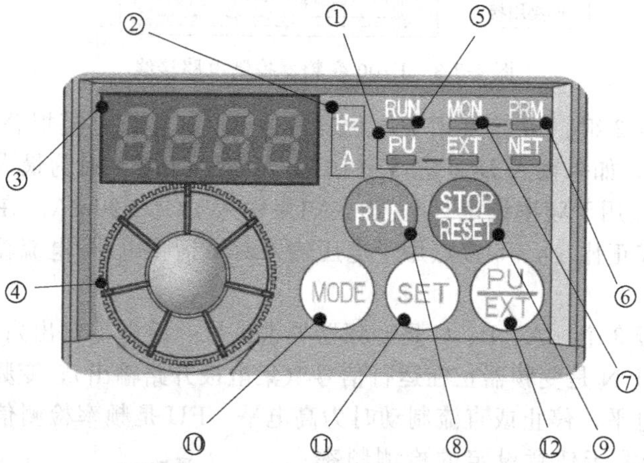

图 4-2-7　变频器操作面板

① 运行模式显示。PU：PU 运行模式时亮灯；EXT：外部运行模式时亮灯；NET：网络运行模式时亮灯。

② 单位显示。Hz：显示频率时亮灯，显示设定频率监视时闪烁；A：显示电流时亮灯，显示电压时熄灯。

③ 监视器（4 位 LED）。显示频率、参数编号等。

④ M 旋钮。用于变更频率设定、参数的设定值。按该旋钮可显示以下内容，监视模式

时的设定频率；校正时的当前设定值；报警历史模式时的顺序。

⑤ 运行状态显示（RUN）。变频器动作中亮灯/闪烁。亮灯，表示正转运行中；缓慢闪烁（1.4s 循环），表示反转运行中。快速闪烁（0.2s 循环）有三种情况：一是按键 RUN 或输入启动指令都无法运行时；二是有启动指令，频率指令在启动频率以下时；三是输入了 MRS 信号时。

⑥ 参数设定模式显示（PRM）。参数设定模式时亮灯。

⑦ 监视器显示（MON）。监视模式时亮灯。

⑧ 启动指令（RUN）。通过 Pr. 40 的设定，可以选择旋转方向。

⑨ 停止运行（STOP/RESET）。停止运转指令。保护功能（严重故障）生效时，也可以进行报警复位。

⑩ 模式切换（MODE）。用于切换各设定模式。如果和 PU/EXT 同时按下，也可以用来切换运行模式。长按此键（2s）可以锁定操作。

⑪ 各设定的确定（SET）。如果在运行中按此键，则监视器按照“运行频率→输出电流→输出电压→运行频率”显示。

⑫ 运行模式切换（PU/EXT）。用于切换 PU 运行模式/EXT 外部运行模式。使用外部运行模式（通过另接的频率设定电位器和启动信号启动的运行）时请按此键，使表示运行模式的 EXT 处于亮灯状态［切换至组合模式时，可同时按 MODE（0.5s），或者变更参数 Pr. 79］。

3. E700 变频器的运行模式

1）运行模式

所谓运行模式，是指对输入到变频器的启动指令和设定频率的输入场所的指定。

一般来说，使用控制电路端子、在外部设置电位器和开关来进行操作的是“外部运行模式”，使用操作面板以及参数单元（FR-PU04-CH/FR-PU07）输入启动指令、设定频率的是“PU 运行模式”，通过 PU 接口进行 RS-485 通信或使用通信选件的是“网络运行模式（NET 运行模式）”。可以通过操作面板或通信的命令代码，进行运行模式的切换。

Pr. 79＝0，外部/PU 运行模式，通过键 PU/EXT 可以进行切换。Pr. 79＝1，固定为 PU 运行模式。Pr. 79＝2，固定为外部运行模式，可以在外部/网络运行模式间切换。Pr. 79＝3，外部/PU 组合运行模式 1，频率指令用操作面板设定或外部多段速设定，启动指令由外部信号输入。Pr. 79＝4，PU/外部组合运行模式 2，频率指令由外部信号输入（2、4 模拟量输入端子、多段速选择等），启动指令通过操作面板的键 RUN 输入。变频器运行模式见表 4-2-1。

表 4-2-1　变频器运行模式

运行模式	操作面板显示	运行方法	
		启动指令	频率指令
PU 运行模式	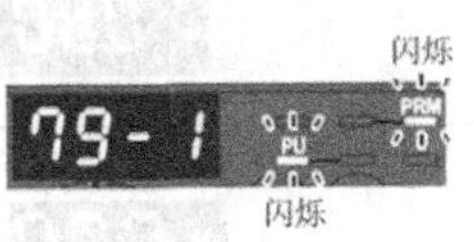		

续表

运行模式	操作面板显示	运行方法	
		启动指令	频率指令
外部运行模式	闪烁  闪烁	外部(STF、STR)	模拟电压输入
组合运行模式 1	闪烁 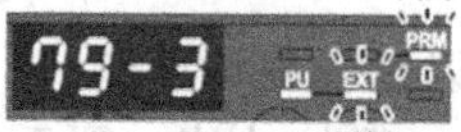 闪烁	外部(STF、STR)	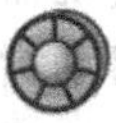
组合运行模式 2	闪烁  闪烁		模拟电压输入

2）简单设定运行模式

（1）组合运行模式 1 的设定，见表 4-2-2。

表 4-2-2 设定组合运行模式 1

序号	操作	操作面板显示
1	电源接通时显示的监视器画面	
2	同时按住(PU/EXT)和(MODE)键 0.5s	闪烁 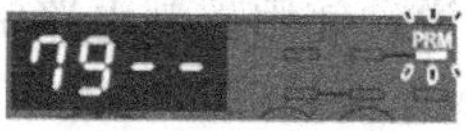
3	旋转，将值设定为 79-3	闪烁  闪烁
4	按(SET)键设定	 闪烁…参数设定完成，3s 后回到序号 1 画面

（2）变更参数，变更 Pr. 1 上限频率为 50Hz，见表 4-2-3。

表 4-2-3 变更 Pr. 1 上限频率

序号	操作	操作面板显示
1	电源接通时显示的监视器画面	
2	按(PU/EXT)键，进入 PU 运行模式	PU 显示灯亮 

续表

序号	操作	操作面板显示
3	按(MODE)键，进入参数设定模式	PRM 显示灯亮 
4	旋转◎，将参数编号设定为 P. 1	
5	按(SET)键，读取当前的设定值	
6	旋转◎，将值设定为“50. 00”	
7	按(SET)键设定	 闪烁…参数设定完成

(3) 按 M 旋钮（◎），将显示现在的设定频率。

4. 2. 2　子任务 1：实现皮带运输系统的 PLC 控制

1. 任务要求

1）系统功能

皮带运输控制系统如图 4-2-8 所示，主动轴由变频器电机（型号 80YS25GY30）驱动。设计一个基于 PLC 技术、变频技术和组态软件技术的皮带运输监控系统。

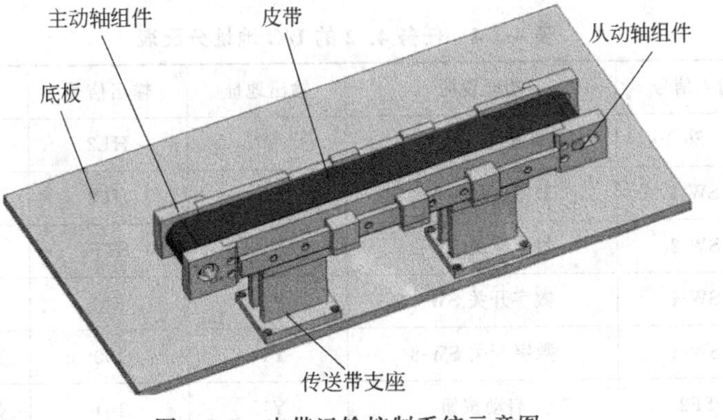

图 4-2-8　皮带运输控制系统示意图

2）操作要求

皮带运输控制系统的远程监控界面和本地控制箱面板如图 4-2-9 所示。

(1) 按下启动按钮 SB2 后，如果入料口有料（工件），则皮带左行。运行 t s 后，工件被送到储料盒里。若皮带上无工件，则皮带自动停止。系统启动后，绿灯 HL2 亮。

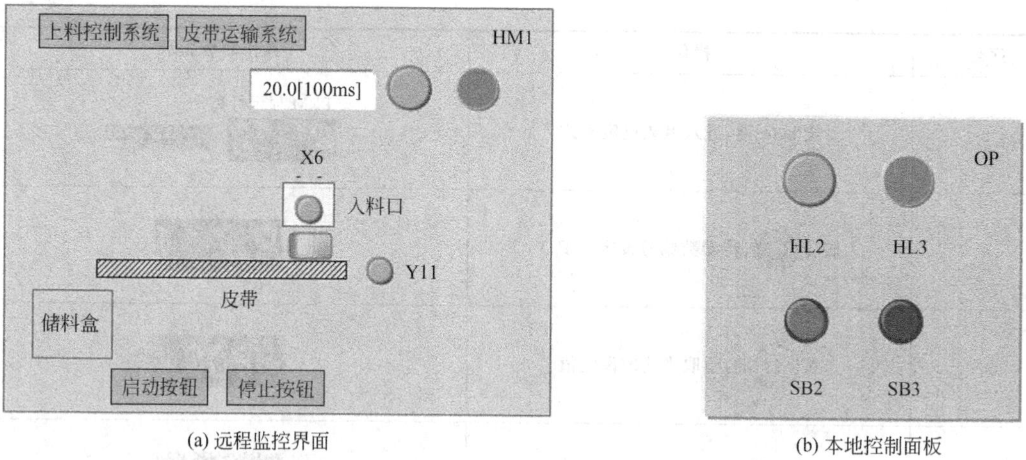

图 4-2-9　皮带运输控制系统的远程监控和本地控制

（2）按下停止按钮 SB3，皮带送完当前工件后自动停止，红灯 HL3 亮。

（3）皮带运行时间 t 由数字开关设定，不能低于 2s。

（4）HMI 能显示皮带运行时间、皮带运输过程，也能控制启停操作。

2. 分析控制对象并确定 I/O 地址分配表

1）分析控制对象

输入信号共 7 个。启动按钮和停止按钮共 2 个；料口有料现场检测光纤式光电开关信号 1 个；数字开关 BCD 输入端 4 个。

输出信号共 8 个。指示类信号有运行指示 HL2 和停止指示 HL3，共 2 个。皮带电机由变频器驱动，需要正转启动信号 1 个，中速频率设定信号 1 个。BCD 数字开关片选信号 4 个。

选择 FX3U-48MT/ES-A 型 PLC。

2）I/O 地址分配与通信地址分配

（1）任务 4. 2 的 I/O 地址分配见表 4-2-4。

表 4-2-4　任务 4. 2 的 I/O 地址分配表

输入地址	输入信号	功能说明	输出地址	输出信号	功能说明
X6	S6	料口有料光电检测	Y7	HL2	运行指示灯(绿色)
X20	SW-1	数字开关 SW-1	Y10	HL3	停止指示灯(红色)
X21	SW-2	数字开关 SW-2	Y11	STF	皮带正转启动
X22	SW-4	数字开关 SW-4	Y13	RM	中速频率设定
X23	SW-8	数字开关 SW-8	Y14	100	数字开关片选信号个位
X24	SB2	启动按钮	Y15	101	数字开关片选信号十位
X25	SB3	停止按钮	Y16	102	数字开关片选信号百位
—	—	—	Y17	103	数字开关片选信号千位

（2）任务 4.2 涉及远程监控，需要分配远程启停控制地址、监视现场检测信号、HMI 工件动态位置和皮带运行时间设定值，其通信地址分配见表 4-2-5。

表 4-2-5　任务 4.2 远程通信地址分配表

通信地址	功能说明
K2M0	对应输入地址 K2X000
K2M10	对应输入地址 K2X010
M21	HMI 启动按钮
M22	HMI 停止按钮
K1M60	工件位置
D1	皮带运行时间设定值

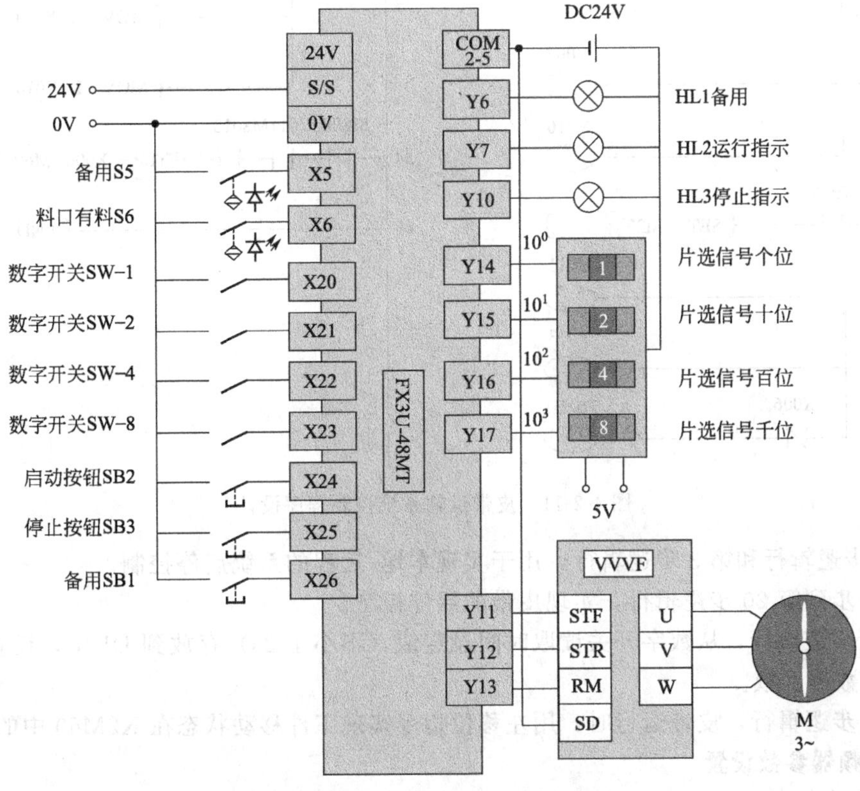

图 4-2-10　I/O 接线原理图

3. 硬件设计

I/O 接线原理图如图 4-2-10 所示。料口有料检测传感器选用光纤式光电开关（OMRON E3X-NA），变频器选用三菱 FR-E720S-0.4K-CHT 型。为调试方便，保留了变频器反转启动信号。

变频器（VVVF）的逻辑选择。由于 PLC 为晶体管集电极开路输出，电流从其端口流入，故 VVVF 的电流应从端口流出（SINK）。使用内部电源，端子 SD 是 VVVF 输入信号的公共端子（负端），变频器应设置为漏型逻辑。

在附录 B 中设计的装置中，预先接好了按钮、输出指示灯、数字开关和 DC24V 电源等线路。皮带运输单元检测信号线路通过 DP25 针插口连接。因此，本任务不需要学员另外接线。

4. 软件设计

创建一个新工程，选择 PLC 型号为 FX3U（C），编程语言为梯形图，设置工程名称为“14JD313-4T2”。

皮带运输系统控制程序设计如图 4-2-11 所示。

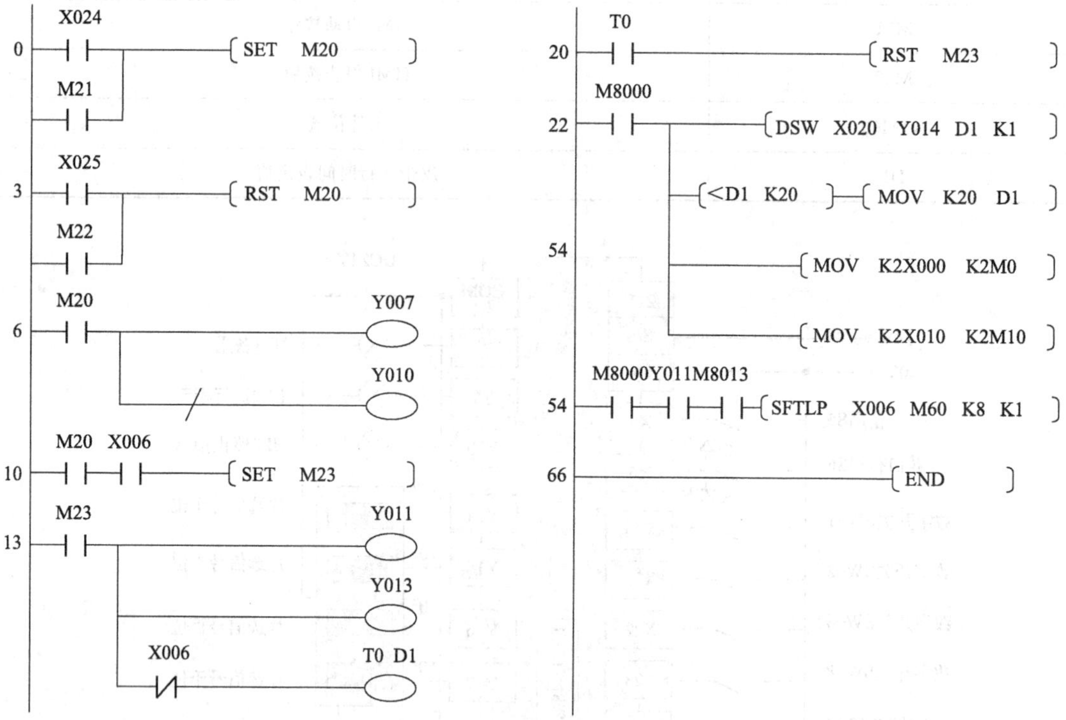

图 4-2-11 皮带运输系统控制程序设计

第 0 步逻辑行和第 3 步逻辑行，用于实现本地/远程的系统启停控制。

第 10 步到第 20 步逻辑行，实现皮带的启停控制。

第 22 步逻辑行，从数字开关读取时间设定值（不小于 2s）存放到 D1 中，设置 PLC 与 HMI 通信数据区域。

第 54 步逻辑行，皮带运行时，用左移位指令实现工件移动状态在 K2M60 中的存储。

5. 变频器参数设置

驱动皮带的电机型号为 80YS25GY30，其参数如下：$P_N=25W$，$U_N=380V$，$I_N=0.13A$、$f_N=50Hz$，$n_N=1300r/min$。根据电机铭牌上的参数正确设置变频器输出的额定功率、额定频率、额定电压、额定电流、额定转速，以及电动机的加减速时间等参数，见表 4-2-6。

(1) 先将 PLC 的电源开关（单极自动开关）打到关位置。

(2) 对照变频器外部接线图认真检查，确保接线正确无误。

(3) 打开变频器电源开关（双极自动开关），按照表 4-2-6 所给定的数值正确设置变频器的参数。

6. 运行调试

按照表 4-2-7 所列的项目和顺序进行检查调试。检查正确的项目，请在结果栏记“√”；出现异常的项目，在结果栏记“×”，记录故障现象，小组讨论分析，找到解决办法，并排除故障。

表 4-2-6 变频器参数设定

参数	名称	设定值	功能说明
Pr. 1	上限频率	50Hz	输出频率的上限
Pr. 2	下限频率	0Hz	输出频率的下限
Pr. 3	基准频率	50Hz	电机的额定频率
Pr. 5	多段速设定(中速)	30Hz	电机运行频率
Pr. 7	加速时间	0.5s	电机启动时间
Pr. 8	减速时间	0.2s	电机停止时间
Pr. 9	电子过电流保护	0.13A	电机的额定电流
Pr. 19	电机额定电压	380V	电机的额定电压
Pr. 79	运行模式选择	3	设定为组合模式 1
Pr. 80	电机容量	25W	电机额定功率
Pr. 81	电机极数	2	电机同步转速整除额定转速 INT(3000/1300)

1）调试准备工作

（1）变频器准备工作。正确设置好变频器参数。

（2）PLC 准备工作。包括观察 PLC 的电源、输出设备电源（即稳压开关）、PLC 与 PC 连接等是否正常。观察 PLC 工作状态指示灯是否正常。

（3）下载程序。PLC 通电，PLC 工作方式开关拨到 STOP 位置，下载工程名称为“14JD313-4T2”的程序。PLC 工作方式开关拨到 RUN 位置，观察 RUN 运行灯是否正常。

表 4-2-7 任务 4.2 之本地运行调试小卡片

序号	检查调试项目	结果	故障现象	解决措施
1	变频器准备工作			
2	PLC 准备工作			
3	拨码开关设定为 36			
4	料口无料时，启动→停止			
5	料口有料时，启动→自动停			
6	料口补料后，能否自动启动			
7	皮带运行过程中，按停止			

2）运行调试

（1）数字开关设定为 36，监控 PLC 中的程序，观察 D1 的值是否为 36。

（2）料口无料时。按下启动按钮 SB2，系统运行，观察皮带是否动作。观察结束，按下停止按钮 SB3，停止系统运行。

（3）料口有料时。按下启动按钮，系统运行，观察皮带输送工件是否正常；无工件时，能否自动停止。修改数字开关的输入值，使皮带正好能将工件输送到储料盒。

（4）皮带正常送料运行，料口不断补工件，观察皮带能否连续运行，停后能否自动启动。按下停止按钮，皮带能否将当前工件送完才停。

（5）观察结束，停止系统运行。

根据观察结果，结合皮带运输系统的设计要求，分析各种情况下的运行是否正常。如果异常，记录故障现象，小组研讨，找出故障原因并解决之。

4.2.3　子任务 2：实现皮带运输系统的 HMI 监控

1. 任务要求

（1）用 TPC7062Ti 触摸屏实现皮带运输系统的远程监控。

（2）HMI 有 2 个画面窗口：一是上料控制系统，二是皮带运输系统。

（3）画面窗口可以自由切换。即按下图 4-2-12(a) 的“皮带运输系统”按钮，窗口自动切换到图 4-2-12(b)；按图 4-2-12(b) 的“上料控制系统”按钮，窗口自动切换到图 4-2-12(a)。

（4）“皮带运输系统”组态监控画面，既能显示皮带运输过程，也能控制皮带启停。

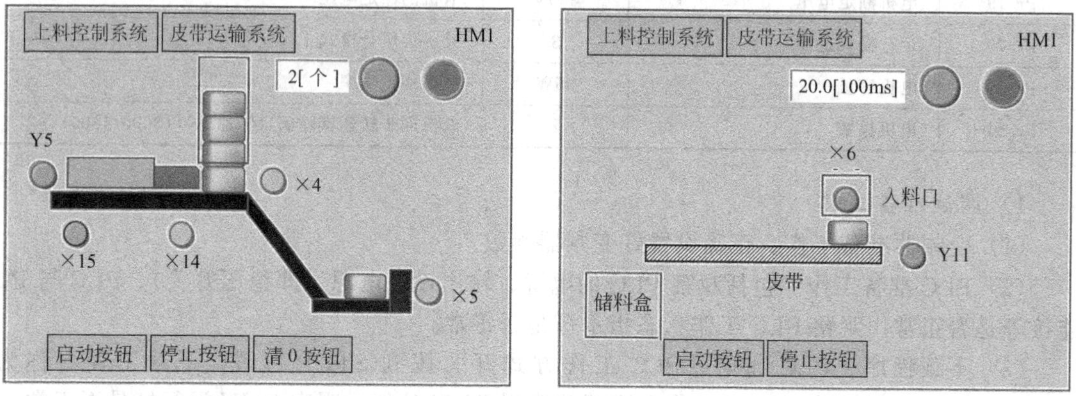

(a) 上料控制系统监控界面　　(b) 皮带运输系统监控界面

图 4-2-12　组态监控界面

2. 设备组态

1）打开工程项目

打开任务 4.1 组态的工程项目“上料控制系统”。

2）添加通信地址

（1）通过路径“设备组态”>>“设备窗口”>>“设备 0--［三菱 _ FX 系列编程口］”，打开“设备编辑窗口”，如图 4-1-36 所示。

（2）添加通信地址 Y11～Y13（共 3 个）。通道类型选择“Y 输出寄存器”，通道地址输入“9”（八进制数 11＝十进制数 9），通道个数输入“3”，读写方式选择“读写”，如图 4-2-13所示，然后单击“确认”。

（3）添加通信地址 M60～M67（共 8 个）。通道类型选择“M 辅助寄存器”，通道地址输入“60”，通道个数输入“8”，读写方式选择“读写”，如图 4-2-14 所示，然后单击“确认”。

（4）添加通信地址 D1（共 1 个）。通道类型选择“D 数据寄存器”，数据类型为“16 位无符号二进制数”，通道地址输入“1”，通道个数输入“1”，读写方式选择“读写”，如图 4-2-15 所示，然后单击“确认”。

3. 重新命名工程

（1）单击工具栏快捷图标，保存设备组态。

（2）通过路径“文件”>>“工程另存为…”，打开“保存为”窗口，将当前的“上料控制系统”命名为“送料自动线控制系统”并保存，默认保存路径是 D：\ MCGSE \

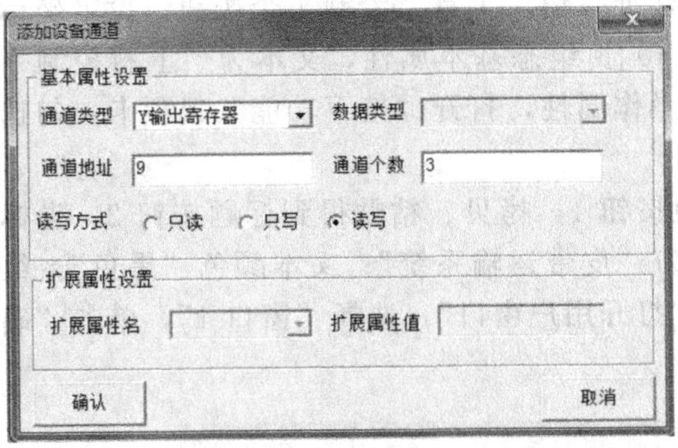

图 4-2-13　添加 Y 通道地址

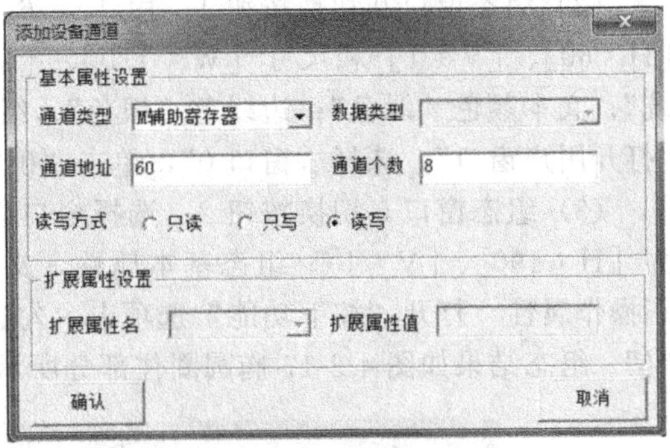

图 4-2-14　添加 M 通道地址

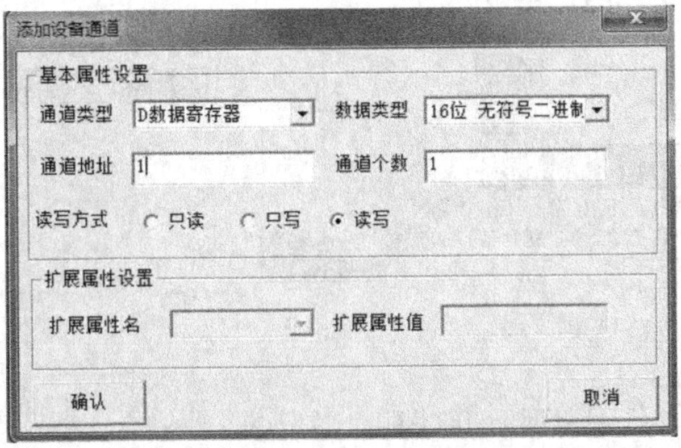

图 4-2-15　添加 D 通道地址

WORK \ 。

4. 动画组态

1）新建窗口 1

打开工程“送料自动线控制系统”，路径：用户窗口>>新建窗口，新建“窗口 1”，如图 4-2-16 所示。

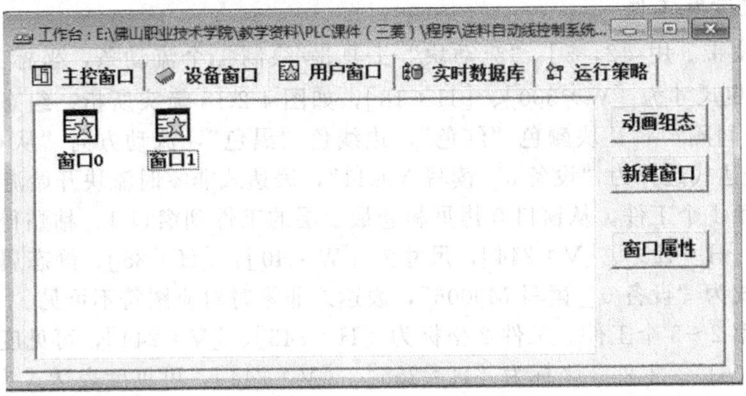

图 4-2-16　新建窗口 1

2）组态窗口切换功能

（1）打开窗口 0，如图 4-2-17 所示。

(2) 组态窗口0切换按钮1。用［1，6］“标准按钮”工具绘制1个按钮，设定坐标［H：60］、［V：1］和尺寸［W：130］、［H：40］。组态基本属性，文本为“上料控制系统”；文本颜色“绿色”；边线色“银色”。组态操作属性，打开“按下功能”选项卡，勾选“打开用户窗口”，选择“窗口0”，单击“确定”。

(3) 组态窗口0切换按钮2。选择窗口切换按钮1，拷贝、粘贴得到标题按钮2，坐标为［H：190］、［V：1］。组态基本属性，文本为“皮带运输系统”；文本颜色“黑色”。组态操作属性，打开“按下功能”选项卡，勾选“打开用户窗口”，选择“窗口1”，单击“确定”。组态结果如图4-2-17椭圆圈住部分所示。

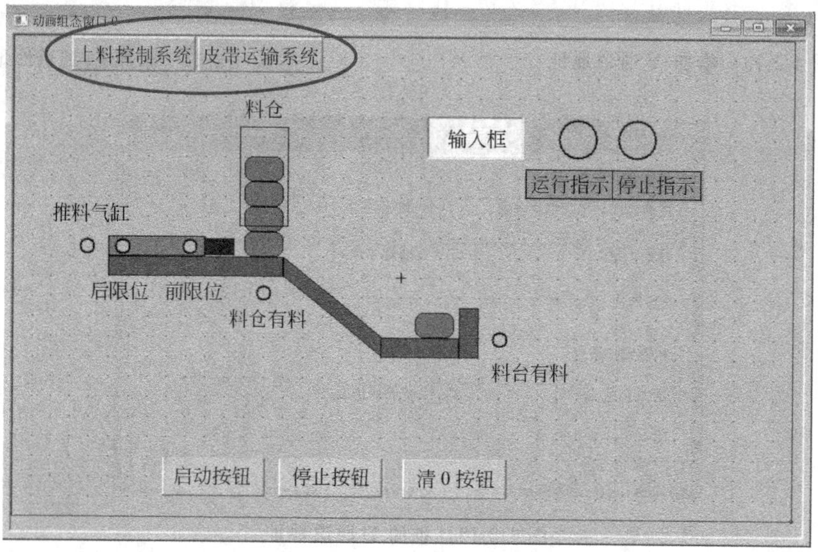

图4-2-17　组态窗口0标题按钮

(4) 复制得到窗口1的2个窗口切换按钮。在窗口0，全选窗口切换按钮1和窗口切换按钮2，用“Ctrl+C”拷贝。打开窗口1，用“Ctrl+V”粘贴。如图4-2-18椭圆部分所示。

(5) 修改窗口1的窗口切换按钮属性。“上料控制系统”按钮的基本属性：文本颜色改为“黑色”。“皮带运输系统”按钮的基本属性：文本颜色改为“绿色”。其余属性不变。

3）组态皮带和工件

(1) 组态皮带。用［2，5］“流动块”工具绘制1个流动条，坐标为［H：180］、［V：268］，拖曳尺寸为［W：300］、［H：18］，如图4-2-18箭头所指。组态基本属性，块长度“16”，块间隔“4”，块颜色“红色”，边线色“黑色”，流动方向“从右到左”。设置“流动属性”表达式选择为“设备0_读写Y0011”，表达式非零时流块开始流动。

(2) 组态第1个工件。从窗口0拷贝料仓最上层的工件到窗口1，粘贴得到右数第1个工件，坐标为［H：425］、［V：244］，尺寸为［W：40］、［H：25］。静态属性不变。选择可见度的表达式为“设备0_读写M0006”，表达式非零时对应图符不可见。

(3) 组态第2～5个工件。工件2坐标为［H：345］、［V：244］，可见度表达式为“设备0_读写M0061”。工件3坐标为［H：255］、［V：244］，可见度表达式为“设备0_读写M0062”。工件4坐标为［H：175］、［V：244］，可见度表达式为“设备0_读写M0063”。工件5坐标为［H：131］、［V：343］，可见度表达式为“设备0_读写M0064+设备0_读写M0065+设备0_读写M0066+设备0_读写M0067”。组态结果如图4-2-19所示。

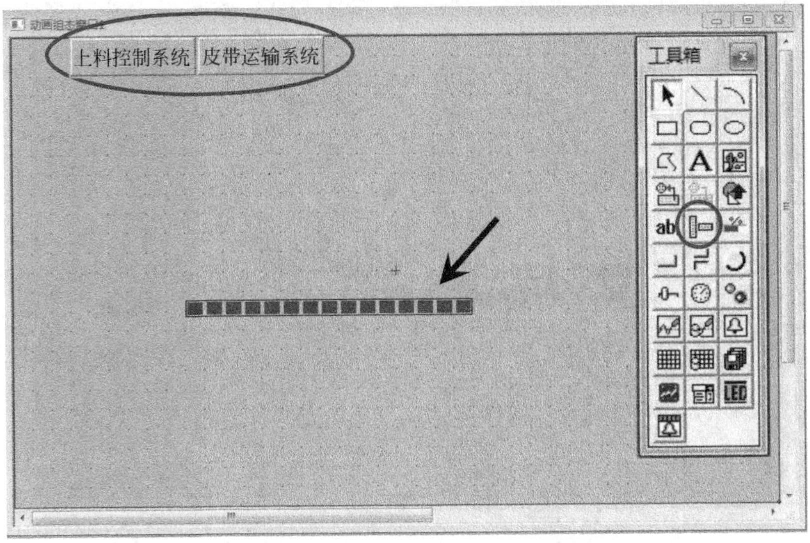

图 4-2-18　组态窗口 1 标题按钮和皮带

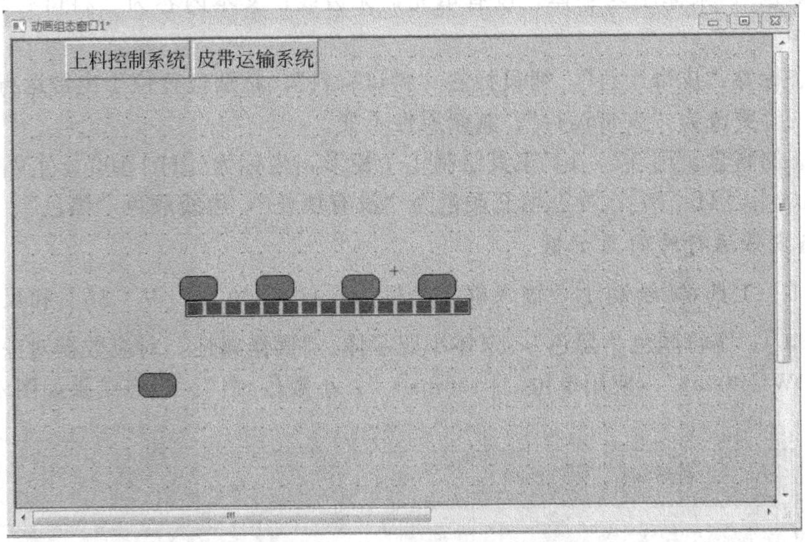

图 4-2-19　组态结果

4）组态入料口、储料盒和信号灯

组态入料口、储料盒和信号灯的组态结果如图 4-2-20 所示。

(1) 组态入料口。用［1，1］工具绘制 1 个矩形，坐标为［H：421］、［V：202］和尺寸为［W：50］、［H：40］。静态填充颜色为“没有填充”，边线颜色“黑色”。

(2) 组态料口有料传感器。用［3，2］工具绘制 1 个圆形，坐标为［H：438］、［V：220］和尺寸为［W：16］、［H：16］。选择“填充颜色”表达式为“设备 0 _ 读写 M0006”，填充颜色连接分段点“0”对应颜色“灰色”，分段点“1”对应颜色“浅绿色”。

(3) 组态皮带运行指示。拷贝料口有料传感器控件，坐标为［H：495］、［V：270］，选择“填充颜色”表达式为“设备 0 _ 读写 Y0013”。其余属性不变。

(4) 组态标签“料口有料”。选用［2，3］工具添加一个标签，位置位于入料口右侧；

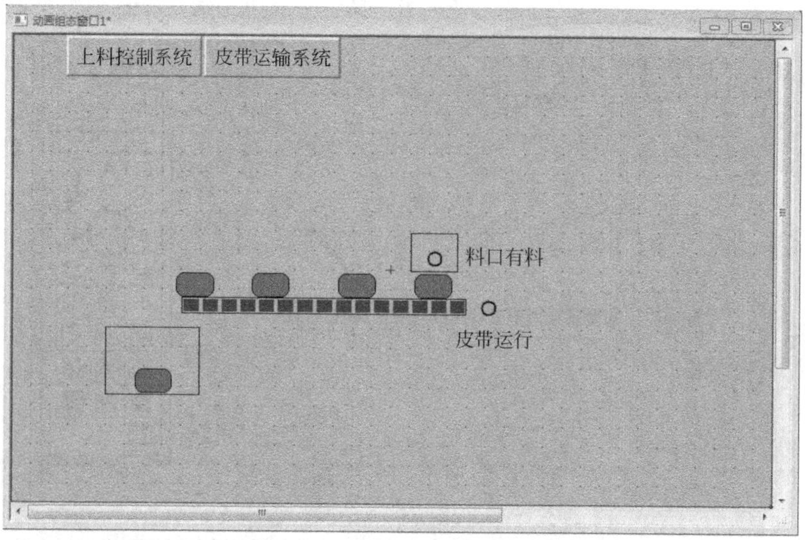

图 4-2-20　组态入料口、储料盒和信号灯的组态结果

字符颜色“蓝色”，宋体小四字体，没有填充，无边线；文本内容为“料口有料”；水平居中，垂直居中。

（5）组态标签“皮带运行”。拷贝标签“料口有料”，粘贴位置位于皮带运行指示控件正下方。文本内容更改为“皮带运行”；其余属性不变。

（6）组态储料盒。用［1，1］工具绘制 1 个矩形，坐标为［H：100］、［V：300］和尺寸为［W：100］、［H：70］。静态填充颜色为“没有填充”，边线颜色“黑色”。

5）组态皮带运行时间显示框

用［1，5］工具 ab| 绘制 1 个输入框，坐标为［H：420］、［V：80］和尺寸为［W：110］、［H：40］。字符颜色“黑色”，宋体小四字体。“操作属性”对应数据对象的名称“设备 0 _ 读写 DWUB0001”，使用单位“［100ms］”，小数位“1”。组态结果如图 4-2-21 所示。

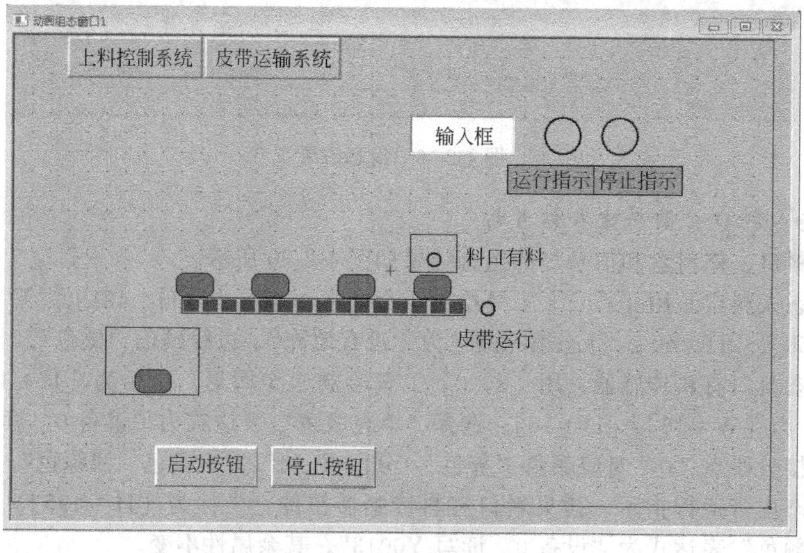

图 4-2-21　组态结果

6）组态系统工作指示和按钮

在窗口 0，全选“运行指示”标签和圆形、“停止指示”标签和圆形、“启动按钮”、“停止按钮”等 6 个控件，用“Ctrl+C”拷贝。打开窗口 1，用“Ctrl+V”粘贴。组态结果如图 4-2-21 所示。

7）组态检查

单击快捷工具图标，检查组态。如果组态设置正确，没有错误，则结果如图 4-1-59 所示。

5. 下载工程并进入运行环境

（1）通信连接。参照图 4-1-20 所示，用 USB 通信电缆连接 TPC 与 PC。参照图 4-1-19，用 RS232（DP9）/ RS422（MD8）通信电缆连接 TPC 与 PLC。

（2）TPC 通电。接通触摸屏上的电源开关。

（3）单击快捷工具图标，弹出如图 4-2-22 所示“下载配置”窗口。

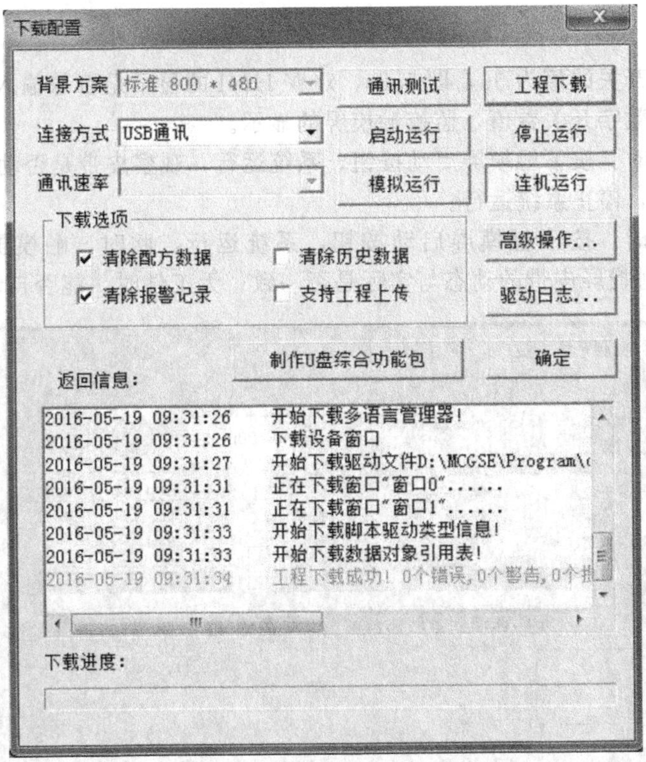

图 4-2-22　下载工程项目

（4）单击“连机运行”，连接方式选择“USB 通讯”，单击“通讯测试”。

（5）通信测试成功后，单击“工程下载”。下载工程“送料自动线控制系统”。

（6）工程下载成功，提示如图 4-2-22 返回信息栏最后一行，单击“启动运行”。

6. 远程运行调试

1）调试准备工作

（1）按照子任务 1 的要求进行电气和机械方面的初步检测，确认电气和机械均无误。

（2）确认已经下载了 PLC 程序，确认变频器准备就绪。

（3）检查各检测信号、触摸屏指示是否都正常。

按照表4-2-8所列的项目和顺序进行检查调试。检查正确的项目，请在结果栏记“√”；出现异常的项目，在结果栏记“×”，记录故障现象，小组讨论分析，找到解决办法，并排除故障。

表4-2-8　任务4.2之远程运行调试小卡片

序号	检查调试项目	结果	故障现象	解决措施
1	各检测信号显示、触摸屏指示均正常			
2	数字开关设置好时间			
3	料口无料时，启动→停止			
4	料口有料时，启动→自动停			
5	料口不断补料，观察皮带运行情况			

2）运行调试

（1）设置数字开关的值为56，即5.6s，观察HMI的显示是否与输入一致。按子任务1调试结果重新设定数字开关数值，监控触摸屏的显示。

（2）料口无料时。按下触摸屏启动按钮，系统运行，观察皮带是否动作。观察结束，按下触摸屏停止按钮，停止系统运行。

（3）料口有料时。按下触摸屏启动按钮，系统运行，此时，触摸屏的显示状态如图4-2-23所示。观察触摸屏皮带的动态与实际是否一致；无工件时，能否自动停止。

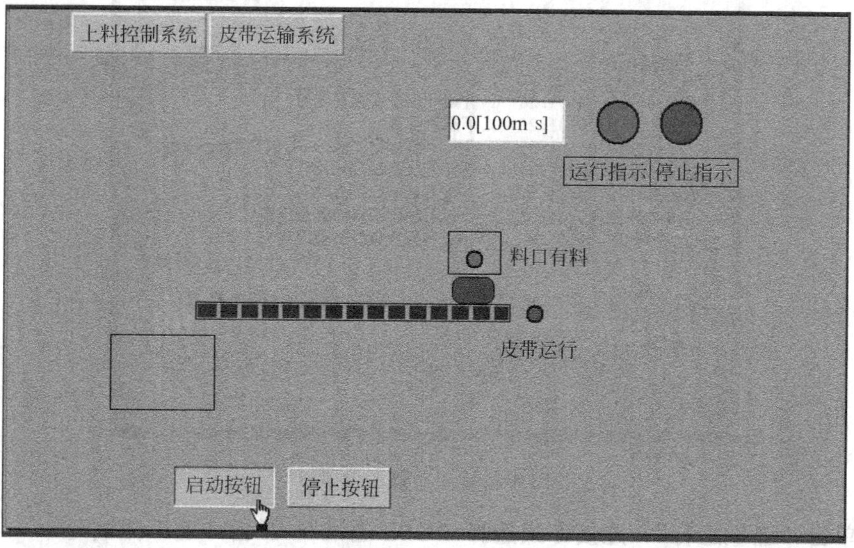

图4-2-23　触摸屏的显示状态

（4）皮带正常送料运行，料口不断补工件，观察触摸屏能否连续显示工件移动。按下触摸屏停止按钮，皮带能否将当前工件送完才停。

（5）观察结束，停止系统运行。

根据观察结果，结合皮带输送系统的设计要求，分析各种情况下的运行是否正常。如果异常，记录故障现象，小组研讨，找出故障原因并解决之。

4.2.4　拓展任务

1. 在上述任务的基础上，增加急停和反转点动控制功能。操作面板如图 4-2-24 所示。

(1) 外部急停按钮 SB6（X27），反转点动按钮 SB1（X26），触摸屏反转点动按钮（M23）。

(2) 急停时，皮带立即停止，红色灯 HL3 和触摸屏停止指示闪烁。

(3) 急停复位后，需要按下启动按钮，系统才能运行。

(4) 系统停止时，可以按下反转点动。反转点动指示为 HL1。

(5) 反转点动和正转启动之间有 2s 的封锁时间［参考 1.5.3 拓展任务］。

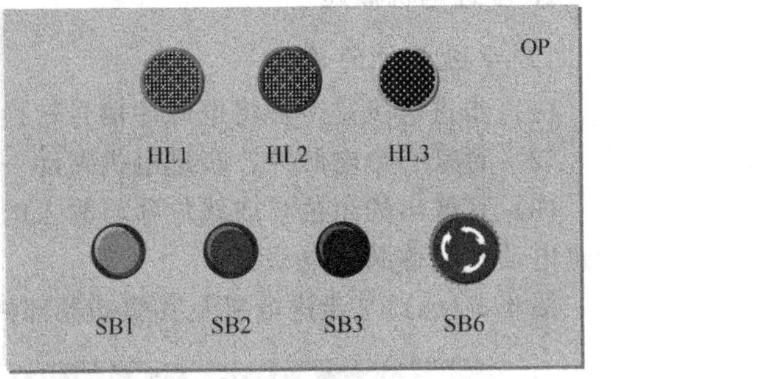

图 4-2-24　操作面板

2. 皮带故障监视报警。在皮带启动后监视故障条件，如果故障出现，则停止传送带运行。监视功能如下。

(1) 如果皮带启动 15s 内零件没有穿过光电传感器 S6，生成故障（显示）并停止皮带电机。

(2) 报警指示灯 HL3 用 1Hz 闪烁显示故障。

(3) 用操作面板的复位按钮 SB1 应答故障。

(4) 只有当故障被应答后皮带才能重新启动。

(5) 当皮带运行时故障被计数。当 3 次传送带故障出现后，报警灯 HL3 的闪烁频率由 1Hz 变为 2Hz，同时蜂鸣器 HA（Y24）拉响。要想启动新的传送功能，故障必须被应答。

任务 4.3　步进电机驱动机械手运动控制

知识目标

① 理解步进电机的工作原理；
② 了解步进驱动器的规格参数和接线方法；
③ 熟知步进驱动的定位算法；
④ 熟悉高速脉冲输出指令 DPLSY 的使用方法。

能力目标

① 能用 PLC 和步进驱动技术实现准确位移控制；
② 会使用 PLC 和步进驱动技术实现机械手准确抓取料控制；
③ 会编写机械手取放料的 HMI 组态监控界面；

④ 会使用 HMI 监视步进电动机驱动机械手运动的运行状态。

4.3.1 知识准备

1. 步进电机概述

1）步进电机的作用

（1）步进电机是一种将电脉冲信号转换为相应角位移或直线位移的电动机。

（2）每来一个电脉冲，步进电机转动一定角度，带动机械移动一小段距离。

（3）其输出的角位移或线位移与输入的脉冲数成正比，转速与脉冲频率成正比。因此，步进电动机又称脉冲电动机。

图 4-3-1(a) 是步进电机及其驱动器部件，图 4-3-1(b) 是步进电机外观。

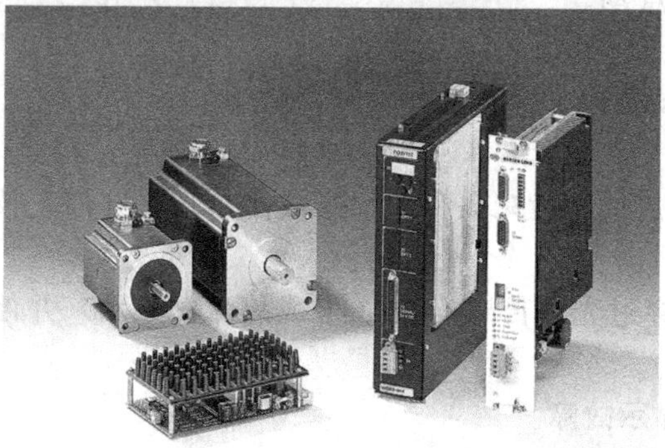

(a)

(b)

图 4-3-1　步进电机及其驱动器部件

2）步进电机的特点

（1）来一个脉冲，转一个步距角。

（2）控制脉冲频率，可控制电机转速。

（3）改变脉冲顺序，可改变转动方向。

3）步进电动机的种类

（1）按励磁方式分，有反应式（VR）、永磁式（PM）和混合式（HB）三种。

（2）按相数分，有单相、两相、三相和多相等。

永磁式一般为两相，转矩和体积较小，步距角一般为 7.5°或 1.5°。反应式一般为三相，可实现大转矩输出，步距角一般为 1.5°，但噪声和振动都很大，已被淘汰。混合式是指混合了永磁式和反应式的优点。它又分为两相、三相和五相，两相步距角一般为 1.8°，而五相步距角一般为 0.72°。

4）实训用步进电机的型号

① 品牌：Kinco 2S56Q-02054；

② 类型：2PHASE HYBRiD SETPPING MOTOR，两相混合式；

③ 额定电流：3.0A/PHASE；

④ 步距角：1.8°/STEP；

⑤ 保持转矩：0.9Nm。

5）步进电机的工作原理

以三相反应式步进电机为例，如图 4-3-2 所示。定子内圆均匀分布着六个磁极，磁极上有励磁绕组，每两个相对的绕组组成一组，转子有四个齿。

（1）三相单三拍。三个绕组依次通电一次为一个循环周期，一个循环周期包括三个工作脉冲。按 A →B →C →A →……的顺序给三相绕组轮流通电，转子（四个齿）便一步一步转动起来。每一拍转过 30°（步距角），每个通电循环周期（3 拍）转过 90°（一个齿距角）。如图 4-3-2 所示。

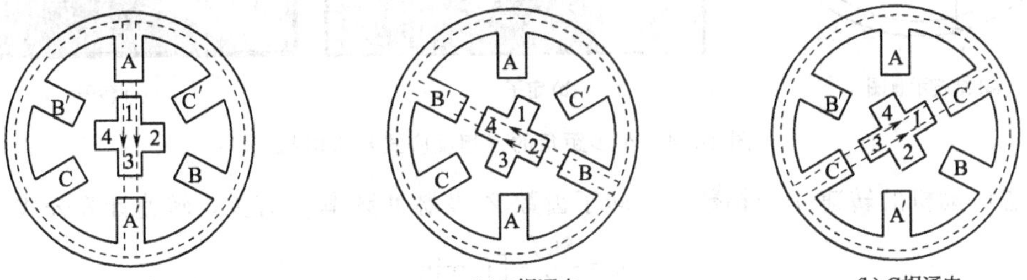

(a) A相通电　(b) B相通电　(b) C相通电

图 4-3-2　三相单三拍通电方式

（2）三相单双六拍。通电循环周期如下：A →AB →B →BC →C →CA →A →……每个循环周期分为六拍。每拍转子转过 15 °(步距角)，一个通电循环周期（6 拍）转子转过 90°（齿距角）。如图 4-3-3 所示。

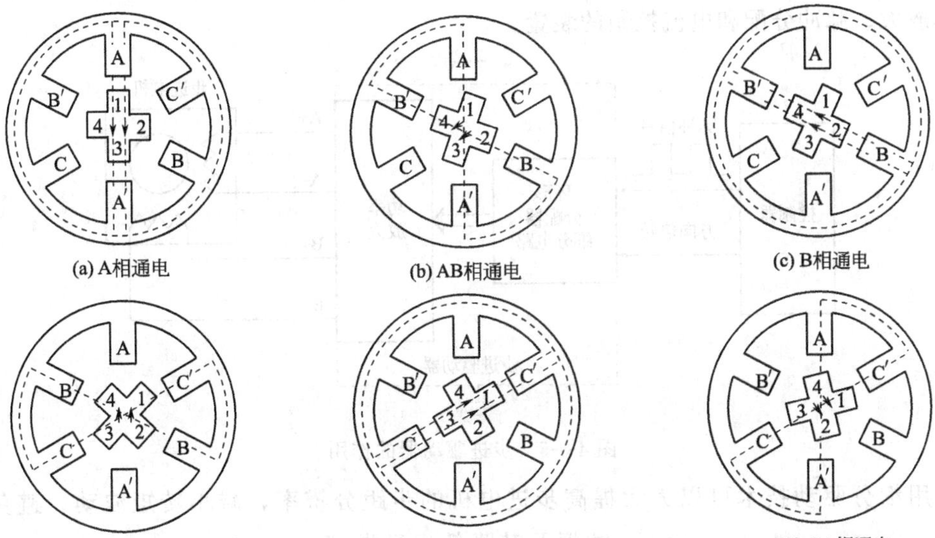

(a) A相通电　(b) AB相通电　(c) B相通电

(d) BC相通电　(e) C相通电　(f) CA相通电

图 4-3-3　三相单双六拍通电方式

（3）计算公式

为了获得小步距角，电机的定子、转子都做成多齿的，如图 4-3-4 所示。减小步距角的一个有效途径是增加转子齿数。

步进电动机的步距角 θ 与拍数 m、转子齿数 Z_r 有关，步距角计算公式为：

$$\theta=\frac{360^\circ}{mZ_r}\ [^\circ] \tag{4-1}$$

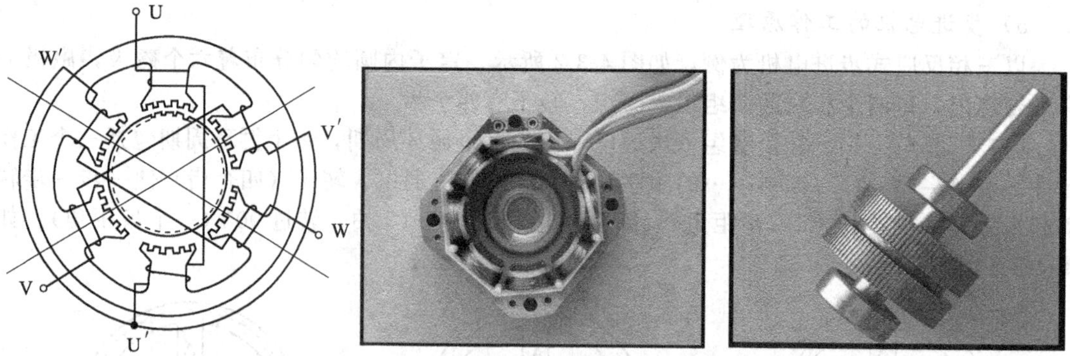

(a) 结构示意图　　(b) 定子　　(c) 转子

图 4-3-4　小步距角的三相反应式步进电机

步进电动机的转速 n 与拍数 m、转子齿数 Z_r及脉冲频率 f 有关，转速计算公式为：

$$n=\frac{60f}{mZ_r}\ [\mathrm{r/min}] \tag{4-2}$$

2. 步进驱动器

1）步进驱动器的作用

步进驱动器是一种能使步进电机运转的功率放大器，其工作原理如图 4-3-5 所示。它能把控制器发来的脉冲信号转化为步进电机的角位移，电机的转速与脉冲频率成正比。所以控制脉冲频率可以精确调速，控制脉冲数就可以精确定位。简而言之，步进驱动器就是用来实现功率放大、脉冲分配和电流控制的装置。

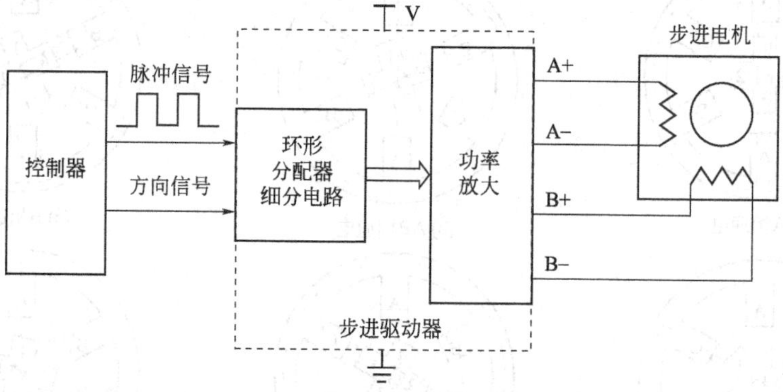

图 4-3-5　步进驱动器的作用

采用细分驱动技术可以大大提高步进电机的步距分辨率，减小转矩波动，避免低频共振及其降低运行噪声。

图 4-3-6　2M530 步进驱动器

2）2M530 型步进驱动器简介

（1）2M530 型步进驱动器采用双极型恒流驱动方式，最大驱动电流可达每相 3.5A，可驱动电流小于 3.5A 的任何两相双极型混合式步进电机。其规格参数见表 4-3-1，外观如图 4-3-6 所示。

（2）典型接线图。2M530 型步进驱动器有两种接线方法，共阳接法和共阴接法，如图 4-3-7 所示。当控制信号电源 VCC 选 5V 时，R0＝0Ω；选 24V 时，R0＝2kΩ。

表 4-3-1　2M530 规格参数表

序号	项目	规格参数
1	供电电压	直流 24～48V
2	输出相电流	1.2～3.5A
3	控制信号输入电流	6～16mA
4	冷却方式	避免金属粉尘、油雾或腐蚀性气体
5	使用环境温度	－10～＋45℃
6	使用环境湿度	＜85％非冷凝
7	重量	0.7kg

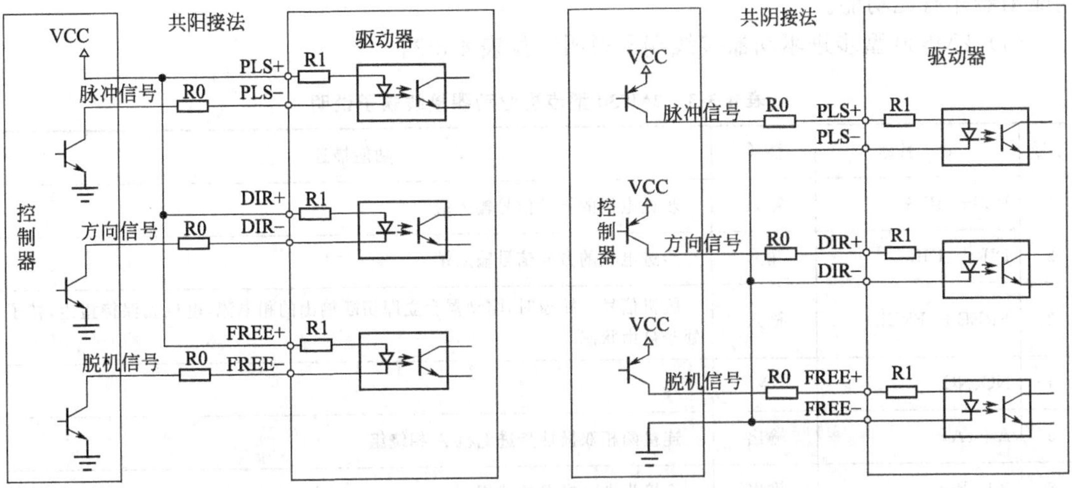

(a) 共阳接法　　(b) 共阴接法

图 4-3-7　2M530 步进驱动器的典型接线

(3) 电流调整和脉冲细分设定。在驱动器的顶部有一个红色的八位 DIP 功能设定开关，如图 4-3-8 所示，可以用来设定驱动器的工作方式和工作参数。在更改数字开关的设定之前，必须先切断电源！

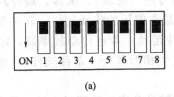

(a)　　(b)

图 4-3-8　DIP 开关

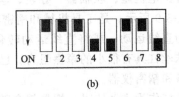

DIP 开关的功能说明见表 4-3-2。图 4-3-8(a) 所示是 200 细分，输出电流值 3.5A，无自动半流功能；图 4-3-8(b) 所示为 10 细分，输出电流值 3.0A，有自动半流功能。

半流就是在电机停止时，定子锁住转子的力量会下降一半，可以减少电机的发热量和节能。全流力矩大，但振荡也较大，发热也大。根据不同的工况选择全流或半流。只有较先进

表 4-3-2 DIP开关功能说明

脉冲细分设定					半流功能	输出相电流设定			
DIP2	DIP3	DIP4	DIP1＝ON 细分数	DIP1＝OFF 细分数	DIP5	DIP6	DIP7	DIP8	输出电流峰值
ON	ON	ON	无效	2	ON时，自动半流功能有效；OFF时自动半流功能禁止。	ON	ON	ON	1.2A
OFF	ON	ON	4	4		ON	ON	OFF	1.5A
ON	OFF	ON	8	5		ON	OFF	ON	1.8A
OFF	OFF	ON	16	10		ON	OFF	OFF	2.0A
ON	ON	OFF	32	25		OFF	ON	ON	2.5A
OFF	ON	OFF	64	50		OFF	ON	OFF	2.8A
ON	OFF	OFF	128	100		OFF	OFF	ON	3.0A
OFF	OFF	OFF	256	200		OFF	OFF	OFF	3.5A

的驱动器才有此功能。

（4）2M530型步进驱动器接线端子说明，见表4-3-3。

表 4-3-3 2M530型步进驱动器接线端子说明

序号	端子名称	性质	功能描述
1	PLS+、PLS-	输入	步进电机的脉冲信号输入端
2	DIR+、DIR-	输入	步进电机的方向信号输入端
3	FREE+、FREE-	输入	脱机信号。接通时，驱动器会立即切断输出的相电流，电机无保持扭矩，转子处于自由状态
4	NC、NC	空	无
5	A+、A−	输出	连接两相双极性步进电机A相绕组
6	B+、B−	输出	连接步进电机B相绕组
7	GND、+V	电源	接DC24～48V电压
8	LED	指示灯	绿色表示驱动器正常，红色表示报警，驱动器停止工作

3. 滚珠丝杆

滚珠丝杠由电机座、联轴器、导轨、丝杆、螺母座（滑块）、滚珠、缓冲块、轴承座等组成，如图4-3-9所示。是工具机械和精密机械上最常使用的传动元件，其主要功能是将旋转运动转化为直线运动；或将直线运动转化为旋转运动，具有传动效率高，定位准确等特点。由于滚珠丝杠具有很小的摩擦阻力，已基本取代梯形丝杆（俗称丝杆），被广泛应用于各种工业设备和精密仪器。

当滚珠丝杠作为主动体时，螺母就会随丝杆的转动角度，按照对应规格的导程转化成直线运动，被动工件可以通过螺母座和螺母连接，从而实现对应的直线运动。

螺距 P——相邻两牙在中径圆柱面的母线上对应两点间的轴向距离。

导程 S——同一螺旋线上相邻两牙，在中径圆柱面的母线上的对应两点间的轴向距离。

线数 n——螺纹螺旋线数目，一般为便于制造 $n \leqslant 4$。

螺距、导程、线数之间关系为：

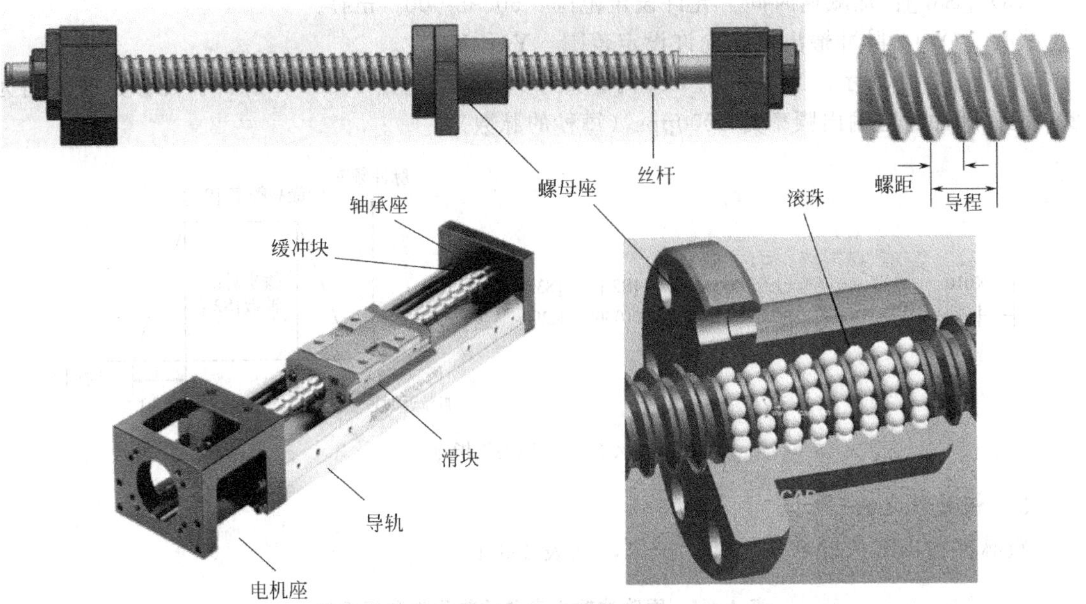

图 4-3-9 滚珠丝杠

$$S=n\cdot P[\mathrm{mm}] \tag{4-3}$$

4. 脉冲输出指令

1）脉冲输出指令（D）PLSY（FNC 57）

(1) 条件满足时，从［D.］中输出频率（速度）为［S1.］的［S2.］个脉冲串。

(2) 在输出过程中条件断开，立即停止脉冲输出；当条件再次满足后，从初始状态开始重新输出［S2.］指定的脉冲数。

(3)［D.］设定输出口，允许设定范围：Y0、Y1。

(4) 16 位运算时，［S1.］设定频率范围：1～32 767（Hz）；32 位运算时，特殊适配器允许［S1.＋1，S1.］设定频率范围：1～200 000，基本单元允许设定频率范围：1～100 000Hz。

(5) 16 位运算时，［S2.］设定脉冲数范围：1～32 767（PLS）；32 位运算时，［S2.＋1 S2.］设定范围：1～2 147 483 647。如果［S2.］的值为 K0 时，表示发送连续的脉冲；如果为其他值时，就表示具体的脉冲数。

如图 4-3-10 所示，当 X10 为 ON 时，从 Y0 口以每秒 2000 个脉冲的速度高速输出 10000 个脉冲。如果脉冲数超过 32 767 个，必须用 32 位运算。

图 4-3-10 PLSY 指令

2）带加减速功能的脉冲输出指令（D）PLSR（FNC 59）

(1)［S1.］：最高频率。16 位指令允许设定范围：10～32 767（Hz）。32 位指令设定范围：10～100000（Hz）。

(2)［S2.］：总输出脉冲数。16 位指令允许设定范围：1～32 767（PLS）。32 位指令允许设定范围：1～2 147 483 647（PLS）。

（3）[S3.]：加减速时间。允许设定范围：50～5 000（ms）。

（4）[D.]：脉冲输出口，允许设定范围：Y0、Y1。

如图 4-3-11 所示。当 X10 为 ON 时，从 Y0 口高速输出 10000 个脉冲。加减速时间均为 200ms，脉冲稳定输出频率为 4000pps（每秒的脉数）。

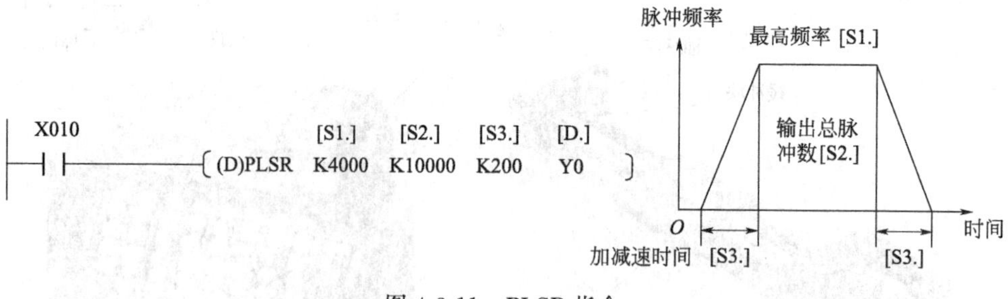

图 4-3-11　PLSR 指令

3）相关软元件

跟脉冲输出有关的软元件和标识位，见表 4-3-4。

表 4-3-4　跟脉冲输出有关的软元件和标识位

软元件或标识位	含义	功能描述
M8029	指令执行结束标志	1—指定的脉冲数发生结束
D8141、D8140	脉冲数累计	PLSY 指令时，Y0 的输出脉冲数累计
D8143、D8142	脉冲数累计	PLSY 指令时，Y1 的输出脉冲数累计
M8340	脉冲输出标志	1—Y0 正在输出脉冲，0—脉冲输出结束
M8350	脉冲输出标志	1—Y1 正在输出脉冲，0—脉冲输出结束
M8349	停止脉冲输出	停止 Y0 脉冲输出（即刻停止）
M8359	停止脉冲输出	停止 Y1 脉冲输出（即刻停止）

如果 M8340（或 M8350）标志位为 ON 时，请勿执行指定了同一输出编号的定位指令和脉冲输出指令。再次输出脉冲时，如果 M8349（或 M8359）为 OFF 后，请对脉冲输出指令执行 OFF→ON 操作后再次驱动。

如图 4-3-12 所示，是 M8029 使用错误的例子。正确的使用方法是，M8029 应该放在本条脉冲输出指令之后，下一条脉冲输出指令之前。

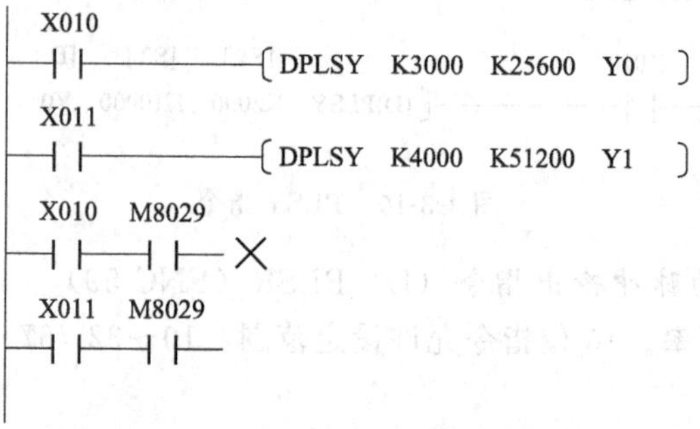

图 4-3-12　M8029 的错误使用方法

4.3.2 子任务 1：机械手点动控制

1. 任务要求

1）系统功能

某机械手由步进电动机通过滚珠丝杆驱动，如图 4-3-13 所示。已知两相混合式步进电机型号为 2S56Q-02054，额定电流 3.0A，步距角 1.8°。驱动器选用 2M530 型。单线丝杆螺距 $P=2.5$mm。

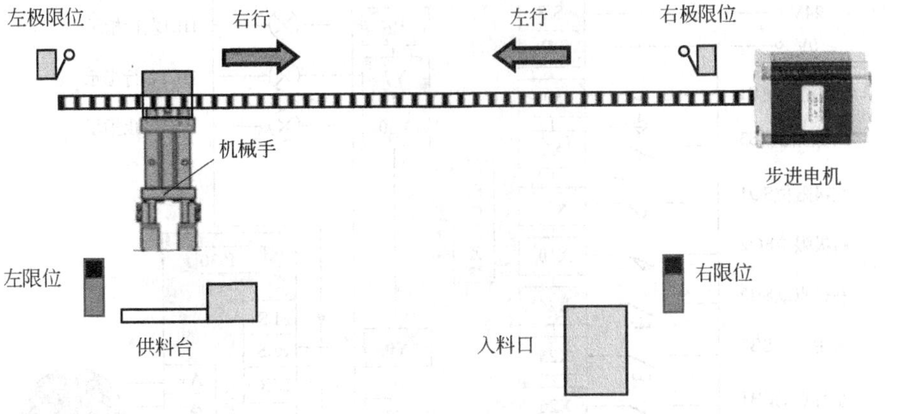

图 4-3-13 步进电机驱动机械手组成示意图

2）操作要求

（1）按下左移按钮 SB1，机械手左行移动；按下右移按钮 SB2，机械手右行移动。

（2）参数约定。机械手移动速度 $v=3.75$mm/s；丝杆导程 $S=2.5$mm/r；步进驱动器（2M530）细分 10 倍。

（3）高速脉冲输出采用 PLSY 方式，Y0 口输出。

（4）记录从左限位走到右限位的脉冲数。

（5）有急停控制和相应的指示。

2. 确定 I/O 地址分配表

PLC 选择 FX3U-48MT/ES-A 型，子任务 1 的 I/O 地址分配见表 4-3-5。

表 4-3-5 任务 4.3 之子任务 1 的 I/O 地址分配表

输入地址	输入信号	功能说明	输出地址	输出信号	功能说明
X1	S1	左限位电感式开关	Y0	PLS-	脉冲信号
X3	S3	右限位电感式开关	Y2	DIR-	方向信号(左行)
X7	SQ1	左极限位行程开关	Y6	HL1	左行指示灯
X10	SQ2	右极限位行程开关	Y7	HL2	右行指示灯
X24	SB2	右行点动按钮	Y10	HL3	停止指示灯
X26	SB1	左行点动按钮	—	—	—
X27	SB6	急停按钮(常闭)	—	—	—

3. 硬件设计

I/O 接线原理如图 4-3-14 所示。左右限位检测选用电感式传感器（OBM-D04NK，

$Sn=4mm$）。左右极限位选用微动开关（V-156-1C25）。步进驱动器选用步科 2M530 型，细分数 10，自动半流。

由于 PLC 为晶体管集电极开路输出，电流从其端口流入，故步进驱动器采用共阳接法，电流从端口流出。所以脉冲信号和方向信号接驱动器的负端。

在附录 B 中设计的装置中，预先接好了图 4-3-14 所示的线路。机械手单元检测信号线路通过 DP25 针插口连接。因此，本任务不需要学员另外接线。

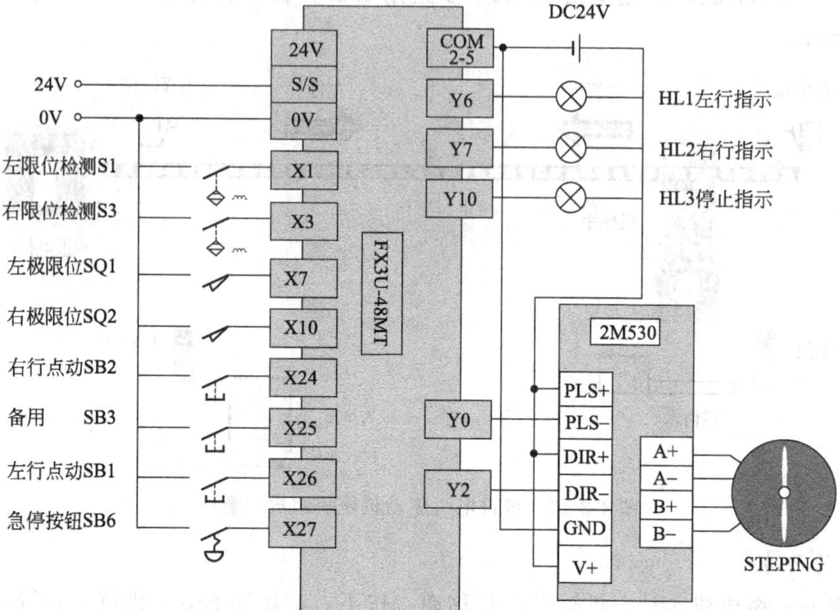

图 4-3-14　I/O 接线原理图

4. 参数计算

本任务需要计算脉冲输出频率 F。已知：机械手移动速度 $v=3.75mm/s$；丝杆导程 $S=2.5mm/r$；步进驱动器（2M530）的细分 $k=10$ 倍，步距角 $\theta=1.8°$。

脉冲频率计算公式为：$$F[p/s]=\frac{v[mm/s]}{S[mm/r]}\times\frac{360°\cdot k}{\theta}[p/r] \tag{4-4}$$

由公式（4-4）可得，Y0 口脉冲输出频率应设置为 3000 pps。

5. 软件设计

创建一个新工程，选择 PLC 型号为 FX3U（C），编程语言为梯形图，设置工程名称为“14JD313-4T31”。

控制程序设计如图 4-3-15 所示。

第 0 步逻辑行，极限位或急停时，触发 M8349，停止脉冲输出。

第 8 步逻辑行，复位 Y0 的脉冲数累计。

第 21 步逻辑行，左行点动控制。

第 28 步逻辑行，右行点动控制。

第 34 步逻辑行，急停指示。

第 41 步逻辑行，从 Y0 口以每秒 3000 个脉冲的频率连续输出脉冲。

第 50 步逻辑行，脉冲数累计保存到 [D1，D0] 中。

第 60 步逻辑行，左行指示和右行指示。

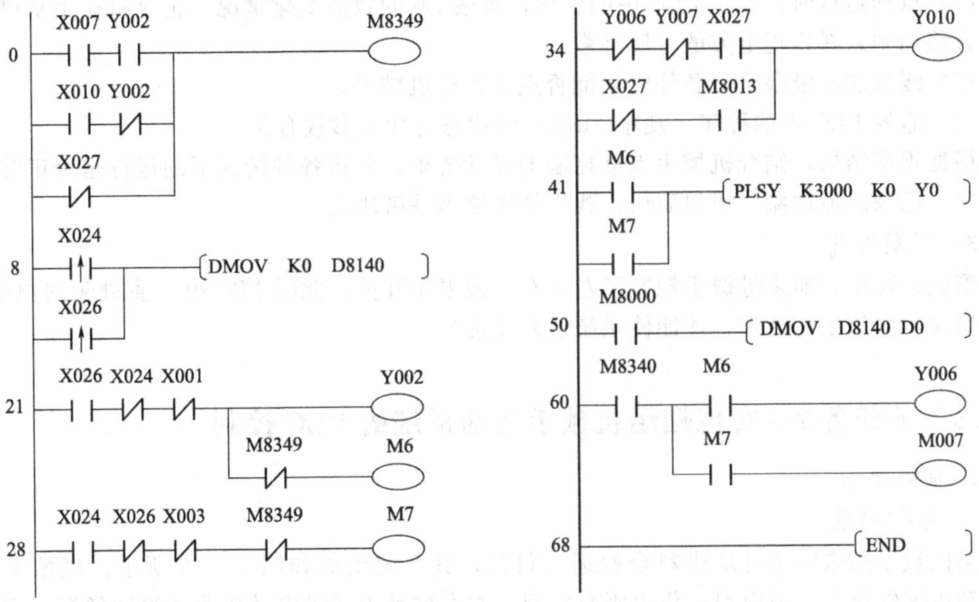

图 4-3-15 机械手点动控制程序设计

6. 运行调试

1）调试准备工作

（1）步进驱动器准备工作。正确设置步进驱动器的参数，10 细分，输出电流值 3.0A，自动半流功能，如图 4-3-8（b）所示。

（2）PLC 准备工作。包括观察 PLC 的电源、输出设备电源（即稳压开关）、PLC 与 PC 连接等是否正常。观察 PLC 工作状态指示灯是否正常。

（3）下载程序。PLC 通电，PLC 工作方式开关拨到 STOP 位置，下载工程名称为“14JD313-4T31”的程序。PLC 工作方式开关拨到 RUN 位置，观察 RUN 运行灯是否正常。

2）运行调试

按照表 4-3-6 所列的项目和顺序进行检查调试。检查正确的项目，请在结果栏记“√”；出现异常的项目，在结果栏记“×”，记录故障现象，小组讨论分析，找到解决办法，并排除故障。

表 4-3-6 任务 4.3 之子任务 1 运行调试小卡片

序号	检查调试项目	结果	故障现象	解决措施
1	步进驱动器 DIP 开关设置			
2	PLC 准备工作			
3	按钮、传感器等检测			
4	左行点动			
5	右行点动			
6	左行，左限位			
7	右行，右限位			
8	左极限位测试			
9	右极限位测试			
10	急停测试			

（1）点动运行时，监控PLC中的程序，观察D0的数值变化情况。记录机械手从供料台正上方移动到入料口正上方的总脉冲数。

（2）测试左右极限位、急停时，能否点动运行机械手。

（3）监控PLC中的程序，观察M8340的状态与什么参数有关。

根据观察结果，结合机械手点动控制的设计要求，分析各种情况下的运行是否正常。如果异常，记录故障现象，小组研讨，找出故障原因并解决之。

3）问题思考

测试过程中，如果机械手触发了左（右）极限位开关，此时M8349一直处于得电状态，小组研讨：应该如何处理，才能使系统恢复正常？

4.3.3 子任务2：实现搬运机械手运动系统的PLC控制

1. 任务要求

1）系统功能

某机械手用来将工件从供料台搬运入料口，其系统组成如图4-3-16所示。机械手的上下运动由气缸驱动，抓取料动作由吸盘实现。左右移动由步进电动机驱动滚珠丝杆，实现准确定位。步进单元的设备型号规格与子任务1相同。

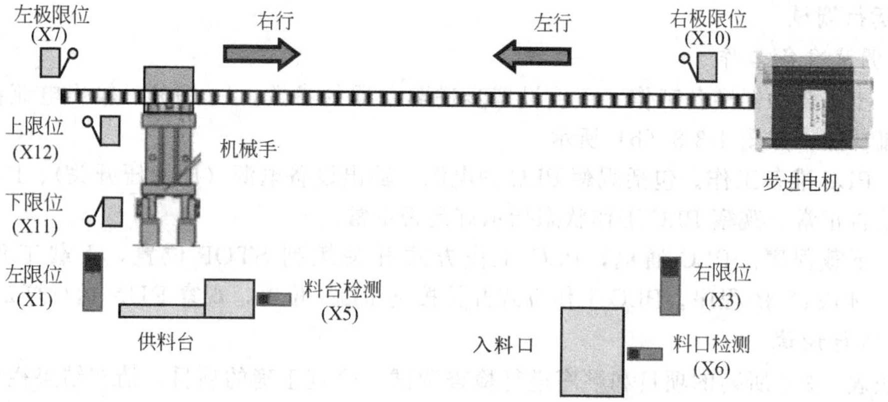

图4-3-16 搬运机械手运动系统组成示意图

2）操作要求

（1）为调试方便，有手动和自动两种工作方式。系统通电时，机械手为自动方式，通过触摸屏可更改工作方式。

（2）手动工作方式的操作要求同子任务1。

（3）自动工作方式初始状态。机械手位于供料台上方，下降到位正好可吸住工件。

（4）自动工作方式启动。按下启动按钮SB2，系统运行指示灯亮，若料台有料，机械手下降取料，搬运到入料口，然后返回初始位置。

（5）自动工作方式停止。按下停止按钮SB3，机械手搬运完毕后自动返回。红灯亮。

（6）急停处理。按下急停SB6，系统紧急停止工作。报警红灯闪烁。

（7）参数约定。丝杆导程$S=2.5\text{mm/r}$；步进驱动器（2M530）细分10倍。手动时，机械手移动速度$v=3.75\text{mm/s}$；自动时，机械手移动速度$v=6.25\text{mm/s}$。

（8）高速脉冲输出采用DPLSR方式，Y0口输出。

（9）为了控制需要，自动工作方式时，保留自动上料控制程序。

2. 确定 I/O 地址分配表和 HMI 通信地址

(1) 子任务 2 的 I/O 地址分配见表 4-3-7。PLC 选择 FX3U-48MT/ES-A 型。

输入信号共 15 个点。按钮 4 个，右行点动与启动按钮共用，左行点动与复位按钮共用。现场检测信号 11 个，其中检测左右限位的电感式接近开关 2 个，检测工件有无的光纤式接近开关 3 个，检测极限位的微动开关 2 个，气缸磁性开关 4 个。

输出信号 8 个。步进驱动器的控制信号 2 个，单电控二位五通电磁阀（型号 4V110-06）控制信号 3 个。指示灯 3 个。

表 4-3-7　任务 4.3 之子任务 2 的 I/O 地址分配表

输入地址	输入信号	功能说明	输出地址	输出信号	功能说明
X1	S1	左限位电感式开关	Y0	PLS-	脉冲信号
X3	S3	右限位电感式开关	Y2	DIR-	方向信号(左行)
X4	S4	料仓有料光电检测	Y3	YV1	下降电磁阀
X5	S5	料台有料光电检测	Y4	YV2	吸盘电磁阀
X6	S6	料口有料光电检测	Y5	YV3	上料电磁阀
X7	SQ1	左极限位行程开关	Y6	HL1	左行指示灯
X10	SQ2	右极限位行程开关	Y7	HL2	运行/右行指示灯
X11	SQ11	机械手下限位	Y10	HL3	停止报警/指示灯
X12	SQ12	机械手上限位	—	—	—
X14	SQ14	推料前限位	—	—	—
X15	SQ15	推料后限位	—	—	—
X24	SB2	启动按钮/右行点动	—	—	—
X25	SB3	停止按钮	—	—	—
X26	SB1	复位吸盘/左行点动	—	—	—
X27	SB6	急停按钮(常闭)	—	—	—

(2) 子任务 2 的 HMI 通信地址分配表见 4-3-8。

表 4-3-8　任务 4.3 之子任务 2 的 HMI 通信地址分配表

通信地址	功能说明	通信地址	功能说明
K2M0	对应输入地址 K2X000	M30	初始步
K2M10	对应输入地址 K2X010	M31	抓料等待步
M20	系统自动工作状态	M32	抓料步
M21	HMI 启动按钮	M33	右行步
M22	HMI 停止按钮	M34	放料步
M29	工作方式开关(0—手动,1—自动)	M35	左行步

3. 硬件设计

本任务的 I/O 接线原理图，请参照图 4-1-30 和图 4-3-14 所示电路。

在附录 B 中设计的装置中，上料单元、机械手单元的检测信号线路通过 DP25 插口连

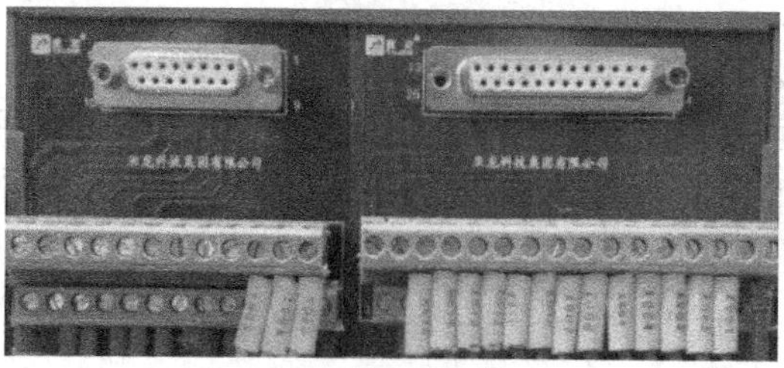

图 4-3-17　DP15 和 DP25 插口

接，机械手单元的电磁阀驱动通过 DP15 插口连接，如图 4-3-17 所示。因此，本任务不需要学员另外接线。

4. 参数计算

（1）频率（速度）计算

已知：机械手手动移动速度 $v=3.75$mm/s；机械手自动移动速度 $v=6.25$mm/s；丝杆导程 $S=2.5$mm/r；步进驱动器（2M530）的细分 $k=10$ 倍，步距角 $\theta=1.8°$。

由公式（4-4）计算可得：

手动时，Y0 口脉冲输出频率应设置为 3000 p/s。

自动时，Y0 口脉冲输出频率应设置为 5000 p/s。

（2）脉冲总数估算

脉冲总数，即机械手从供料台取料点移动到入料口放料点，需要的总脉冲数。已知：丝杆导程 $S=2.5$mm/r；步进驱动器（2M530）的细分 $k=10$ 倍，步距角 $\theta=1.8°$。估测机械手移动的两点之间距离约为 $L=153$mm；注意，不同的设备，该距离值不一样。

总脉冲数计算公式为：
$$N[\text{p}]=\frac{L[\text{mm}]}{S[\text{mm/r}]}\times\frac{360°\times k}{\theta}[\text{p/r}] \tag{4-5}$$

由公式（4-5）可得，Y0 口输出总脉冲数为 122400p。

5. 软件设计

1）控制流程图设计

根据搬运机械手的控制工艺要求，控制流程图如 4-3-18 所示。

2）程序设计

创建一个新工程，选择 PLC 型号为 FX3U（C），编程语言为梯形图，设置工程名称为“14JD313-4T32”。控制程序按工艺流程分成公共程序段、手动操作程序段和自动控制程序段三部分。

（1）公共程序段，如图 4-3-19 所示。

第 0 步逻辑行，设置自动模式，置位自动控制初始步，机械手位移值。

第 14 步逻辑行，急停、极限位和手动模式，触发 M8349，停止脉冲输出。

第 21 步逻辑行，急停或切换到手动方式时，清除标志位和输出，吸盘需复位操作。

第 41 步逻辑行，自动工作方式时，总脉冲数输出。为了避免自动工作方式下急停时，DPLSR 指令占用 Y0 口的高速脉冲锁存器，因此将该指令放在公共程序段。

第 61 步逻辑行，停止和急停指示。

第 68 步逻辑行，数据通信处理。

第 79 步逻辑行，M29 接通，跳过第 83～110 步的手动工作方式程序段，从目标号 P0 开始执行自动工作方式程序段。

（2）手动操作程序，如图 4-3-20 所示。手动操作程序段就是点动控制。在手动操作程序段增加 M33 和 M35 线圈，便于 HMI 监控组态。

（3）自动控制程序段，如图 4-3-21 所示。

第 111～118 步逻辑行，启停控制。

第 120 步逻辑行，上料控制。

第 127 步逻辑行，初始步时启动，或者左行脉冲结束，可进入等待上料步。

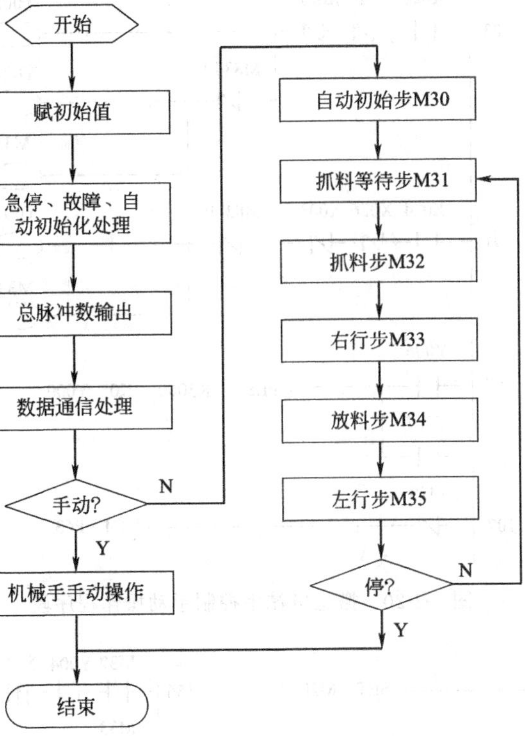

图 4-3-18　搬运机械手控制流程图

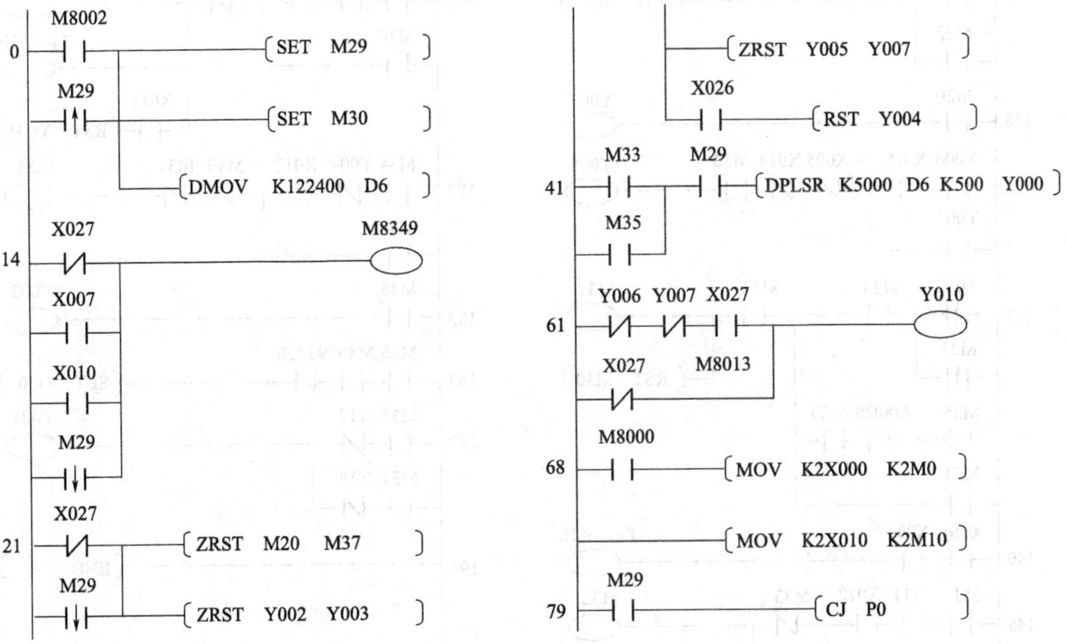

图 4-3-19　搬运机械手控制公共程序段

第 140 步逻辑行，上料延时。使推到供料台的工件停稳。

第 145 步逻辑行，检测料台有料，进入抓料步。机械手下降 1s 后自动上升，然后下降到位吸盘置位。

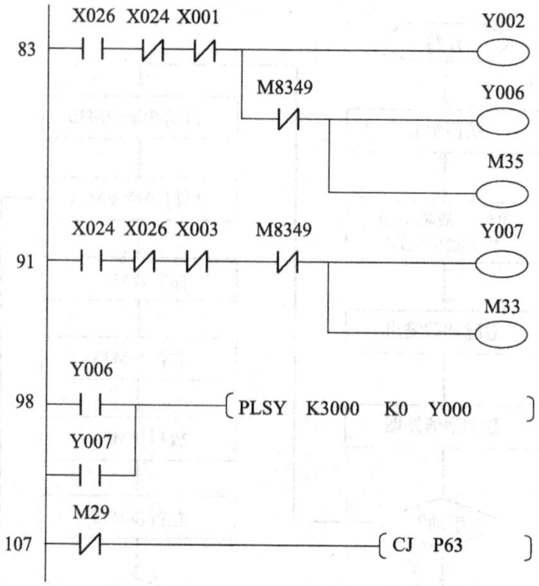

图 4-3-20　搬运机械手控制手动操作程序段

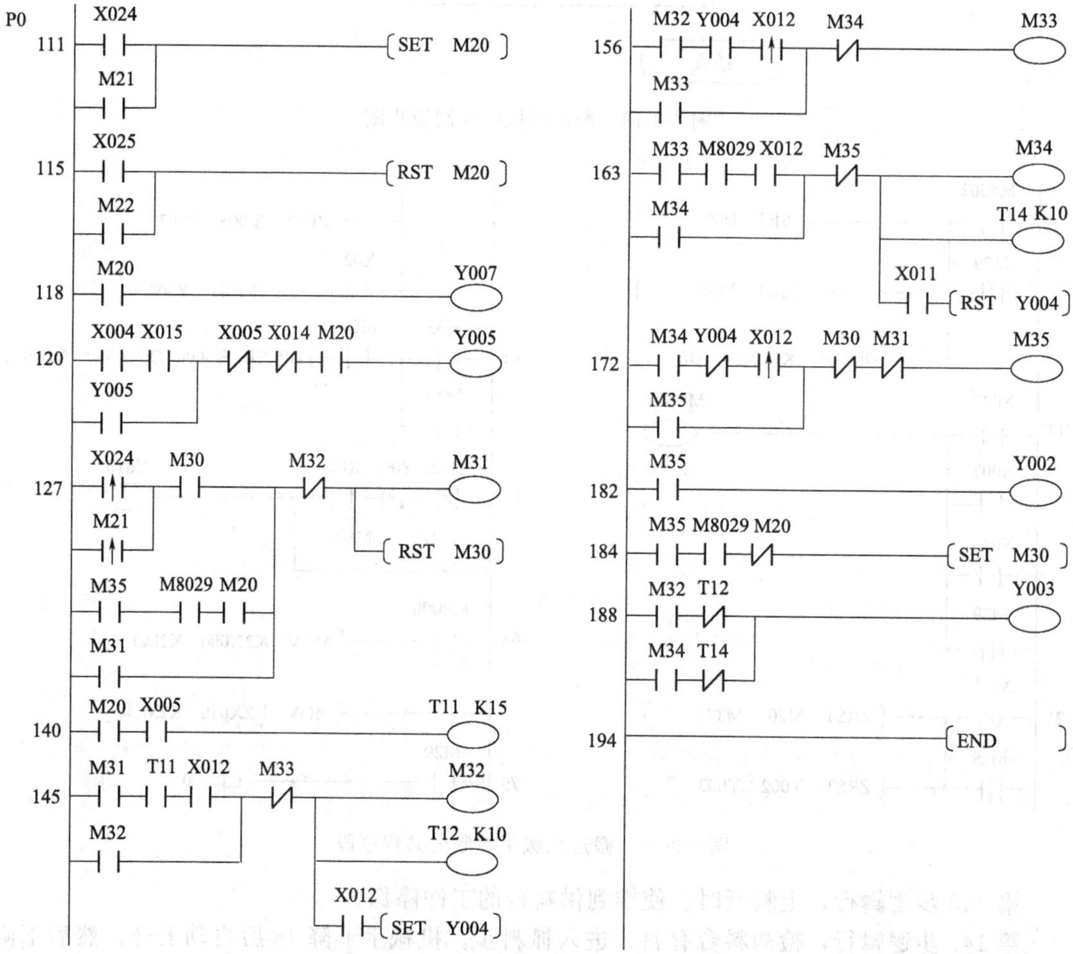

图 4-3-21　搬运机械手自动控制程序段

第 156 步逻辑行，机械手抓料后上升到位，进入右行步。

第 163 步逻辑行，右行脉冲结束，进入放料步。机械手下降 1s 后自动上升，然后下降到位吸盘复位。

第 174 步逻辑行，机械手放料后上升到位，进入左行步。

第 184 步逻辑行，左行脉冲结束，系统停，进入初始步。

第 188 步逻辑行，驱动机械手下降。

6. 运行调试

1）调试准备工作

（1）测量取料点到放料点之间的距离，精确到 0.1mm，计算总脉冲数。

（2）步进驱动器准备工作。参照子任务 1 进行。

（3）气压驱动装置调试。接通气源开关，调节压力值，使表压力值在 0.4～0.6bar。操作上料气缸、机械手气缸的运动情况，应活动自如，运行平稳，无卡阻为宜。

（4）PLC 准备工作。

（5）传感器检测。接线是否可靠，检测信号是否正常。特别是电感式传感器与机械手的最小距离，应该在 2～4mm。左限位传感器应位于取料点左边，右限位传感器应位于放料点右边。

（6）下载程序。下载工程名称为“14JD313-4T32”的程序。

2）运行调试

按照表 4-3-9 所列的项目和顺序进行检查调试。记录故障现象，小组讨论分析，找到解决办法，并排除故障。

表 4-3-9 任务 4.3 之子任务 2 运行调试小卡片

序号	检查调试项目	结果	故障现象	解决措施
1	检查步进驱动器			
2	气压驱动装置调试			
3	PLC 准备			
4	急停后复位，测试手动操作程序			
5	手动操作机械手，移到取料点正上方			
6	PLC 工作方式开关 RUN 闭合一次			
7	自动运行模式			

（1）由于工作方式选择开关在触摸屏上。因此通过操作 1 次急停按钮使系统进入手动工作模式。

（2）手动操作时，测试左右点动运行、左右限位、左右极限位等功能。

（3）手动操作测试完毕后，点动机械手左行到取料点正上方。关闭气源，操作机械手下降电磁阀的手动按钮，以机械手能下降到位并吸住工件为宜。

（4）使 PLC 的 RUN 开关重新闭合一次。置位 M29，使系统进入自动工作模式。

（5）启动系统，观察机械手是否能自动搬运工件。

（6）运行超程或被卡阻时，立即急停。

（7）重新进入自动工作模式时，一定要注意，机械手应该位于取料点的正上方，PLC

要重新启动 RUN 一次。

4.3.4 子任务 3：实现搬运机械手运动系统的 HMI 监控

1. 任务要求

(1) 根据子任务 2 的控制要求，组态机械手运动系统 HMI 监控画面，如图 4-3-22 所示。

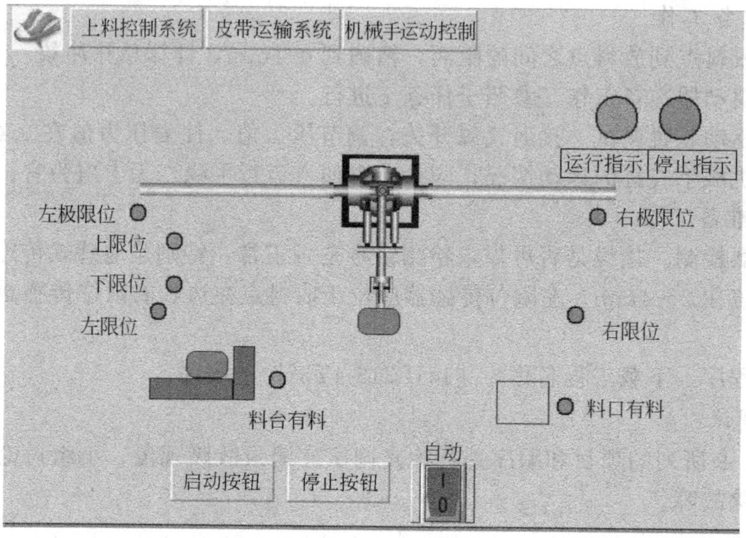

图 4-3-22 组态机械手运动系统 HMI 监控画面

(2) 实现与上料控制系统、皮带运输系统 2 个监控画面的自由切换。

(3) 实现手动工作模式和自动工作模式的切换。

(4) 实现自动控制过程的动态显示。

2. 设备组态

1）打开工程项目

打开任务 4.2 组态的工程项目“送料自动线控制系统”。

2）添加通信地址

(1) 通过路径“设备组态”>>“设备窗口”>>“设备 0--［三菱 _ FX 系列编程口］”，打开“设备编辑窗口”，如图 4-1-36 所示。

(2) 添加通信地址 Y2～Y4（共 3 个）。通道类型选择“Y 输出寄存器”，通道地址输入“9”（八进制数 11＝十进制数 9），通道个数输入“3”，读写方式选择“读写”。

(3) 添加通信地址 M29～M39（共 11 个）。通道类型选择“M 辅助寄存器”，通道地址输入“29”，通道个数输入“11”，读写方式选择“读写”。

3）保存设备组态

单击工具栏快捷图标，保存设备组态。

3. 动画组态

1）新建窗口 2

打开工程“送料自动线控制系统”，路径：用户窗口>>新建窗口，新建“窗口 2”，如图 4-3-23 所示。

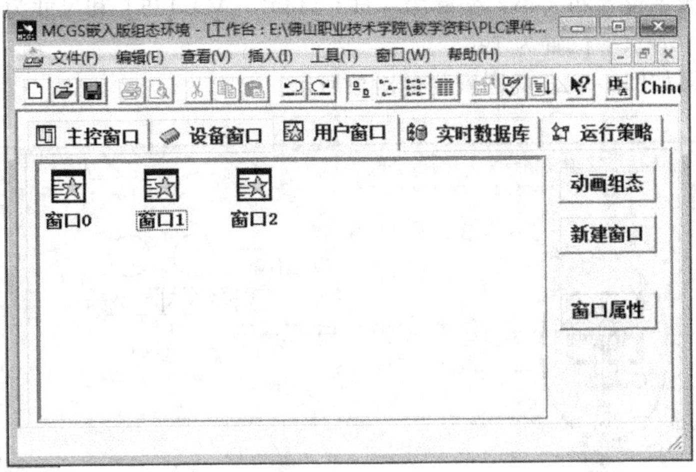

图 4-3-23　新建“窗口 2”

2）组态窗口切换功能

（1）打开窗口 0。选择窗口 0 标题按钮“皮带运输系统”，拷贝、粘贴后得到新标题按钮。修改坐标为［H：320］、［V：1］和尺寸为［W：130］、［H：40］；文本修改为“机械手运动控制”；文本颜色“黑色”。打开“按下功能”选项卡，修改“打开用户窗口”，选择“窗口 2”。如图 4-3-24(a) 所示。

（2）选择窗口 0 标题按钮“机械手运动控制”，然后拷贝；打开窗口 1 后粘贴。组态结果如图 4-3-24(b) 所示。

（3）选择窗口 1 所有标题按钮后拷贝；打开窗口 2，然后粘贴；修改标题按钮“皮带运输系统”文本颜色为“黑色”；修改标题按钮“机械手运动控制”文本颜色为“绿色”。组态结果如图 4-3-24(c) 所示。在本窗口，也可以添加单位的 LOGO 等标识。

(a) 窗口 0

(b) 窗口 1

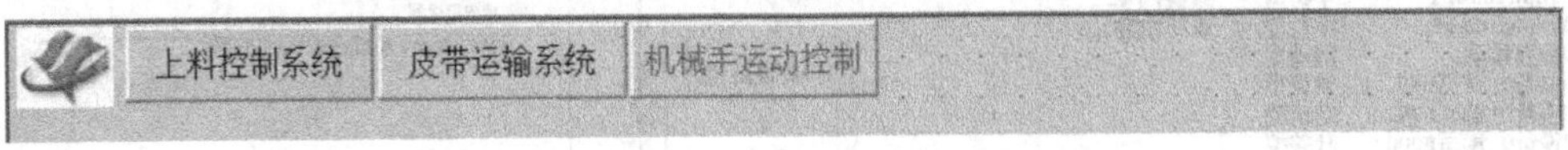

(c) 窗口 2

图 4-3-24　窗口 0、1、2 之间的切换

3）组态机械手

（1）打开窗口 2。

（2）单击插入元件工具，选择“对象元件列表”（工具箱［1，4］工具）>>“其他”>>“机械手”>>“确定”。

（3）选中“机械手”控件>>快捷工具“排列”>>“旋转”>>“右旋 90 度”，使机械手旋转 90 度。

（4）修改机械手位置和大小，坐标为［H：146］、［V：135］和尺寸为［W：100］、［H：140］，机械手中心水平位置为 196。

（5）最后结果如图 4-3-25 椭圆圈住的对象所示。

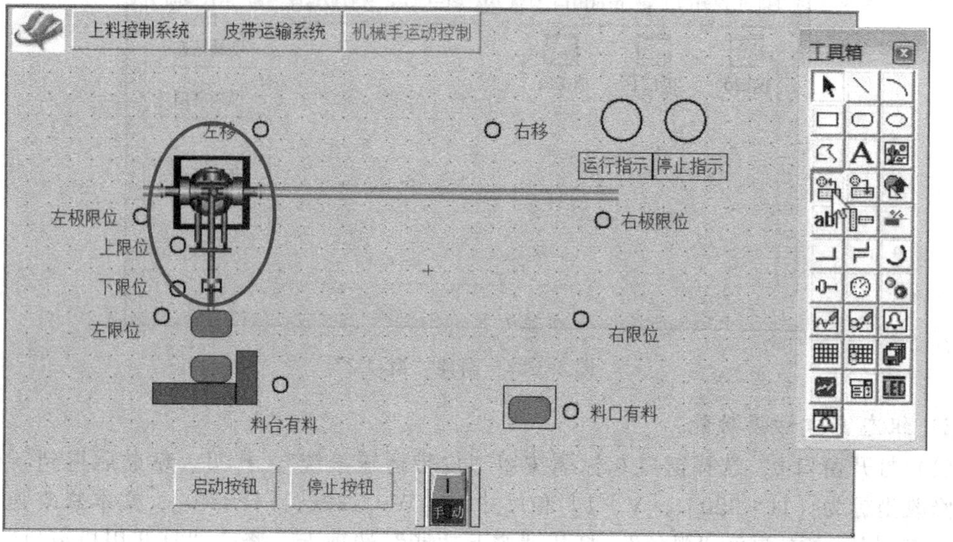

图 4-3-25　组态机械手结果

（6）添加内部变量“水平移动”。打开“实时数据库”，单击“新增对象”，窗口增加了一栏名字为“Datal”的“数值型”变量，如图 4-3-26(a) 所示。双击“Datal”弹出“数据对象属性设置”窗口。对象名称为“水平移动”，对象类型为“数值”，如图 4-3-26(b) 所示。

（7）用同样的方法添加内部变量“垂直移动”。

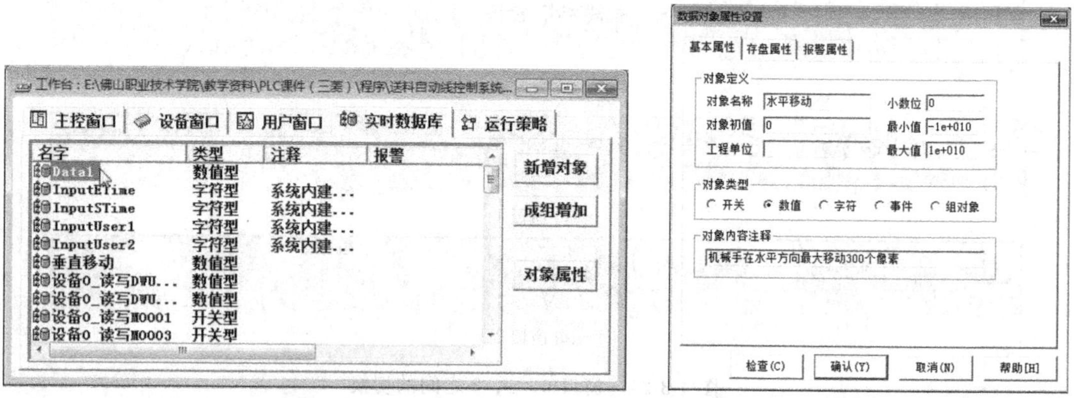

(a) 新增数据对象　　(b) 数据对象属性

图 4-3-26　组态内部变量“水平移动”数据对象

（8）组态机械手动态属性。位置动画连接选择“√水平移动”＞＞ ? 工具选择表达式变量“水平移动”＞＞最小偏移量 0，表达式的值为 0，最大偏移量为 300，表达式的值为 100。

“300”表示取料点到放料点之间的像素，“100”为“水平移动”变量的最大值。

4）组态滑竿

（1）单击“插入元件”工具，选择“管道”元件库中的“管道 95”和“管道 96”，分别画出两个滑杆。

（2）组态横滑竿。“管道 96”，坐标为［H：130］、［V：164］和尺寸为［W：450］、［H：12］。

（3）组态竖滑竿。“管道 95”，坐标为［H：192］、［V：210］和尺寸为［W：9］、［H：70］。竖滑竿中心水平位置为 196，与机械手的相同。

（4）选择“机械手”>>“排列”>>“最前面”。

（5）组态滑竿结果如图 4-3-27 箭头所指对象所示。

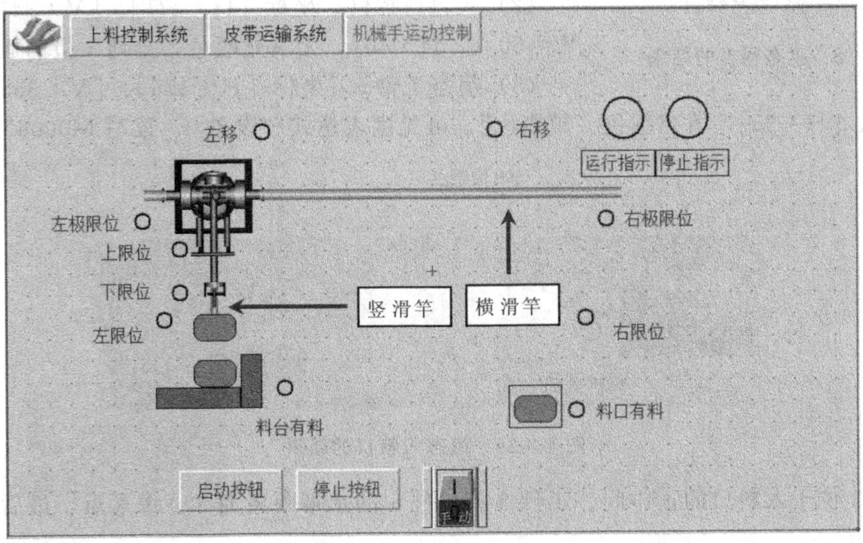

图 4-3-27 组态滑竿结果

（6）组态竖滑竿动态属性。选中“竖管道 95”。位置动画连接选择“√水平移动”>> ? 工具选择表达式变量“水平移动”>>最小偏移量 0，表达式的值为 0，最大偏移量为 300，表达式的值为 100。位置动画连接选择“√垂直移动”>> ? 工具选择表达式变量“垂直移动”>>最小偏移量 0，表达式的值为 0，最大偏移量为 42，表达式的值为 12。

“42”表示机械手高点到低点点之间的像素，“12”为“垂直移动”变量的最大值。

5）组态料台

（1）从窗口 0 拷贝“料台”、“料台工件”、“料台有料”指示等控件，粘贴到窗口 2 中。

（2）料台底板控件，坐标为［H：140］、［V：345］和尺寸为［W：80］、［H：20］，填充颜色“青色”。

（3）料台挡板控件，坐标为［H：220］、［V：315］和尺寸为［W：20］、［H：50］，填充颜色“青色”。

（4）组态工件 1，坐标为［H：176］、［V：320］和尺寸为［W：40］、［H：25］，填充颜色“橄榄色”，可见度表达式“设备 0 _ 读写 M0005”。

（5）组态工件 2，坐标［H：176］、［V：278］和尺寸［W：40］、［H：25］，填充颜色“橄榄色”，可见度表达式“设备 0 _ 读写 Y0004”。水平位移属性，表达式“设备 0 _ 读写 Y0004 * 水平移动”，偏移量“0～300”，表达式的值“0～100”。垂直位移属性，表达式“设备 0 _ 读写 Y0004 * 垂直移动”，偏移量“0～42”，表达式的值“0～12”。工件 1 和工件

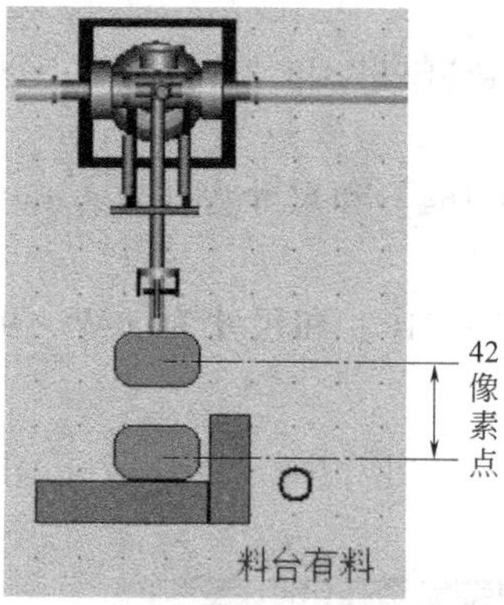

图 4-3-28　组态料台的结果

2 的垂直距离为 42 像素点。组态料台的结果如图 4-3-28 所示。

(6) “料台有料”检测信号，尺寸［W：16］、［H：16］，表达式“设备 0 _ 读写 M0005”，填充颜色“0—灰色”、“1—浅绿色”；“料台有料”标签，蓝色宋体小四，无边线。

6）组态入料口

(1) 从窗口 0 拷贝“入料口”、“料口工件”、“料口有料”指示等控件，粘贴到窗口 2 中。

(2) 入料口控件，坐标［H：471］、［V：345］和尺寸［W：50］、［H：40］，无填充颜色，排列“最前面”。

(3) 组态工件 3，坐标［H：476］、［V：355］和尺寸［W：40］、［H：25］，填充颜色“橄榄色”，可见度表达式“设备 0 _ 读写 M0006”。

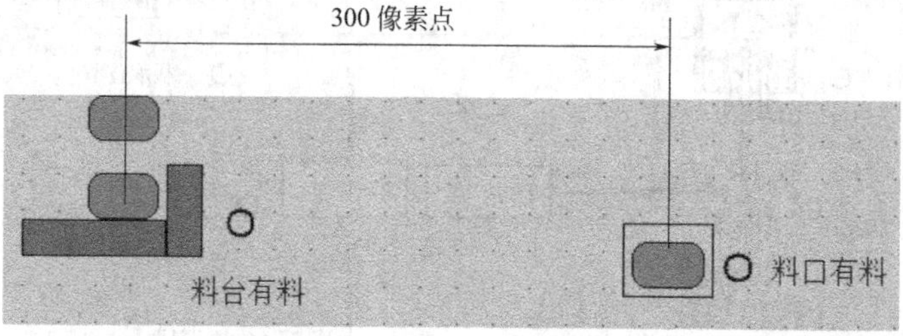

图 4-3-29　组态入料口的结果

工件 3 位于入料口的正中间。工件 3 和工件 1 的水平距离为 300 像素点。最后结果如图 4-3-29 所示。

(4) “料口有料”检测信号，尺寸［W：16］、［H：16］，表达式“设备 0 _ 读写 M0006”，填充颜色“0—灰色”、“1—浅绿色”。“料口有料”标签，蓝色宋体小四，无边线。

7）组态检测信号

(1) “左极限位”检测信号，坐标［H：471］、［V：345］和尺寸［W：50］、［H：40］，表达式“设备 0 _ 读写 M0010”，填充颜色“0—灰色”、“1—浅绿色”。标签，蓝色宋体小四，无边线。

(2) “左限位”检测信号，表达式“设备 0 _ 读写 M0001”。

(3) “右限位”检测信号，表达式“设备 0 _ 读写 M0003”。

(4) “上限位”检测信号，表达式“设备 0 _ 读写 M0012”。

(5) “下限位”检测信号，表达式“设备 0 _ 读写 M0011”。

(6) “料台有料”检测信号，表达式“设备 0 _ 读写 M0005”。

(7) “料口有料”检测信号，表达式“设备 0 _ 读写 M0006”。

(8) “左移”动作指示信号，表达式“设备 0 _ 读写 M0035”。

(9) “右移”动作指示信号，表达式“设备 0 _ 读写 M0033”。

(10) 所有信号的位置如图 4-3-27 所示，其余属性与“左极限位”检测信号相同。

8）组态系统工作指示和按钮

在窗口 0 或者窗口 1，全选“运行指示”标签和圆形、“停止指示”标签和圆形、“启动按钮”、“停止按钮”等 6 个控件，用“Ctrl＋C”拷贝。打开窗口 2，用“Ctrl＋V”粘贴。

结果如图 4-3-27 所示。

9）组态选择开关

（1）用工具箱“动画按钮”工具 [2，6]，添加“选择开关”控件。

（2）组态静态属性。坐标［H：300］、［V：420］和尺寸［W：60］、［H：56］。基本属性，选择“分段点 0—手动”，“分段点 1—自动”，对齐方式均为“上”、“中”。

（3）组态变量属性。显示变量选择“开关，数值型”、“设备 0 _ 读写 M0029”，设置变量选择“布尔操作”、“设备 0 _ 读写 M0029”，功能选择“取反”。

选择开关组态效果如图 4-3-30 所示。

图 4-3-30　选择开关组态效果

10）组态脚本

（1）选择：用户窗口 2>>空白处右键>>用户窗口属性设置>>循环脚本，打开“脚本程序编辑器”，如图 4-3-31 所示。

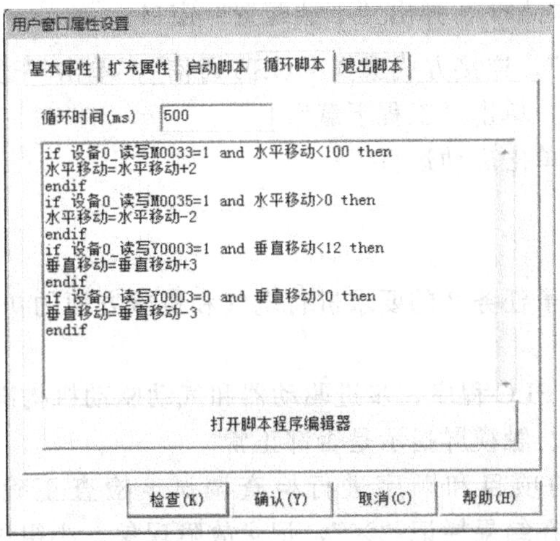

图 4-3-31　用户属性窗口

（2）编辑脚本程序。

```
if 设备 0 _ 读写 M0033=1 and 水平移动<100 then
水平移动=水平移动+2
endif
if 设备 0 _ 读写 M0035=1 and 水平移动>0 then
水平移动=水平移动-2
endif
if 设备 0 _ 读写 Y0003=1 and 垂直移动<12 then
垂直移动=垂直移动+3
Endif
if 设备 0 _ 读写 Y0003=0 and 垂直移动>0 then
垂直移动=垂直移动-3
endif
```

（3）计算循环时间。

已知：机械手自动移动速度 $v=6.25\text{mm/s}$，移动距离 $L=153\text{mm}$，机械手 HMI 水平移动值 $H=300$ 像素，步长 $h=2$ 像素。

循环时间计算公式为：

$$\frac{L[\text{mm}]}{v[\text{mm/s}]}=T[\text{s}]\times\frac{H}{h} \tag{4-6}$$

由公式（4-6）可得，$T=0.49\text{s}$，取循环周期为 500ms。

（4）利用公式（4-6）以及循环时间，可求得垂直移动的步长为 3。

11）组态检查

单击快捷工具图标，检查组态。如果组态设置正确，没有错误，结果如图 4-1-59 所示。

4. 下载工程并进入运行环境

（1）通信连接。参照图 4-1-20 所示，用 USB 通信电缆连接 TPC 与 PC。参照图 4-1-19，用 RS232（DP9）/ RS422（MD8）通信电缆连接 TPC 与 PLC。

（2）TPC 通电。接通触摸屏上的电源开关。

（3）单击快捷工具图标，弹出“下载配置”窗口。

（4）单击“连机运行”，连接方式选择“USB 通信”，单击“通讯测试”。

（5）通信测试成功后，单击“工程下载”。

（6）工程下载成功，单击启动运行。

5. 远程运行调试

1）调试准备工作

（1）按照任务 4.3 之子任务 2 的要求进行电气和机械方面的初步检测，确认电气和机械均无误。

（2）确认已经下载了 PLC 程序，步进驱动器和气动驱动机构准备就绪。

（3）检查各检测信号、触摸屏指示是否都正常。

按照表 4-3-10 所列的项目和顺序进行检查调试。检查正确的项目，请在结果栏记“√”；出现异常的项目，在结果栏记“×”，记录故障现象，小组讨论分析，找到解决办法，并排除故障。

表 4-3-10　任务 4.3 之子任务 2 远程运行调试小卡片

序号	检查调试项目	结果	故障现象	解决措施
1	机械手气动动作调试			
2	各检测信号显示、触摸屏指示均正常			
3	手动调试机械手位置			
4	机械手抓放料运行调试			
5	手动自动工作方式切换、急停等			
6	机械手运行距离调试			
7	机械手自动运行整体调试			

2）运行调试

（1）机械手和上料气缸气动运行检查，确保机构活动自如，运行平稳。

（2）手动工作方式。选择开关打到手动位置，调试机械手左右点动运行情况、极限位和限位保护措施是否起作用。

(3) 手动工作方式。将机械手移动到取料点正上方，以机械手能吸住工件为宜。

(4) 自动工作方式。机械手启停调试。

(5) 机械手自动工作方式与手动工作方式切换调试。即：自动运行→方式切换→手动回原点→自动运行。

(6) 急停调试。即：自动运行→急停→手动回原点→自动运行。

(7) 自动工作方式。调试机械手的运行距离，修正程序中参数 D6 的初始值。

任务 4.4 送料自动线的 PLC 控制

知识目标

① 熟悉多工作方式流程控制程序的设计（复位、自动、手动）；
② 熟悉原点回归指令 DZRN 的使用方法；
③ 熟悉绝对定位指令 DDRVA 的使用方法；
④ 了解多线程 HMI 组态界面。

能力目标

① 能识读和绘制多工作方式搬运机械手的流程图；
② 能实现搬运机械手原点回归复位控制功能；
③ 能实现搬运机械手自动定位控制功能；
④ 能实现工件上下料、机械手搬运、皮带输送综合控制功能；
⑤ 会绘制送料自动线控制系统的 HMI 组态监控界面；
⑥ 会使用 HMI 监视送料自动线控制系统的运行状态。

4.4.1 知识准备

1. 原点回归指令 (D) ZRN (FNC 156)

(1) 条件满足时，执行原点回归，使机械位置与 PLC 内的当前值寄存器一致。

(2) [S1.] 指定开始原点回归时的速度。16 位指令允许设定范围：10～32 767 (Hz)；32 位指令范围：10～100 000 (Hz)。

(3) [S2.] 指定爬行速度。允许设定数范围：10～32 767 (Hz)。

(4) [S3.] 指定要输入近原点信号 (DOG) 输入编号的软元件编号。允许设定数范围：X、Y、M、S。

(5) [D.] 脉冲输出口，允许设定范围：Y0、Y1。

ZRN 指令应用如图 4-4-1 所示。当 X012 为 ON 时，执行原点回归指令，以 K5000 的速度向近点 (X2) 运动，当近点信号由 OFF 变 ON 时，以 K1000 的速度爬行，直到近点信号由 ON 到 OFF，原点回归才算完成。在 Y0 停止脉冲输出的同时，当前寄存器 [D8141, 8140] 中写入 0。在执行过程中，X12 断开，ZRN 将不减速立刻停止脉冲输出。爬行速度输出频率越低，误差就越小。

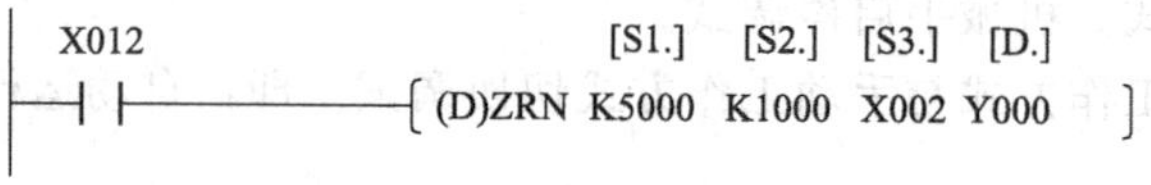

图 4-4-1 ZRN 指令应用

2. 相对定位指令（D）DRVI（FNC 158）

（1）用带正/负的符号指定从当前位置开始的移动距离。

（2）[S1.] 指定输出脉冲数（相对地址）。16 位指令设定范围：－32 768～＋32 767（0 除外）；32 位指令范围：－999 999～＋999 999（0 除外）。

（3）[S2.] 指定输出脉冲频率。16 位允许设定数范围：10～32 767（Hz），32 位设定数范围：10～100 000（Hz）。

（4）[D1.] 指定输出脉冲的输出编号。允许设定范围：Y0、Y1。

（5）[D2.] 指定旋转方向信号的输出对象编号。允许设定范围：Y2、Y3。

DRVI 指令应用如图 4-4-2 所示。X2 接通，执行正方向的运行，Y2 为 ON。X3 接通，执行负方向的运行，Y2 为 OFF。

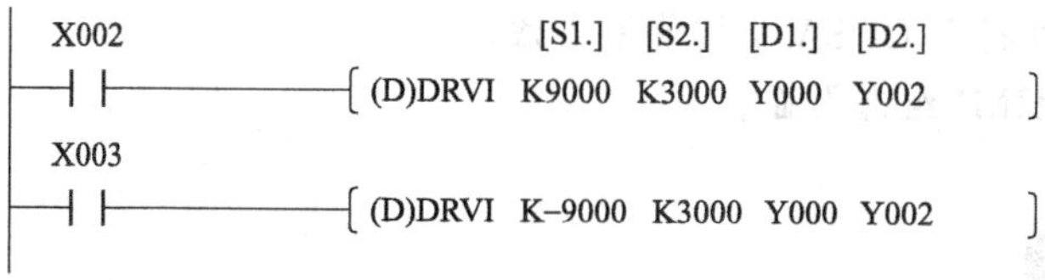

图 4-4-2 DRVI 指令应用

3. 绝对定位指令（D）DRVA（FNC 159）

（1）用绝对驱动方式定位从原点（零点）开始的移动距离。

（2）[S1.] 指定输出脉冲数（绝对地址）。16 位指令设定范围：－32 768～＋32 767；32 位指令范围：－999 999～＋999 999（0 除外）。

（3）[S2.] 指定输出脉冲频率。16 位允许设定数范围：10～32 767（Hz），32 位设定数范围：10～100 000（Hz）。

（4）[D1.] 指定输出脉冲的输出编号。允许设定范围：Y0、Y1。

（5）[D2.] 指定旋转方向信号的输出对象编号。允许设定范围：Y2、Y3。

DRVA 指令应用如图 4-4-3 所示。X12 接通，[S1.] 为正，执行正方向的运行，Y2 为 ON；[S1.] 为负，执行负方向的运行，Y2 为 OFF。

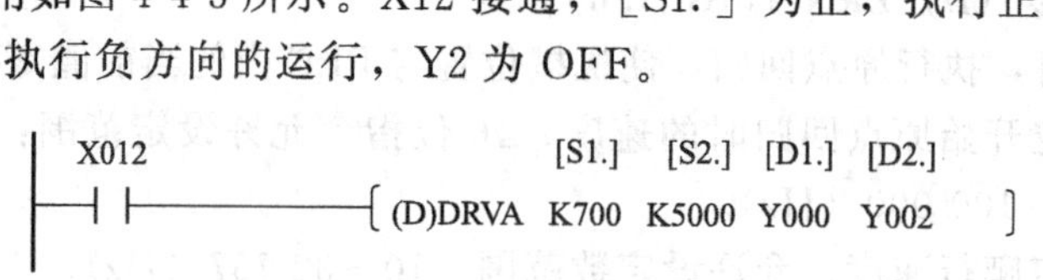

图 4-4-3 DRVA 指令应用

4.4.2 子任务 1：实现送料自动线系统的 PLC 控制

1. 任务要求

1）系统功能

某送料自动线系统用来实现工件从料仓输送到收集盒，系统由上料单元、机械手单元和输出单元三个部分组成，如图 4-4-4 所示。上料单元实现将工件推送到料台供料位，机械手单元实现工件搬运功能，输送单元实现工件的运送功能。

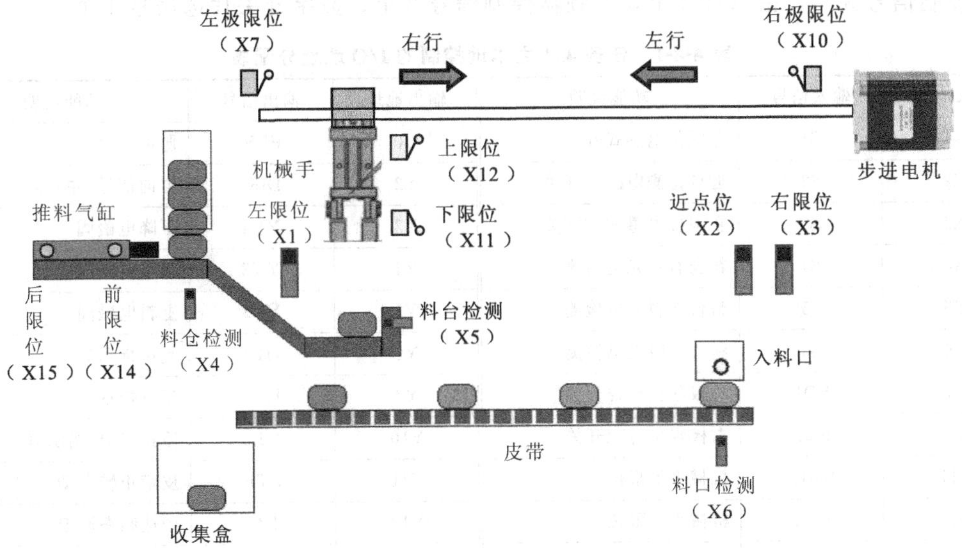

图 4-4-4 送料自动线系统组成示意图

2）操作要求

（1）系统有两种工作方式，分别为自动复位工作方式和自动控制工作方式。

（2）系统工作原点定义。机械手在抓料点正上方，推料气缸缩回，脉冲当前值寄存器数据定义有效。

（3）复位工作方式。系统不在工作原点时，按下复位操作按钮 SB1，系统执行复位操作，指示灯 HL1 亮，复位完毕。系统原点指示灯 HL3 亮。重新通电、急停等操作后，必须执行复位操作。执行原点回归指令，将机械动作原点位置的数据事先写入脉冲当前值寄存器。

（4）自动工作方式。按下启动按钮 SB2，送料自动线完成将工件从料仓推出，经上料→机械手搬运→皮带输送等环节，最后输送到收集盒的过程。自动运行时 HL2 亮。

（5）停止控制。自动工作方式下，按下停止按钮 SB3，机械手搬运完当前工件后，返回工作原点，皮带输送完当前工件后，系统停止，HL3 亮。

（6）急停控制。任何时候按下急停按钮 SB6，系统立即停止工作，HL3 闪亮。急停时，夹具保持；需在急停状态按下复位按钮 SB1，夹具才松开。

（7）参数约定。丝杆导程 $S=2.5\text{mm/r}$；步进驱动器（2M530）细分 10 倍；机械手移动速度 $v=6.25\text{mm/s}$。气源表压力值在0.4～0.6bar。

操作面板布局如图 4-4-5 所示。

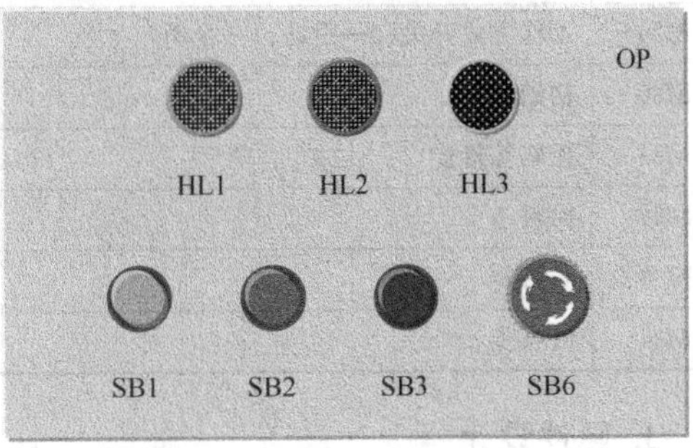

图 4-4-5 操作面板布局

2. 确定 I/O 地址分配表和 HMI 通信地址

（1）子任务 1 的 I/O 地址分配见表 4-4-1。PLC 选择 FX3U-48MT/ES-A 型。

输入信号共 20 个点。按钮 4 个，现场检测信号 12 个，其中电感式接近开关 3 个，光纤式接近开关 3 个，微动开关 2 个，磁性开关

4 个，数字开关 BCD 输入端 4 个。

输出信号 14 个。步进驱动器的控制信号 2 个，单电控二位五通电磁阀（型号 4V110-06）控制信号 3 个，指示灯 3 个，变频器控制信号 2 个，数字开关片选信号 4 个。

表 4-4-1　任务 4.4 之本地控制的 I/O 地址分配表

输入地址	输入信号	功能说明	输出地址	输出信号	功能说明
X1	S1	左限位电感式开关	Y0	PLS-	脉冲信号
X2	S2	近点检测电感式开关	Y2	DIR-	方向信号(左行)
X3	S3	右限位电感式式开关	Y3	YV1	下降电磁阀
X4	S4	料仓有料光电检测	Y4	YV2	吸盘电磁阀
X5	S5	料台有料光电检测	Y5	YV3	上料电磁阀
X6	S6	料口有料光电检测	Y6	HL1	复位指示灯
X7	SQ1	左极限位行程开关	Y7	HL2	运行指示灯
X10	SQ2	右极限位行程开关	Y10	HL3	停止报警/指示灯
X11	SQ11	机械手下限位	Y11	STF	皮带正转启动
X12	SQ12	机械手上限位	Y13	RM	中速频率设定
X14	SQ14	推料前限位	Y14	10^0	数字开关片选信号个位
X15	SQ15	推料后限位	Y15	10^1	数字开关片选信号十位
X24	SB2	启动按钮	Y16	10^2	数字开关片选信号百位
X25	SB3	停止按钮	Y17	10^3	数字开关片选信号千位
X26	SB1	复位吸盘	—	—	—
X27	SB6	急停按钮(常闭)	K1X20	SW	数字开关

（2）子任务 1 的 HMI 远程通信地址分配见表 4-4-2。

表 4-4-2　任务 4.4 之子任务 1 的远程通信地址分配

通信地址	功能说明	通信地址	功能说明
K2M0	对应输入地址 K2X000	M35	左行步
K2M10	对应输入地址 K2X010	M40	回原点步
M20	系统自动工作状态	M41	左行调整步
M21	HMI 启动按钮	M42	左行回原位
M22	HMI 停止按钮	M50	皮带输送标识
M26	HMI 复位按钮	M500	复位完成标识
M29	工作方式开关(0—手动,1—自动)	D0	工件数量统计
M30	初始步	D1	皮带运行时间
M31	抓料等待步	D4	搬运间距
M32	抓料步	D6	入料口绝对位置
M33	右行步	D8	右限位调整(>N3)
M34	放料步	D10	料台绝对位置

3. 硬件设计

本任务的 I/O 接线原理图，请参照图 4-1-30 和图 4-3-14 所示电路。

在附录 B 中设计的装置中，上料单元、机械手单元和输送单元的检测信号线路通过 DP25 插口连接，机械手单元的电磁阀驱动通过 DP15 插口连接。因此，本任务不需要学员另外接线。

4. 参数计算

（1）频率（速度）计算。

已知：机械手移动速度 $v=6.25\text{mm/s}$，丝杆导程 $S=2.5\text{mm/r}$，步进驱动器（2M530）细分 $k=10$ 倍，步距角 $\theta=1.8°$。

由公式（4-4）计算可得：Y0 口脉冲输出频率应设置为 5000 pps。

（2）绝对脉冲数估算。

机械手运动的几个关键点取料点、放料点、近点和右限位点之间的位置关系如图 4-4-6 所示。各距离估测约为 $L1=153\text{mm}$，$L2=13\text{mm}$，$L3=20\text{mm}$。不同的设备，距离值不一样。

根据已知参数：丝杆导程 $S=2.5\text{mm/r}$；步进驱动器的细分 $k=10$ 倍，步距角 $\theta=1.8°$。

由公式（4-5）可求得：$N1=122400\text{p}$，$N2=10400\text{p}$，$N3=16000\text{p}$。

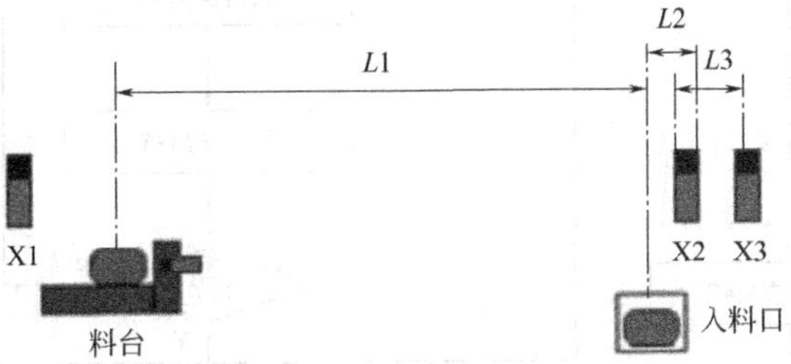

图 4-4-6 关键点位置关系图

5. 软件设计

1）控制流程图设计

根据送料自动线的控制工艺要求，控制流程图如图 4-4-7 所示。

左行调整步 M41，机械手的移动距离应该大于 $L3$，即脉冲数要大于 $N3$（16000p）。

左行复位步 M42 和左行步 M35，机械手的绝对移动距离应等于 $L1+L2$，即绝对脉冲数等于 $N1+N2$。

右行步 M33，机械手的绝对移动距离应等于 $L2$，即绝对脉冲数等于 $N2$。

2）程序设计

创建一个新工程，选择 PLC 型号为 FX3U（C），编程语言为梯形图，设置工程名称为“14JD313-4T4”。控制程序按工艺流程分成公共程序、自动复位程序和自动控制程序三部分。自动控制程序段又有上料程序、机械手搬运和皮带输送三段组成。

（1）公共程序段，如图 4-4-8 所示。

第 0 步逻辑行，通电、急停或者极限位故障时，复位所有输出和标识位，夹具（吸盘）需要另外复位操作。

第 28 步逻辑行，机械手移动距离参数赋初始值。

第 63 步逻辑行，通信处理，机械手移动距离的绝对值［D10］计算，皮带运行时间［D1］设置和皮带工件动态。

（2）自动复位程序段，如图 4-4-9 所示。

第 119、127 步逻辑行，系统不在工作原点时，按下复位按钮（X026）0.2s 后，执行自

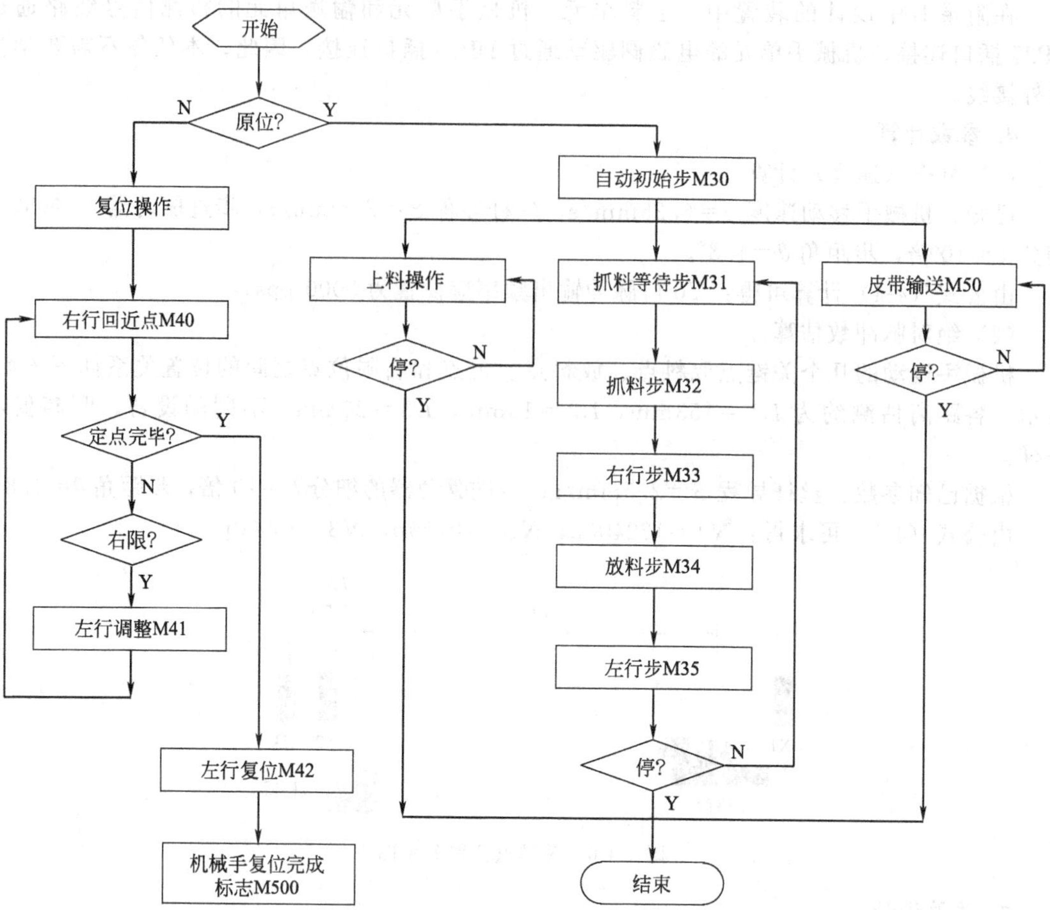

图 4-4-7　送料自动线控制流程图

动复位操作。

第 131、150、177 步逻辑行，右行回近点。

第 154、158 步逻辑行，右行到右限位，左行调整。左行距离必须过了近点。

第 182、201、205 步逻辑行，左行直到工作原点。完成复位，置位标识位 M500。

第 212 步逻辑行，原位停止和报警指示。

第 219 步逻辑行，系统自动运行指示。

(3) 上料和皮带输送程序段，如图 4-4-10 所示。

第 223 步逻辑行，系统在工作原位时，允许启动系统、置位自动搬运状态初始步。

第 232 步逻辑行，停止系统。

第 235 步逻辑行，自动上料控制。

第 242 步逻辑行，工件推送到供料台，缓冲延时。

第 247～259 步逻辑行，皮带输送控制。

(4) 机械手自动搬运程序段，如图 4-4-11 所示。

第 261～264 步逻辑行，S0 步状态，准备就绪，等待启动。

第 269～272 步逻辑行，S10 步状态，抓料等待步。转移开始，清零复位标志位，允许停。

第 284～291 步逻辑行，S11 步状态，抓料步。

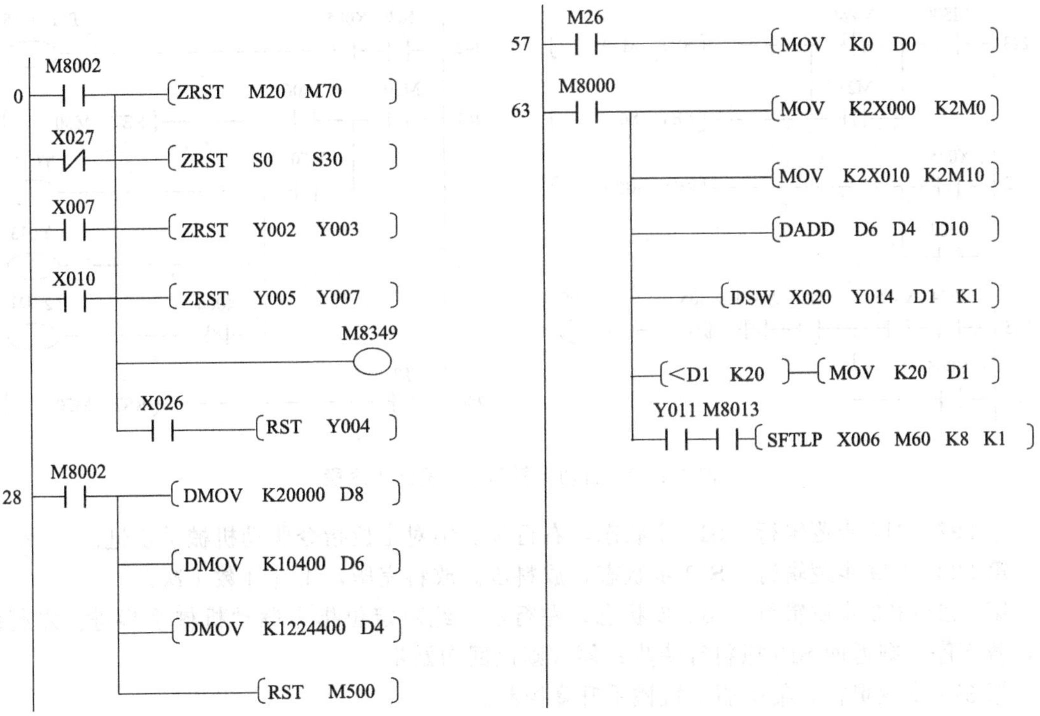
M8002
0
ZRST M20 M70
X027
ZRST S0 S30
X007
ZRST Y002 Y003
X010
ZRST Y005 Y007
M8349
X026
RST Y004
M8002
28
DMOV K20000 D8
DMOV K10400 D6
DMOV K1224400 D4
RST M500
M26
57
MOV K0 D0
M8000
63
MOV K2X000 K2M0
MOV K2X010 K2M10
DADD D6 D4 D10
DSW X020 Y014 D1 K1
<D1 K20
MOV K20 D1
Y011 M8013
SFTLP X006 M60 K8 K1

图 4-4-8　送料自动线公共程序段

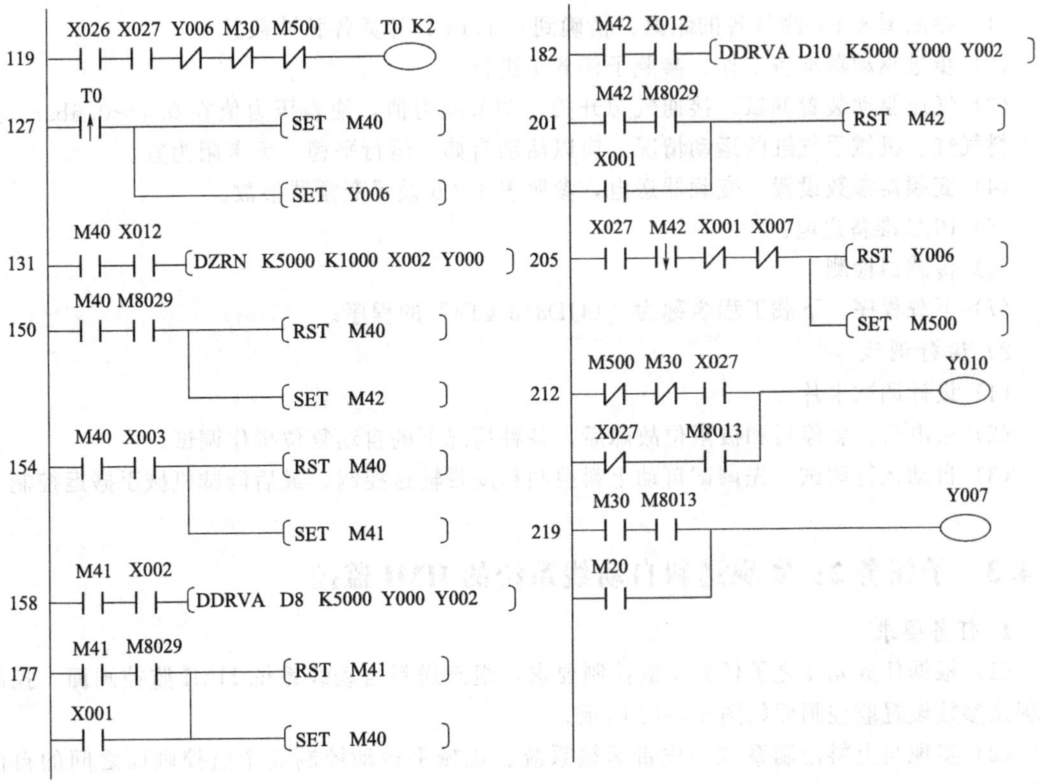
X026 X027 Y006 M30 M500
T0 K2
119
T0
127
SET M40
SET Y006
M40 X012
131
DZRN K5000 K1000 X002 Y000
M40 M8029
150
RST M40
SET M42
M40 X003
154
RST M40
SET M41
M41 X002
158
DDRVA D8 K5000 Y000 Y002
M41 M8029
177
RST M41
X001
SET M40
M42 X012
182
DDRVA D10 K5000 Y000 Y002
M42 M8029
201
RST M42
X001
X027 M42 X001 X007
205
RST Y006
SET M500
M500 M30 X027
Y010
212
X027 M8013
M30 M8013
Y007
219
M20

图 4-4-9　自动复位程序段

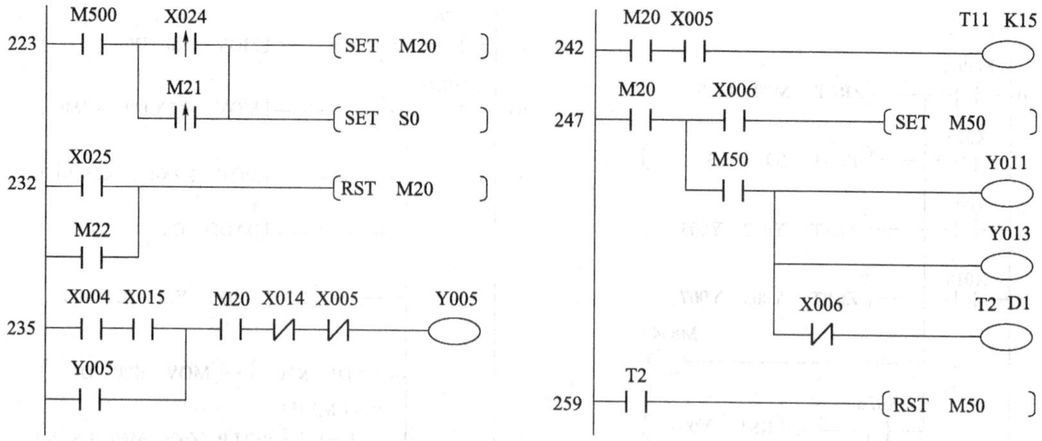

图 4-4-10 自动上料和皮带输送程序段

第 297～317 步逻辑行，S12 步状态，右行步。绝对定位指令驱动机械手步进。

第 322～329 步逻辑行，S13 步状态，放料步。放料完毕，工件计数 1 次。

第 342～373 步逻辑行，S14 步状态，左行步。绝对定位指令驱动机械手步进。左行结束，若不停，则返回 S10 抓料等待步；停，则返回初始步。

第 374 步逻辑行，集中驱动机械手升降控制。

6. 运行调试

1）调试准备工作

（1）参照图 4-4-6 测量各的距离，精确到 0.1mm，计算各脉冲数。

（2）步进驱动器准备工作。参照子任务 1 进行。

（3）气压驱动装置调试。接通气源开关，调节压力值，使表压力值在 0.4～0.6bar。操作上料气缸、机械手气缸的运动情况。应以活动自如，运行平稳，无卡阻为宜。

（4）变频器参数设置。变频器送电，参照表 4-2-6 设置变频器参数。

（5）PLC 准备送电。

（6）传感器检测。

（7）下载程序。下载工程名称为“14JD313-4T4”的程序。

2）运行调试

（1）设计调试卡片。

（2）通电后、急停后和极限位故障后，各种情况下的自动复位操作调试。

（3）自动运行调试。先调试自动上料控制和皮带输送控制，最后调试机械手搬运控制。

4.4.3 子任务 2：实现送料自动线系统的 HMI 监控

1. 任务要求

（1）根据任务 4.4 之子任务 1 的控制要求，组态送料自动线系统 HMI 监控画面。控制流程及参数设置监控画面如图 4-4-12 所示。

（2）实现与上料控制系统、皮带运输系统、机械手运动控制 3 个监控画面之间的自由切换。

（3）实现送料自动线控制流程的监控。

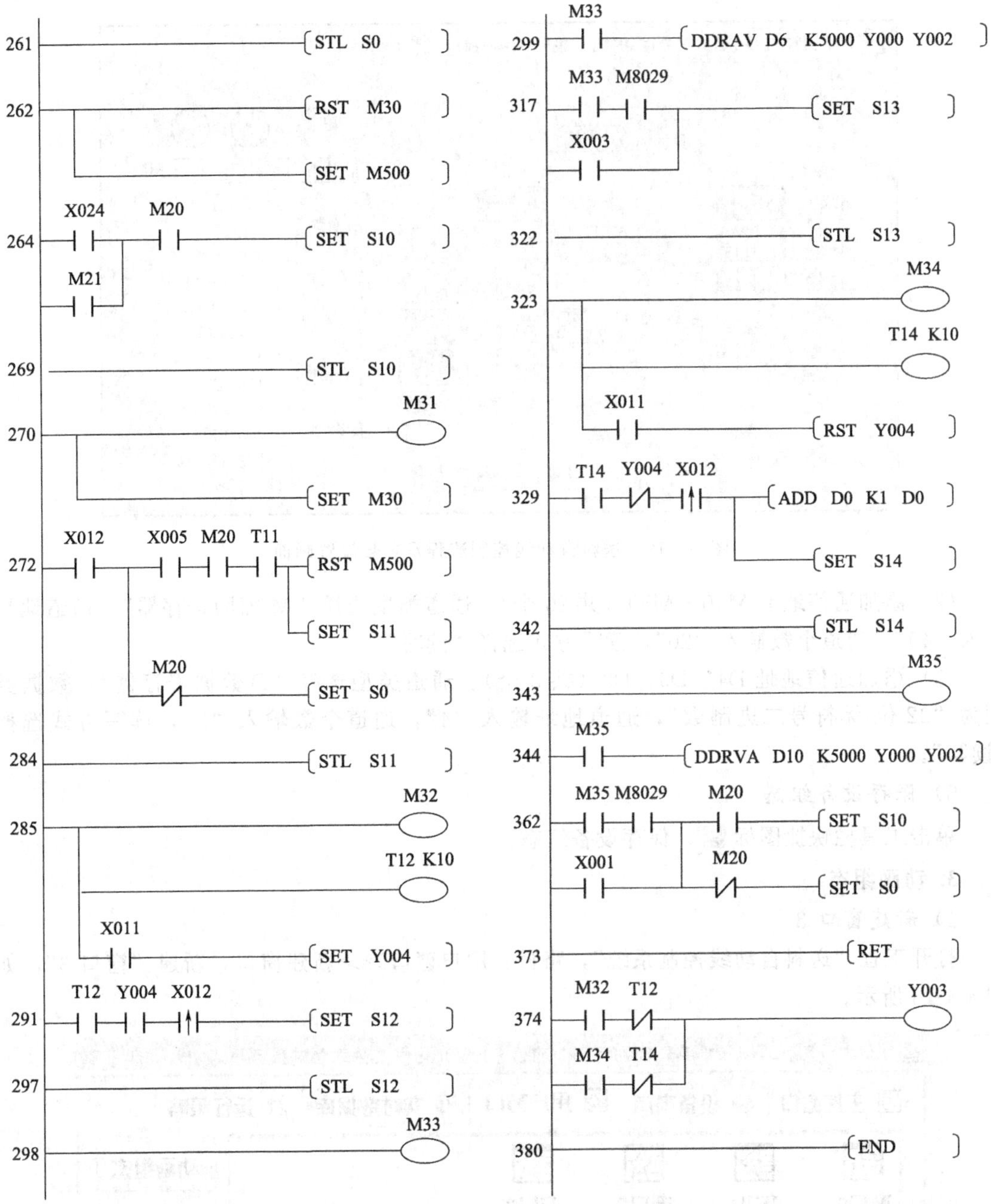

图 4-4-11　机械手自动搬运程序段

(4) 实现送料自动线控制参数的监控和设置。

2. 设备组态

1) 打开工程项目

打开任务 4.3 组态的工程项目“送料自动线控制系统”。

2) 添加通信地址

(1) 通过路径“设备组态”>>“设备窗口”>>“设备 0--[三菱 _ FX 系列编程口]”，打开“设备编辑窗口”。

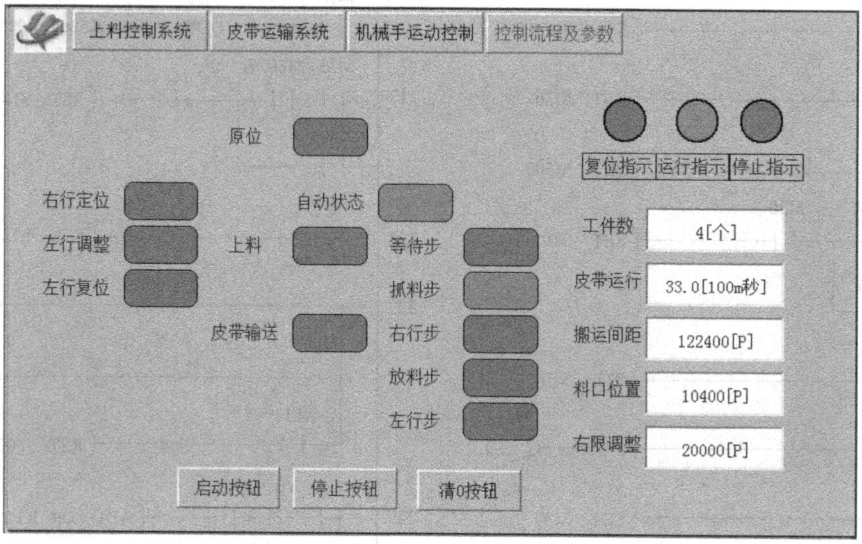

图 4-4-12　送料自动线控制流程及参数设置画面

(2) 添加通信地址 M40～M59（共 20 个）。通道类型选择“M 辅助寄存器”，通道地址输入“40”，通道个数输入“20”，读写方式选择“读写”。

(3) 添加通信地址 D4、D6、D8（共 3 个）。通道类型选择“D 数据寄存器”，数据类型为“32 位 无符号二进制数”，通道地址输入“4”，通道个数输入“3”，读写方式选择“读写”。

3) 保存设备组态

单击工具栏快捷图标，保存设备组态。

3. 动画组态

1) 新建窗口 3

打开工程“送料自动线控制系统”，路径：用户窗口>>新建窗口，新建“窗口 3”，如图 4-4-13 所示。

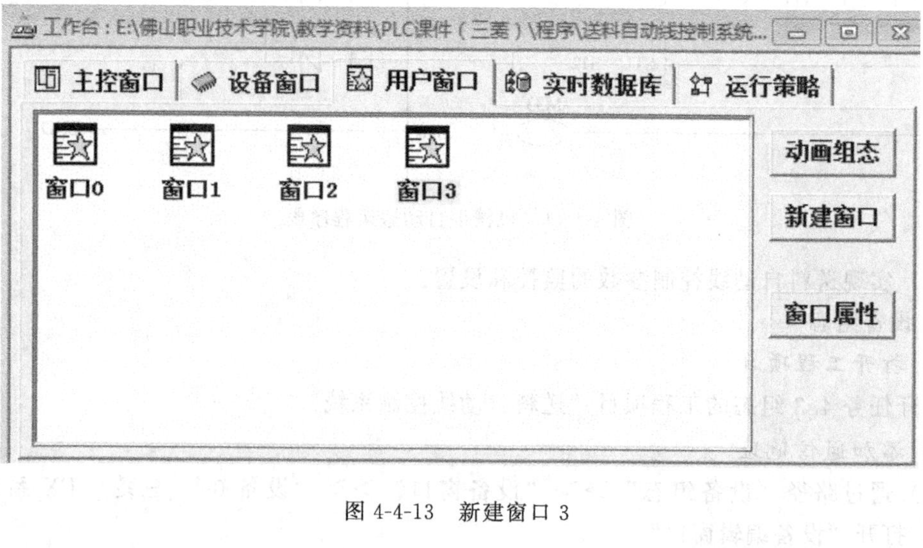

图 4-4-13　新建窗口 3

2）组态窗口切换功能

（1）打开窗口 0。选择窗口 0 标题按钮“机械手运动控制”，拷贝、粘贴后得到新标题按钮。修改坐标［H：450］、［V：1］和尺寸［W：130］、［H：40］；文本修改为“控制流程及参数”；文本颜色“黑色”。打开“按下功能”选项卡，修改“打开用户窗口”，选择“窗口 3”。如图4-4-14(a) 所示。

（2）选择窗口 0 标题按钮“控制流程及参数”，拷贝、粘贴到窗口 1，如图 4-4-14(b) 所示。再粘贴到窗口 2，如图 4-4-14(c) 所示。

（3）选择窗口 2 所有标题按钮，拷贝。打开窗口 3，粘贴。修改标题按钮“机械手运动控制”文本颜色为“黑色”；修改标题按钮“控制流程及参数”文本颜色为“绿色”。如图 4-4-14(d)所示。

(a) 窗口 0

(b) 窗口 1

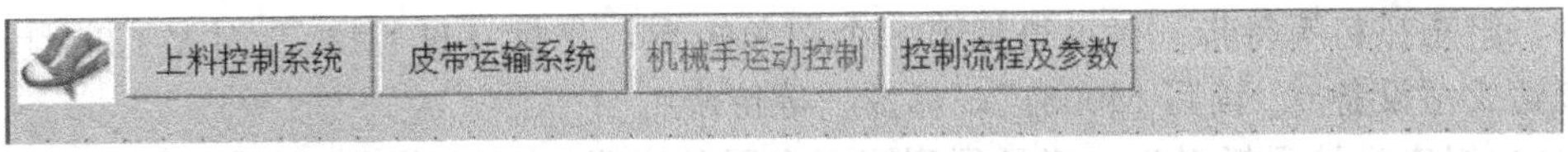

(c) 窗口 2

(d) 窗口 3

图 4-4-14　窗口 0、1、2、3 之间的切换

3）组态控制工艺流程

（1）打开窗口 3，组态送料自动线控制工艺流程的各个状态步，如图 4-4-15 所示。

（2）组态右行定位步。绘制第 1 个圆角矩形控件，坐标［H：110］、［V：160］和尺寸［W：70］、［H：35］，填充颜色“白色”。填充颜色表达式“设备 0 _ 读写 M0040”，填充颜色连接“0-灰色，1-浅绿色”。添加标签“右行定位”蓝色宋小四，无边线。

（3）组态左行调整步。第 1 个圆角矩形控件拷贝得到第 2 个圆角矩形，坐标［H：110］、［V：200］。填充颜色表达式“设备 0 _ 读写 M0041”，标签“左行调整”。

（4）组态左行复位步。拷贝得到第 3 个圆角矩形，坐标［H：110］、［V：240］。填充颜色表达式“设备 0 _ 读写 M0042”，标签“左行复位”。

（5）组态系统工作原点状态。拷贝得到第 4 个圆角矩形，坐标［H：270］、［V：100］。填充颜色表达式“设备 0 _ 读写 M0500”，标签“原位”。

（6）组态上料单元动作状态。拷贝得到第 5 个圆角矩形，坐标［H：270］、［V：200］。填充颜色表达式“设备 0 _ 读写 Y0005”，标签“上料”。

（7）组态皮带输送单元状态。拷贝得到第 6 个圆角矩形，坐标［H：270］、［V：280］。填充颜色表达式“设备 0 _ 读写 M0050”，标签“皮带输送”。

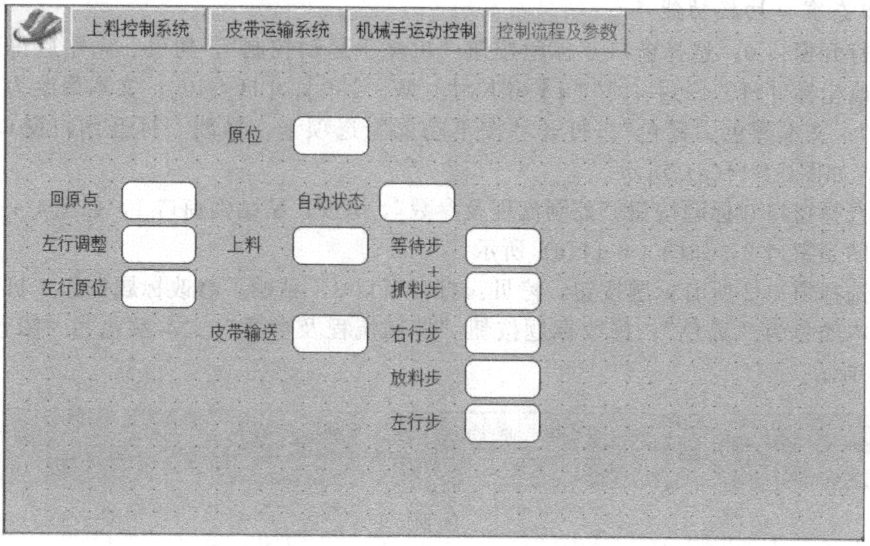

图 4-4-15 组态控制工艺流程

(8) 组态自动控制初始步。拷贝得到第 7 个圆角矩形，坐标［H：350］、［V：160］。填充颜色表达式“设备 0 _ 读写 M0030”，标签“自动状态”。

(9) 组态抓料等待步。拷贝得到第 8 个圆角矩形，坐标［H：430］、［V：200］。填充颜色表达式“设备 0 _ 读写 M0031”，标签“等待步”。

(10) 组态机械手抓料步。拷贝得到第 9 个圆角矩形，坐标［H：430］、［V：240］。填充颜色表达式“设备 0 _ 读写 M0032”，标签“抓料步”。

(11) 组态机械手右行步。拷贝得到第 10 个圆角矩形，坐标［H：430］、［V：280］。填充颜色表达式“设备 0 _ 读写 M0033”，标签“右行步”。

(12) 组态机械手放料步。拷贝得到第 11 个圆角矩形，坐标［H：430］、［V：320］。填充颜色表达式“设备 0 _ 读写 M0034”，标签“放料步”。

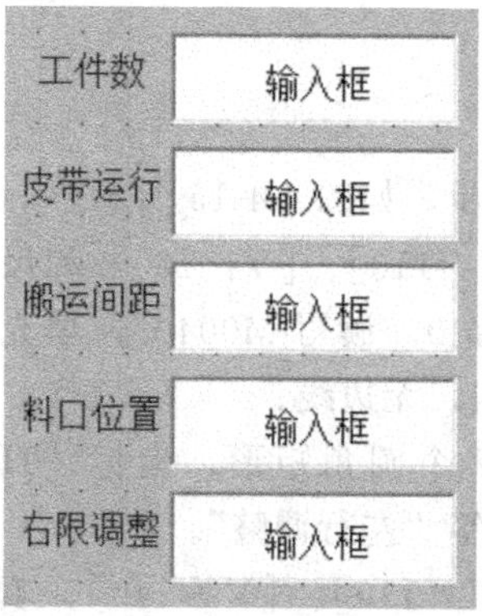

图 4-4-16 组态控制工艺参数

(13) 组态机械手左行步。拷贝得到第 12 个圆角矩形，坐标［H：430］、［V：360］。填充颜色表达式“设备 0 _ 读写 M0035”，标签“左行步”。

4) 组态控制工艺参数

(1) 打开窗口 3，组态送料自动线控制工艺参数，如图 4-4-16 所示。

(2) 组态工件数量统计值输出框。绘制第 1 个输入框控件，坐标［H：600］、［V：180］和尺寸［W：130］、［H：40］，对应数据对象“设备 0 _ 读写 DWUB0000”，单位“［个］”，小数位“0”。标签“工件数”蓝色宋小四，无边线。

(3) 组态皮带运行时间值输出框。拷贝得到第 2 个输入框，坐标［H：600］、［V：230］，对应数据对象“设备 0 _ 读写 DWUB0001”，单位“［100ms］”，小数位“1”。标签“皮带运行”。

(4) 组态机械手取放料点间距输入框。拷贝得到第 3 个输入框，坐标［H：600］、［V：280］，对应数据对象“设备 0 _ 读写 DDUB0004”，单位“［P］”，小数位“0”。标签

“搬运间距”。

（5）组态机械手放料点绝对距离输入框。拷贝得到第 4 个输入框，坐标［H：600］、［V：330］，对应数据对象“设备 0 _ 读写 DDUB0006”，单位“［P］”，小数位“0”。标签“料口位置”。

（6）组态机械手右限调整距离输入框。拷贝得到第 5 个输入框，坐标［H：600］、［V：380］，对应数据对象“设备 0 _ 读写 DDUB0008”，单位“［P］”，小数位“0”。标签“右限调整”。

5）组态系统工作指示和按钮

（1）打开窗口 3，组态系统工作指示灯和 HMI 按钮，如图 4-4-17 所示。

(a) 系统工作指示灯　　(b) HMI 按钮

图 4-4-17　组态系统工作指示灯和 HMI 按钮

（2）组态复位指示灯。绘制第 1 个椭圆控件，坐标［H：560］、［V：80］和尺寸［W：40］、［H：40］，静态填充颜色“银色”。填充颜色表达式“设备 0 _ 读写 Y0006”，填充颜色连接“0-灰色，1-黄色”。添加标签“复位指示”蓝色宋小四，黑色边线。

（3）组态运行指示灯。拷贝得到第 2 个椭圆控件，坐标［H：620］、［V：80］，填充颜色表达式“设备 0 _ 读写 Y0007”，填充颜色连接“0-灰色，1-浅绿色”。标签“运行指示”。

（4）组态停止指示灯。拷贝得到第 3 个椭圆控件，坐标［H：688］、［V：80］，填充颜色表达式“设备 0 _ 读写 Y0010”，填充颜色连接“0-灰色，1-红色”。标签“停止指示”。

（5）组态启动按钮。绘制第 1 个标准按钮控件，坐标［H：160］、［V：420］和尺寸［W：100］、［H：40］，文本“启动按钮”，文本颜色“蓝色”。抬起功能的数据对象值操作“清 0”、“设备 0 _ 读写 M0021”，按下功能的数据对象值操作“置 1”、“设备 0 _ 读写 M0021”。

（6）组态停止按钮。拷贝得到第 2 个标准按钮控件，坐标［H：270］、［V：420］，文本“停止按钮”，文本颜色“红色”。抬起功能的数据对象值操作“清 0”、“设备 0 _ 读写 M0022”，按下功能的数据对象值操作“置 1”、“设备 0 _ 读写 M0022”。

（7）组态清 0 按钮。拷贝得到第 3 个标准按钮控件，坐标［H：380］、［V：420］，文本“清 0 按钮”，文本颜色“黑色”。抬起功能的数据对象值操作“清 0”、“设备 0 _ 读写 M0026”，按下功能的数据对象值操作“置 1”、“设备 0 _ 读写 M0026”。

6）组态检查

单击快捷工具图标，检查组态。

4. 下载工程并进入运行环境

（1）确认 PC 与 TPC 通信连接正常。TPC 通电，接通触摸屏上的电源开关。

（2）单击快捷工具图标，弹出“下载配置”窗口。

（3）单击“连机运行”，连接方式选择“USB 通讯”，单击“通讯测试”。

（4）通信测试成功后，单击“工程下载”。

（5）工程下载成功，单击启动运行。

5. 远程运行调试

1）调试准备工作

（1）按照任务4.4之子任务1的要求，进行电气和机械方面的初步检测，确认电气和机械均无误。

（2）确认已经下载了PLC程序，确认步进驱动器和气动驱动机构准备就绪。

（3）检查各检测信号、触摸屏指示是否都正常。

2）工艺参数调试

按照表4-4-3的所列的项目进行工艺参数调试和确定。

表4-4-3　任务4.4控制工艺参数调试小卡片

序号	检查调试项目	单位	理论计算值	实际调试值
1	皮带运行时间[D1]	100ms		
2	机械手搬运距离[D4]	P	122400	
3	聊口绝对位置[D6]	P	10400	
4	右限调整距离[D8]	P	20000	

上述控制工艺参数的理论值，在任务4.1的子任务1中已经按公式计算，但实际上由于测量误差和运行等因素的影响，会存在一些差异，因此，需要经过现场实际调整。

3）运行调试

按照表4-4-4所列的项目和顺序进行检查调试。检查正确的项目，请在结果栏记“√”；出现异常的项目，在结果栏记“×”，记录故障现象，小组讨论分析，找到解决办法，并排除故障。

表4-4-4　任务4.3之子任务2远程运行调试小卡片

序号	检查调试项目	结果	故障现象	解决措施
1	机械手气动动作调试			
2	各检测信号显示、触摸屏指示均正常			
3	机械手自动复位调试			
4	限位保护功能测试			
5	急停功能测试			
6	机械手自动运行整体调试			

4.4.4　拓展任务

任务4.4的送料自动线系统只有2种工作方式，分别为自动复位工作方式和自动控制工作方式。在此基础上，增加机械手左右点动工作方式——手动工作。

（1）通HMI窗口2的选择开关，可选择自动工作和手动工作方式。

（2）系统通电或切换到自动工作方式，进入自动复位工作方式，按下复位按钮进入复位操作。

（3）系统复位完毕，系统原点指示灯HL3亮，进入自动控制工作方式，可进行启停控制。

（4）选择手动工作方式后，弹出一个“确认”按钮。只有确认后，手动指示灯亮，可以进行左行点动和右行点动控制。

（5）其余控制要求与任务 4.4 相同。

习题四

1. 控制要求同任务 2.2 所述，实现如图 2-2-7 所示的某恒压供水系统 HMI 监控。

2. 控制要求同任务 2.4 所述，实现如图 2-4-4 所示的某包装生产线自动装箱控制系统 HMI 监控。

3. 控制要求同习题二第 3 题所述，实现如题图 2-3 所示的某皮带运输机控制系统 HMI 监控。

4. 控制要求同习题三第 2 题所述，实现如题图 3-2 所示某装卸料小车多方式运行控制系统 HMI 监控。

附录

附录 A FX 系列应用指令简表

分类	功能编号	指令符号	32 位指令	脉冲指令	功能	FX2N	FX3U
程序流程	00	CJ	—	○	条件跳转	○	○
	01	CALL	—	○	子程序调用	○	○
	02	SRET	—		子程序返回	○	○
	03	IRET	—		中断返回	○	○
	04	EI	—		允许中断	○	○
	05	DI	—	—	禁止中断	○	○
	06	FEND	—	—	主程序结束	○	○
	07	WDT	—	○	监控定时器	○	○
	08	FOR	—	—	循环范围开始	○	○
	09	NEXT	—	—	循环范围结束	○	○
数据传送·比较	10	CMP	○	○	比较	○	○
	11	ZCP	○	○	区间比较	○	○
	12	MOV	○	○	传送	○	○
	13	SMOV	—	○	BCD 码移位传送	○	○
	14	CML	○	○	反相传送	○	○
	15	BMOV	—	○	成批传送(n 点→n 点)	○	○
	16	FMOV	○	○	多点传送(1 点→n 点)	○	○
	17	XCH	○	○	数据交换,(D1)←→(D2)	○	○
	18	BCD	○	○	BCD 转换,BIN→BCD	○	○
	19	BIN	○	○	BIN 转换,BCD→BIN	○	○
四则逻辑运算	20	ADD	○	○	BIN 加法运算	○	○
	21	SUB	○	○	BIN 减法运算	○	○
	22	MUL	○	○	BIN 乘法运算	○	○
	23	DIV	○	○	BIN 除法运算	○	○
	24	INC	○	○	BIN 加 1	○	○
	25	DEC	○	○	BIN 减 1	○	○
	26	WAND	○	○	逻辑与	○	○
	27	WOR	○	○	逻辑或	○	○
	28	WXOR	○	○	逻辑异或	○	○
	29	NEG	○	○	求二进制补码	○	○

续表

分类	功能编号	指令符号	32 位指令	脉冲指令	功能	FX2N	FX3U
循环·移位	30	ROR	○	○	循环右移 n 位	○	○
	31	ROL	○	○	循环左移 n 位	○	○
	32	RCR	○	○	带进位循环右移 n 位	○	○
	33	RCL	○	○	带进位循环左移 n 位	○	○
	34	SFIR	—	○	位右移	○	○
	35	SFTL	—	○	位左移	○	○
	36	WSFR	—	○	字右移	○	○
	37	WSFL	—	○	字左移	○	○
	38	SFWR	—	○	移位写入(先入先出控制用)	○	○
	39	SFRD	—	○	移位读出(先入先出控制用)	○	○
数据处理	40	ZRST	—	○	成批复位	○	○
	41	DECO	—	○	译码	○	○
	42	ENCO	—	○	编码	○	○
	43	SUM	○	○	ON 位数	○	○
	44	BON	○	○	ON 位判定	○	○
	45	MEAN	○	○	平均值	○	○
	46	ANS	—	—	信号报警器置位	○	○
	47	ANR	—	○	信号报警器复位	○	○
	48	SQR	○	○	BIN 开平方运算	○	○
	49	FLT	○	○	BIB 整数→2 进制浮点数转换	○	○
高速处理	50	REF	—	○	输入/输出刷新	○	○
	51	REFF	—	○	输入刷新(带滤波器设定)	○	○
	52	MTR	—	—	矩阵输入	○	○
	53	HSCS	○	—	高速计数器比较置位	○	○
	54	HSCR	○	—	高速计数器比较复位	○	○
	55	HSZ	○	—	高速计数器区间比较	○	○
	56	SPD	○	—	脉冲密度	○	○
	57	PLSY	○	—	脉冲输出	○	○
	58	PWM	—	—	脉冲宽度调制	○	○
	59	PLSR	○	—	带加减速的脉冲输出	○	○
方便指令	60	IST	—	—	初始化状态	○	○
	61	SER	○	○	数据搜索	○	○
	62	ABSD	○	—	凸轮顺控绝对方式	○	○
	63	INCD	—	—	凸轮顺控相对方式	○	○
	64	TTMR	—	—	示教定时器	○	○
	65	STMR	—	—	特殊定时器	○	○
	66	ALT	—	○	交替输出	○	○
	67	RAMP	—	—	斜坡信号	○	○
	68	ROTC	—	—	旋转工作台控制	○	○
	69	SORT	—	—	数据排序	○	○

续表

分类	功能编号	指令符号	32位指令	脉冲指令	功能	FX2N	FX3U
外部I/O设备	70	TKY	○	—	数字键输入	○	○
	71	HKY	○	—	十六进制数字键输入	○	○
	72	DSW	—	—	数字开关	○	○
	73	SEGD	—	○	七段码译码	○	○
	74	SEGL	—	—	七段码分时显示	○	○
	75	ARWS	—	—	箭头开关	○	○
	76	ASC	—	—	ASCII数据输入	○	○
	77	PR	—	—	ASCII码打印	○	○
	78	FROM	○	○	从特殊功能模块(BFM)读出	○	○
	79	TO	○	○	向特殊功能模块(BFM)写入	○	○
外部设备SER	80	RS	—	—	串行数据传送	○	○
	81	PRUN	○	○	八进制位传送	○	○
	82	ASCI	—	○	HEX ASCII码转换	○	○
	83	HEX	—	○	ASCII码 HEX转换	○	○
	84	CCD	—	○	校验码	○	○
	85	VRRD	—	○	电位器值读出	—	V2.7
	86	VRSC	—	○	电位器刻度	—	V2.7
	87	RS2	—	—	串行数据传送2	—	○
	88	PID	—	—	PID回路运算	○	○
数据传送2	102	ZPUSH	—	○	变址寄存器的批量保存	—	V2.2
	103	ZPOP	—	○	变址寄存器的恢复	—	V2.2
浮点数运算	110	ECMP	○	○	二进制浮点数比较	○	○
	111	EZCP	○	○	二进制浮点数区间比较	○	○
	112	EMOV	○	○	二进制浮点数数据传送	—	○
	116	ESTR	○	○	二进制浮点数→字符串转换	—	○
	117	EVAL	○	○	字符串→二进制浮点数转换	—	○
	118	EBCD	○	○	二进制浮点数→十进制浮点数转换	○	○
	119	EBIN	○	○	十进制浮点数→二进制浮点数转换	○	○
	120	EADD	○	○	二进制浮点数加法运算	○	○
	121	ESUB	○	○	二进制浮点数减法运算	○	○
	122	EMUL	○	○	二进制浮点数乘法运算	○	○
	123	EDIV	○	○	二进制浮点数除法运算	○	○
	124	EXP	○	○	二进制浮点数指数运算	—	○
	125	LOGE	○	○	二进制浮点数自然对数运算	—	○
	126	LOG10	○	○	二进制浮点数常用对数运算	—	○
	127	ESQR	○	○	二进制浮点数开平方运算	○	○
	128	ENEG	○	○	二进制浮点数符号翻转	—	○

续表

分类	功能编号	指令符号	32位指令	脉冲指令	功能	FX2N	FX3U
浮点数运算	129	INT	○	○	二进制浮点数→BIN整数转换	○	○
	130	SIN	○	○	二进制浮点数正弦运算	○	○
	131	COS	○	○	二进制浮点数余弦运算	○	○
	132	TAN	○	○	二进制浮点数正切运算	○	○
	133	ASIN	○	○	二进制浮点数反正弦运算	—	○
	134	ACOS	○	○	二进制浮点数反余弦运算	—	○
	135	ATAN	○	○	二进制浮点数反正切运算	—	○
	136	RAD	○	○	二进制浮点数角度→弧度的转换	—	○
	137	DEG	○	○	二进制浮点数弧度→角度的转换	—	○
数据处理2	140	WSUM	○	○	计算数据合计值	—	V2.2
	141	WTOB	—	○	字节单位的数据分离	—	V2.2
	142	BTOW	—	○	字节单位的数据结合	—	V2.2
	143	UNI	—	○	十六位数据的4位结合	—	V2.2
	144	DIS	—	○	十六位数据的4位分离	—	V2.2
	147	SWAP	○	○	高低字节互换	—	○
	149	SORT2	○	—	数据排序2	○	V2.2
定位控制	150	DSZR	—	—	带DOG搜索的原点回归	—	○
	151	DVIT	○	—	中断定位	—	○
	152	TBL	○	—	表格设定定位	—	V2.2
	155	ABS	○	—	读取当前绝对位置数据	V3.0	○
	156	ZRN	○	—	原点回归	—	○
	157	PLSV	○	—	可变速脉冲输出	—	○
	158	DRVI	○	—	相对定位	—	○
	159	DRVA	○	—	绝对定位	—	○
时钟运算	160	TCMP	—	○	时钟数据比较	○	○
	161	TZCP	—	○	时钟数据区间比较	○	○
	162	TADD	—	○	时钟数据加法运算	○	○
	163	TSUB	—	○	时钟数据减法运算	○	○
	164	HTOS	○	○	时、分、秒数据转换为秒	—	○
	165	STOH	○	○	秒数据转换为"时、分、秒"	—	○
	166	TRD	—	○	读出时钟数据	○	○
	167	TWR	—	○	写入时钟数据	○	○
	169	HOUR	○	—	计时表	V3.0	○
外部设备	170	GRY	○	○	格雷码转换	○	○
	171	GBIN	○	○	格雷码逆转换	○	○
	176	RD3A	—	○	读FX_{0N}-3A模拟量模块	V3.0	○
	177	WR3A	—	○	写FX_{0N}-3A模拟量模块	V3.0	○
	180	EXTR	—	—	扩展ROM功能(仅用于FX2N/FX2NC)	V3.0	—

续表

分类	功能编号	指令符号	32 位指令	脉冲指令	功能	FX2N	FX3U
外部设备	182	COMRD	—	○	读取软元件的注释数据	—	V2.2
	184	RND	—	○	产生随机数	—	○
	186	DUTY	—	—	产生定时脉冲	—	V2.2
	188	CRC	—	○	CRC 运算	—	○
	189	HCMOV	○	—	高速计数器的传送	—	○
数据块处理	192	BK＋	○	○	数据块的加法运算	—	V2.2
	193	BK-	○	○	数据块的减法运算	—	V2.2
	194	BKCMP＝	○	○	数据块的比较(S1)＝(S2)	—	V2.2
	195	BKCMP＞	○	○	数据块的比较(S1)＞(S2)	—	V2.2
	196	BKCMP＜	○	○	数据块的比较(S1)＜(S2)	—	V2.2
	197	BKCMP＜＞	○	○	数据块的比较(S1)≠(S2)	—	V2.2
	198	BKCMP＜＝	○	○	数据块的比较(S1)≤(S2)	—	V2.2
	199	BKCMP＞＝	○	○	数据块的比较(S1)≥(S2)	—	V2.2
字符串控制	200	STR	○	○	BIN→字符串的转换	—	V2.2
	201	VAL	○	○	字符串→BIN 的转换	—	V2.2
	202	$＋	—	○	字符串的组合	—	○
	203	LEN	—	○	检测字符串的长度	—	○
	204	RIGHT	—	○	从字符串的右侧开始取出	—	○
	205	LEFT	—	○	从字符串的左侧开始取出	—	○
	206	MIDR	—	○	从字符串中任意取出	—	○
	207	MIDW	—	○	在字符串中任意替换	—	○
	208	INSTR	—	○	字符串的检索	—	V2.2
	209	$MOV	—	○	字符串的传送	—	○
数据处理3	210	FDEL	—	○	在数据表的删除数据	—	V2.2
	211	FINS	—	○	向数据表中插入数据	—	V2.2
	212	POP	—	○	读取后入的数据(先入后出控制用)	—	○
	213	SFR	—	○	16 位数据右移 n 位(带进位)	—	○
	214	SFL	—	○	16 位数据左移 n 位(带进位)	—	○
触点比较指令	224	LD＝	○	—	(S1)＝(S2)时运算开始的触点接通	○	○
	225	LD＞	○	—	(S1)＞(S2)时运算开始的触点接通	○	○
	226	LD＜	○	—	(S1)＜(S2)时运算开始的触点接通	○	○
	228	LD＜＞	○	—	(S1)≠(S2)时运算开始的触点接通	○	○
	229	LD＜＝	○	—	(S1)≤(S2)时运算开始的触点接通	○	○
	230	LD＞＝	○	—	(S1)≥(S2)时运算开始的触点接通	○	○
	232	AND＝	○	—	(S1)＝(S2)时串联触点接通	○	○
	233	AND＞	○	—	(S1)＞(S2)时串联触点接通	○	○
	234	AND＜	○	—	(S1)＜(S2)时串联触点接通	○	○
	236	AND＜＞	○	—	(S1)≠(S2)时串联触点接通	○	○

续表

分类	功能编号	指令符号	32 位指令	脉冲指令	功能	FX2N	FX3U
触点比较指令	237	AND＜＝	○	—	(S1)≤(S2)时串联触点接通	○	○
	238	AND＞＝	○	—	(S1)≥(S2)时串联触点接通	○	○
	240	OR＝	○	—	(S1)＝(S2)时并联触点接通	○	○
	241	OR＞	○	—	(S1)＞(S2)时并联触点接通	○	○
	242	OR＜	○	—	(S1)＜(S2)时并联触点接通	○	○
	244	OR＜＞	○	—	(S1)≠(S2)时并联触点接通	○	○
	245	OR＜＝	○	—	(S1)≤(S2)时并联触点接通	○	○
	246	OR＞＝	○	—	(S1)≥(S2)时并联触点接通	○	○
数据表处理	256	LIMIT	○	—	上下限限位控制	—	○
	257	BAND	○	—	死区控制	—	○
	258	ZONE	○	—	区域控制	—	○
	259	SCL	○	○	定坐标(不同点坐标数据)	—	○
	260	DABIN	○	○	十进制 ASCII→BIN 的转换	—	V2.2
	261	BINDA	○	○	BIN→十进制 ASCII 的转换	—	V2.2
	269	SCL2	○	○	定坐标 2(X/Y 坐标数据)	—	V1.3
变频器通信	270	IVCK	—	—	变频器运行监视	—	○
	271	IVDR	—	—	变频器运行控制	—	○
	272	IVRD	—	—	读取变频器参数	—	○
	273	IVWR	—	—	写入变频器参数	—	○
	274	IVBWR	—	—	批量写入变频器参数	—	○
	275	IVMC	—	—	变频器的多个命令(向变频器写入 2 种设定)		V2.7
	276	ADPRW	—	—	MODBUS 读出/写入		V2.7
数据传送3	278	RBFM	—	—	BFM 分割读取	—	V2.2
	279	WBFM	—	—	BFM 分割写入	—	V2.2
高速处理2	280	HSCT	○	—	高速计算器表格比较	—	○
扩展文件寄存器	290	LOADR	—	○	读取扩展文件寄存器	—	○
	291	SAVER	—	—	扩展文件寄存器的批量写入	—	○
	292	INITR	—	○	扩展寄存器的初始化	—	○
	293	LOGR	—	○	登录到扩展寄存器	—	○
	294	RWER	—	○	扩展文件寄存器的删除/写入	—	V1.3
	295	INTER	—	○	扩展文件寄存器的初始化	—	V1.3
FX3U-CF-ADP用应用指令	300	FLCRT	—	—	文件的制作/确认		V2.61
	301	FLDEL	—	—	文件的删除/CF 卡格式化		V2.61
	302	FLWR	—	—	写入数据		V2.61
	303	FLRD	—	—	数据读出		V2.61
	304	FLCMD	—	—	对 FX3U-CF-ADP 的动作指示		V2.61
	305	FLSTRD	—	—	FX3U-CF-ADP 的状态读出		V2.61

附录 B　实训装置简介

B1. 设备布局图（1）：控制板

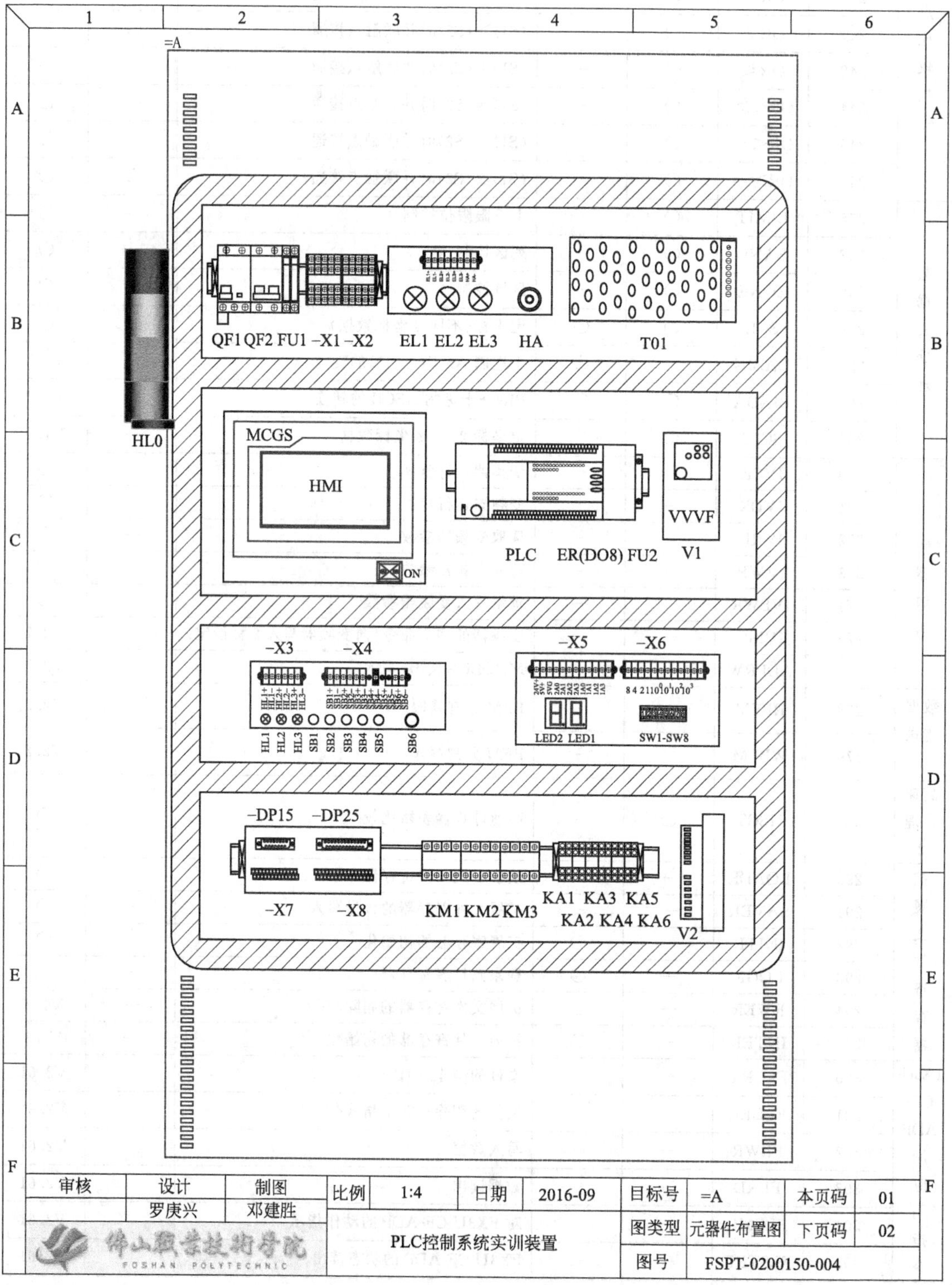

审核	设计	制图	比例	1:4	日期	2016-09	目标号	=A	本页码	01
	罗庚兴	邓建胜	PLC控制系统实训装置				图类型	元器件布置图	下页码	02
佛山职业技术学院 FOSHAN POLYTECHNIC							图号	FSPT-0200150-004		

B2. 设备布局图（2）：控制对象

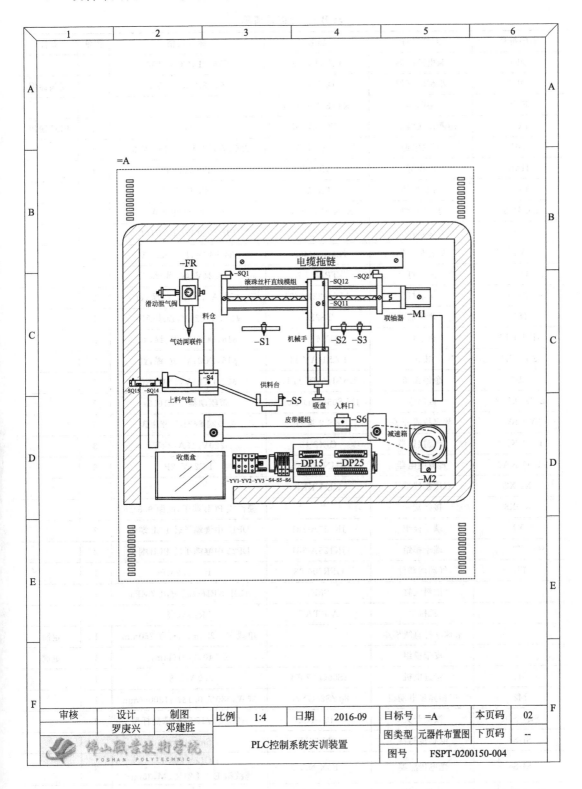

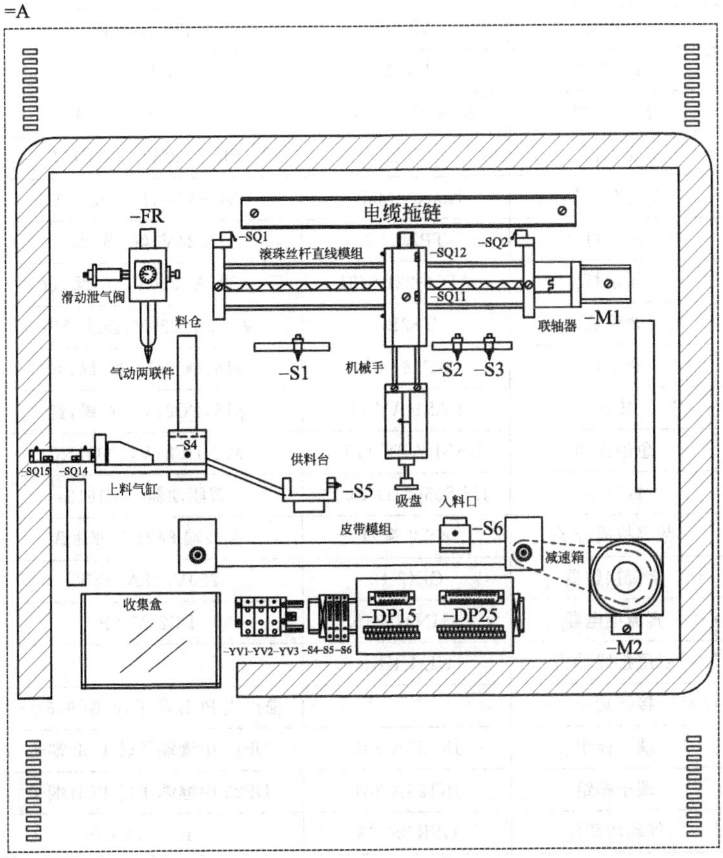

审核	设计	制图	比例	1:4	日期	2016-09	目标号	=A	本页码	02
	罗庚兴	邓建胜	PLC控制系统实训装置				图类型	元器件布置图	下页码	--
佛山职业技术学院 FOSHAN POLYTECHNIC							图号	FSPT-0200150-004		

B3. 元器件清单（表 B-1）

表 B-1　元器件清单

图中符号	元件名称	型号	参数规格	数量	备注
QF1	漏电断路器	DZ47LE-32	C16,1P,230V/16A	1	
QF2	小型断路器	DZ47-60	C5,2P,230V/5A	1	变频器用
FU1	熔断器	RT18-32/R015	6A	2	
FU2	熔断器接线端子	UK5-HESI	1A	1	PLC 输出
T01	开关电源	NKY1-D-50	220V/DC24V 1A/DC5V 6A	1	
HMI	触摸屏	MCGS	TPC7062Ti	1	
PLC	PLC 模块	FX3U	48MT/ES-A	1	
ER(D08)	扩展模块	FX2N-8ER-ES/UL	4DI/4DO 继电器	1	
V1	变频器	三菱	FR-E720S-0.4K-CHT	1	
V2	步进驱动器	Kinco 2M530	24～48V,1.2～3.5A	1	
HL0	三色灯	TPAL7-7	DC24V,红/黄/绿	1	
EL1-EL3	指示灯	AD16-22DS/31	ϕ22,AC220V,红,绿,黄	3	
HA	蜂鸣器	TS2BC	ϕ25,AC220V,连续蜂鸣	1	
HL1-HL3	指示灯	AD16-16E	ϕ16,DC24V,黄,绿,红	3	
SB1-SB5	按钮	LAS1-AY-11	ϕ16,DC24V,黄,绿,红	5	
SB6	急停按钮	LAS1-APY-11TS	ϕ22,DC24V,1NO1NC	1	
LED1-LED2	数码管	JM-S05621DH-002	带驱动器 TM1616	2	
SW1-SW8	数字拨码开关	KS-2 系列	接线端 8421C,带片选	8	
KM1-KM3	交流接触器	CJX2-12	220V/12A,3kW	3	
KA1-KA6	直流继电器	AHN22324N	DC24V,2P	6	
-X1-X2	双层接线端子	UL-UKK3			
-X3-X6	接线端子		栅栏式 PCB 端子,间距 9.5mm		
-X7	端子模组	JK125A-381	DP15 中继端子转 PCB 端子	2	
-X8	端子模组	JK125A-381	DP25 中继端子转 PCB 端子	2	
FR	气动两联件	GFR200-08	0.15～0.9MPa	1	
	推料气缸	SMC	CDJ2KB16-45Z-B,0.7MPa	1	
	机械手	AIRTAC	TR10X50S	1	
	滚珠丝杆直线模组		单线 P=2.5mm,行程 250mm	1	定制
	皮带模组		2×40×791(mm)	1	定制
M1	步进电机	2S56Q-02054	3.0A,1.8°	1	
M2	三相异步电动机	80YS25GY30	25W,380V/0.13A,1300r/min	1	
SQ1-SQ2	微动开关	V-156-1C25	AC250V/15A,滚珠摆杆型	2	
S1-S3	电感传感器	OBM-04NK	Sn=4mm	3	
S4-S6	光电传感器	E3X-NA	DC12～24V, 螺纹型 E32-D21R 2M,30mm	3	
SQ11-SQ12	气缸开关	CS-15T	DC5～120V,100mA	2	

续表

图中符号	元件名称	型号	参数规格	数量	备注
SQ14-SQ15	气缸开关	D-C73	DC5～240V，100mA	2	
YV1-YV3	单向电磁阀	4V110-06	2位5通单电控	3	
	DIN导轨		35mm，1000mm	1	裁剪
	微型减速箱		1∶30	1	
	线槽		35×50(mm)，10m		裁剪
	收集盒		90×150×100(mm)	1	定制
	网孔板		1000×800(mm)	1	定制
	网孔板		600×800(mm)	1	定制

B4. 控制对象I/O地址分配（表B-2）

表B-2 控制对象I/O地址分配表

输入地址	输入信号	功能说明	输出地址	输出信号	功能说明
X0	S0	光电开关	Y0	PLS-	步进驱动器脉冲信号
X1	S1	左限位电感式开关	Y1	—	—
X2	S2	近点检测电感式开关	Y2	DIR-	步进驱动器方向信号
X3	S3	右限位电感式式开关	Y3	YV1	下降电磁阀
X4	S4	料仓有料光电检测	Y4	YV2	吸盘电磁阀
X5	S5	料台有料光电检测	Y5	YV3	上料电磁阀
X6	S6	料口有料光电检测	Y6	HL1	黄色指示灯
X7	SQ1	左极限位行程开关	Y7	HL2	绿色指示灯
X10	SQ2	右极限位行程开关	Y10	HL3	红色指示灯
X11	SQ11	机械手下限位	Y11	STF	变频器正转启动
X12	SQ12	机械手上限位	Y12	STR	变频器正转启动
X13	—	—	Y13	RM	中速频率设定
X14	SQ14	推料前限位	Y14	10^0	数字开关片选信号个位
X15	SQ15	推料后限位	Y15	10^1	数字开关片选信号十位
X16	—	—	Y16	10^2	数字开关片选信号百位
X17	—	—	Y17	10^3	数字开关片选信号千位
X20	SW-1	数字开关SW-1	Y20	BCD0-1	LED个位-1
X21	SW-2	数字开关SW-2	Y21	BCD0-2	LED个位-2
X22	SW-4	数字开关SW-4	Y22	BCD0-4	LED个位-4
X23	SW-8	数字开关SW-8	Y23	BCD0-8	LED个位-8
X24	SB2	启动按钮	Y24	BCD1-1	LED十位-1
X25	SB3	停止按钮	Y25	BCD1-2	LED十位-2
X26	SB1	复位吸盘	Y26	BCD1-4	LED十位-4
X27	SB6	急停按钮(常闭)	Y27	BCD1-8	LED十位-8

参考文献

[1] 罗庚兴．大中型 PLC 应用技术［M］．北京：北京师范大学出版社，2010.
[2] 廖常初．跟我动手学 FX 系列 PLC［M］．北京：机械工业出版社，2013.
[3] 廖常初．PLC 编程及应用［M］．第 4 版．北京：机械工业出版社，2016.
[4] 马宏骞，许连阁．PLC、变频器与触摸屏技术及实践［M］．北京：电子工业出版社，2014.
[5] 罗庚兴，宁玉珊．基于 PLC 的步进电动机控制［J］．机电工程技术，2007（10）：66-67.
[6] 罗庚兴．浅谈用 PLC 改造继电器控制系统的方法［J］．煤矿机械，2006（7）：159-160.
[7] 罗庚兴．基于编码识别和变频器控制技术的自动定位系统的研究［J］．制造技术与机床，2012（11）.
[8] 罗庚兴，冯安平．柔性生产线机器人组装单元设计［J］．制造技术与机床，2016（4）.
[9] 冯安平，罗庚兴．柔性生产线自动冲压加工单元设计［J］．机床与液压，2016（8）.
[10] 罗庚兴，冯安平．立体仓库自动控制系统的设计及应用［J］．煤矿机械，2016（2）.
[11] 祝红芳．可编程序控制器应用技术（项目化教程）［M］．北京：化学工业出版社，2014.